普通高等教育信息化教学改革系列教材

数学建模基础与应用

主　编　杨小鹏

特配电子资源

微信扫码
· 拓展案例
· 视频学习
· 互动交流

南京大学出版社

图书在版编目(CIP)数据

数学建模基础与应用 / 杨小鹏主编. — 南京:南京大学出版社,2021.1
ISBN 978 - 7 - 305 - 24183 - 3

Ⅰ. ①数… Ⅱ. ①杨… Ⅲ. ①数学模型 - 教材 Ⅳ.
①O141.4

中国版本图书馆 CIP 数据核字(2021)第 023485 号

出版发行　南京大学出版社
社　　址　南京市汉口路 22 号　　　　邮　编　210093
出 版 人　金鑫荣

书　　名　**数学建模基础与应用**
主　　编　杨小鹏
责任编辑　刘　飞　　　　　　　编辑热线　025 - 83592146
照　　排　南京南琳图文制作有限公司
印　　刷　南京新洲印刷有限公司
开　　本　787 × 1092　1/16　印张 14.5　字数 345 千
版　　次　2021 年 1 月第 1 版　2021 年 1 月第 1 次印刷
ISBN 978 - 7 - 305 - 24183 - 3
定　　价　39.00 元

网址:http://www.njupco.com
官方微博:http://weibo.com/njupco
官方微信号:njupress
销售咨询热线: (025) 83594756

前　言

数学建模课程是在 20 世纪 60 年代进入一些西方国家大学的,20 世纪 80 年代初进入我国大学课堂。经过近 40 年的发展,绝大多数本科院校和很多高职院校都开设了各种形式的数学建模课程和讲座,为培养学生利用数学方法分析、解决实际问题的能力开辟了一条有效的途径。"创新是一个民族进步的灵魂,是国家兴旺发达的不竭动力。"通过数学建模的教学和培训,有利于培养学生创造性的思维能力、创造性的洞察能力和创造性的科研能力,这些都是创新人才所必备的能力。知识创新、方法创新、结果创新、应用创新,均在数学建模的过程中得以体现。这也正是数学建模的创新作用之所在。

《数学建模基础与应用》是在笔者多年从事数学建模教学和实验、组织数学建模竞赛和培训基础上,参考国内外相关文献编写而成。特别是目前国内市场关于数学建模相关的书籍,大多数适合工科背景学生,对广大师范类学生学习和未来的定位并不吻合。因此,本书适当增加了初等模型的比例,全书结构合理、叙述清晰、文字流畅、可读性强。选取的案例和题材分布广泛,贴近现实生活,主要包括经济、军事、管理、教育、医疗、环境、交通等领域,涉及的数学建模方法主要包含初等数学模型、优化模型、差分模型、微分方程模型、决策模型、概率模型及统计模型。

本书适合本科及高职院校数学建模课程的教材或竞赛培训资料。每章后附有习题,其中部分习题需要上机实践。本书也提供丰富的课外拓展案例、编写教师发表的相关论文。

本书第四章、第五章分别由陕西学前师范学院的朱亚辉、曹明编写,其余各章由陕西学前师范学院的杨小鹏编写并进行统稿。

受编者水平所限,书中出现错误和不当之处在所难免,敬请专家及读者不吝批评指正。

编　者
2021 年 1 月

目　录

第1章　数学建模初步

数学是研究现实世界中的数量关系和空间形式的一门科学,广泛的应用性是数学的重要特征之一。随着社会的发展和科学技术的进步,特别是近年来信息技术的飞速发展,数学科学应用的深度和广度也得到了突飞猛进的发展,数学不再仅仅作为一种工具和手段,而是日益成为一种"技术"参与到各领域的问题解决中,既包括传统领域(物理、化学和天文学等)和新兴领域(经济学、人口学和生物学等),也包括高技术领域(通信、航天和自动化等)。

数学模型是联系数学技术和实际问题的桥梁,是数学技术参与到问题解决中的载体,数学模型与数学有着同样的发展历程,从两千多年前的欧氏几何、公元1世纪的《九章算术》,到17世纪牛顿创立的万有引力定律,都留下了数学模型的深刻足迹。由于应用型数学教育更能贴近社会实际需要、符合科技发展趋势,所以数学模型已经作为一门独立的课程在世界各地的大学中开设并作为一种重要的思想方法渗透在中小学相关课程中。

本章作为数学建模的准备知识,主要研究数学模型与数学建模的基本概念、数学建模的基本步骤和方法、数学模型的特点和分类、数学建模的学习方法和数学建模竞赛简介等知识。通过本章的学习,力争使读者全面了解数学建模的基础知识、初步掌握数学建模的基本思想方法。

1.1　数学模型与数学建模

数学模型与数学建模是数学模型课程中两个最基本的概念,关于数学模型的概念,有广义和狭义之分。广义地说,一切数学概念、数学公式、数学定理和算法系统都可以称为数学模型,比如最简单的阿拉伯数字"1,2,…",都是刻画若干集合在数量关系上共同的本质特征的数学模型;各种数学分支也都可以看作数学模型,如欧氏几何、罗氏几何、复变函数、泛函分析等。本书所讨论的数学模型主要是指狭义的数学模型。为了更清楚地探讨数学模型的狭义概念,我们先来讨论原型和模型的概念。

1.1.1　原型和模型

在现实世界中,人类无时无刻不被五光十色、变化万千的复杂的客观对象所困扰,比如出差或旅游到一个城市,面对高楼林立、错综复杂的陌生的环境我们该怎么办呢? 为了尽快了解这个城市,我们可以买一幅该城市的交通地图。再比如,为了描述肉眼看不见的物质分子的结构,我们使用中学里面所学的化学分子式,像陌生的城市、肉眼看不见的物质分子等,人们在现实世界里所关心、研究或进行生产管理的实际对象,就称为原型。像交通地图、化学分子式等,人们为了某个特定的目的而将原型的某一部分信息进行合理简化、提炼后构建的原型替代物,就称为模型。

这里需要特别强调模型构建的目的性:对于交通地图,只是一个城市交通结构方面的替代物;对于化学分子式,只是物质结构方面的替代物。因此,需要强调的是,模型不是原型的原封不动的复制,它实际上只是原型的近似刻画和摹写。同一个原型,为了不同的目的,可以有许多不同的模型。如:超市里面摆放的逼真的汽车模型应该在外形上逼真,但不一定会跑;而在汽车设计和制作阶段中的汽车模型,则必须在数量规律上满足真实汽车的运行动态特征,且不需要涉及外观上的逼真。

根据构建模型目的的不同,模型可以分为形象模型和抽象模型。形象模型包括直观模型、物理模型等;抽象模型包括思维模型、符号模型、数学模型等。

直观模型　该类模型构建的目的是追求外观上的逼真,通常指实物模型,比如玩具、照片和儿童仿汽车等,这类模型的效果是一目了然的。

物理模型　该类模型构建的目的是为了间接地研究原型的某些规律,通常指科技工作者根据相似原理构造的模型,它不仅可以显示原型的外形或某些特征,而且可以用以进行模拟实验,比如风洞中的飞机模型就是用来实验飞机在气流中的空气动力学等特性的。

思维模型　该类模型构建的目的是为了在经验的基础上做出相应的快速决策,通常指人们对原型反复认识的基础上,将获取的知识以经验的形式直接存储于大脑中,从而可以做出相应的快速决策。比如司机对方向盘的操纵、教师对教学内容的处理等,这类模型具有主观性、模糊性和片面性等特点。

符号模型　该类模型构建的目的是为了将原型的某些性质外现,通常指在一些约定或假设下借助专门的符号、线条等,按照一定形式组合起来对原型的描述,比如地图、化学分子式和电路图等。这类模型具有简明、方便和非量化等特点。

数学模型　该类模型构建的目的是为了刻画原型的数量关系,通常指运用数学的语言和工具,对现实世界的部分信息(现象、数据、图表等)加以翻译、归纳所形成的公式、图表等。这类模型是我们在本课程中所要专门研究的。

1.1.2　数学模型与数学建模

正如本节开始所述,我们早在中小学数学中就已经接触过数学模型了。为了进一步明确数学模型的概念,我们先看一个大家非常熟悉的引例。

引例

A、B 两地相距 960 米,甲、乙两人分别从 A、B 两地同时出发,若相向行走,6 分钟相遇;若同向行走,80 分钟后甲可以追上乙。问:甲、乙速度各为多少?

分析:这是我们比较熟悉的"行程问题"。由题意可知甲速度大于乙速度,可设甲、乙均做匀速运动,且速度分别为 x、y。由"相向行走"和"同向行走"的含义可以列出二元一次方程组:

$$\begin{cases} (x+y) \times 6 = 960 \\ (x-y) \times 80 = 960 \end{cases}$$

接着我们只要利用"消元法"对上述二元一次方程组求解,易得其解为 $x = 86$ 米/分,$y = 74$ 米/分,最后写出答案即可。

实际上,上述二元一次方程组可看作"行程问题"的数学模型,我们在数学课程中所学习的数字、公式、图表乃至各个数学分支,都可以称为数学模型。那么,什么是数学模型呢?

到目前为止,数学模型还没有一个统一的概念。一般认为,所谓数学模型,是指对于现实世界的一个特定对象,为了一个特定目的,根据特有的内在规律,做出一些必要的简化假设,运用适当的数学工具,得到的一个数学结构。

需要指出,本概念不但给出了数学模型的结果:数学结构(公式、表格或图像),而且大致指出了构建数学模型的过程,也就是我们后面要学习的数学建模的基本步骤。

所谓数学建模,简单地说,就是建立数学模型的全过程,也可简称为建模。

综上所述,数学模型一般侧重于结果,即指描述研究对象的数学结构;数学建模则侧重于过程,即指构建数学结构(模型)的过程。

1.2 数学建模的基本步骤和方法

我们在上节对引例"行程问题"的分析和数学模型概念的阐述中其实已经略显了数学建模的基本步骤。对于"行程问题"的解决过程如下:首先在理解题意(即明确问题要我们求出甲、乙两人的速度,且由已知可初步分析甲速度应该大于乙速度)的基础上,经过合理假设(设甲、乙速度分别为 x、y,还有两者均为匀速运动),根据匀速运动规律($s = vt$),利用二元一次方程组知识,列出实际问题对应的二元一次方程组,然后求解此方程组,最后给出该问题的答案。

数学建模和列方程(组)解应用题都是为了培养学生应用数学知识分析和解决实际问题的能力,在步骤上也有许多相似之处。但是,真正实际问题的数学建模过程要复杂得多,与列方程(组)解应用题存在本质的差异。

1.2.1 数学建模的基本步骤

目前,关于数学建模的基本步骤的阐述还没有固定的模式。如果忽略这些观点所用术语和形式的差异,我们可以给出一个相对简练的、清晰的一般模式,该模式的基本结构和流程如图 1-1 所示。

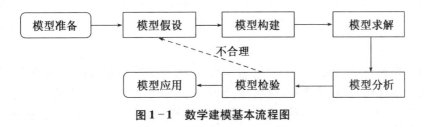

图 1-1 数学建模基本流程图

1. 模型准备

模型准备要求我们在了解研究对象的实际背景、明确建模目的的基础上,通过图书馆查阅、网络查询、请教专家和调查研究等途径搜集建模必需的各种信息和数据等,以弄清楚实际对象的基本特征,从而形成一个相对清晰的"问题"。事实上,这一步骤是非常必要的和基础性的工作,但往往也是建模过程中最困难、最费时费力的,我们要克服各种限制,尽量掌握研究对象的第一手资料。

2. 模型假设

模型假设要求我们在了解研究对象全貌的基础上,根据其主要特征和建模目的,抓住问题本质、忽略次要因素,对问题进行必要的简化,从而形成一个相对简单的"数学问题"。由于建模者本身知识结构和对研究对象了解程度的不同,因此做出的模型假设可能是千差万别的。这常常需要在合理与简化之间做出折中,这一步骤非常关键,直接关系着后面各个环节的顺利实施。我们要在已有知识经验基础上,充分调动想象力、洞察力和判断力等,尽量少地考虑次要因素,尽量多地抓住问题的主要因素,通过简化假设把各种影响因素的关系较合理、精确地描述出来。

3. 模型建立

模型建立要求我们根据建模目的和所做的简化假设,利用适当的数学工具,构建描述研究对象内在规律的数学模型。这里除了需要广阔的数学知识(微积分、微分方程、概率论与数理统计、图论、对策论和线性规划等)之外,还需要一些相关学科的专门知识(物理、生物和计算机等)。当然,对于同一个研究对象可以利用多种数学知识来建模,但在达到建模目的的前提下,应尽量采用简单的数学工具,以便更多的人了解和使用。

4. 模型求解

模型求解要求我们利用理论求解、数值计算和统计分析等各种数学方法,给出模型的结果,或者是利用数学语言描述模型所揭示的含义。由于实际问题的复杂性,因此我们往往需要利用计算机软件编程求解,常用的计算软件除了 MATLAB 外,还有 LINGO 和 SPSS 等。

5. 模型分析

模型分析要求我们对模型结果进行效果分析。如对结果进行误差分析、灵敏度分析和统计分析等,对算法进行稳定性分析等。

6. 模型检验

模型检验要求我们把数学模型的理论结果和实际对象的现象、数据进行比较,检验模型是否合理。如果合理,还要说明模型的适用范围并注意事项的合理性和适用性;如果不合理,问题一般出现在前面模型假设等环节上,我们应该修改、添加假设,甚至需要重新建模。

7. 模型应用

经模型检验证明模型具有一定的适用性后,构建的模型就可以应用到实际问题中。通过上文的阐述表明,数学建模过程应该是联系现实世界和数学世界的一个螺旋上升的循环往复的过程,更多实际问题的建模,需要经过多次修改、不断完善,直到模型结果符合实际问题的某种实际要求。

当然,数学建模是一个灵活的过程,不是一种死板的模式,所有的实际问题的建模并不是都要经过这些步骤,甚至有时各个步骤之间的界限也不是非常明显。这表明,我们不需要也不能死记硬背这些步骤,必须在理解的基础上灵活运用这些步骤。但是,当你面对一个实际问题感到困惑而无法入手时,本模式可以为你正确建模提供一个简洁而清晰的思路。

1.2.2　数学建模方法

现实世界中的实际问题不但多种多样,而且大多比较复杂,所以数学建模的方法也是多种多样的。我们不能期望找到一种万能的方法来建立各种实际问题的数学模型,然而,从方法论的意义上讲,各种实际问题的数学建模方法也应该有一些共性的东西,掌握这些共同的规律,将有助于我们顺利地构建数学模型。

一般说来,数学建模方法大体上可以分为 3 类:机理分析法、测试分析法和综合分析法。

1. 机理分析法

机理分析法就是在已有的知识经验和对研究对象特性的认识基础上,通过分析研究对象中各变量(因素)之间的因果关系,找出反映内部机理的数量规律,从而用适当的数学结构表示的一种建模方法。这样建立的模型常有明确的物理或现实意义,使用这种方法的前提是我们对研究对象的机理应有一定的了解。

2. 测试分析法

测试分析法是当我们对研究对象的内部规律不清楚时,可以把研究对象视为一个"黑箱"系统,在对系统的输入、输出数据进行观测并做统计分析的基础上,按照一定的准则确定与观测数据拟合的最好的模型的一种建模方法,建立的模型一般用于预测和预报工作。

3. 综合分析法

综合分析法是指先用机理分析法确定模型结构,再用测试分析法确定其中的参数的一种建模方法。

数学建模方法的选择主要取决于建模目的和人们对研究对象的了解程度。如果模型要求反映研究对象内在规律且我们也掌握了相关的内部机理知识,我们就应以机理分析法为主。机理分析法是本书采用的主要的建模方法,上文所阐述的数学建模基本步骤,就是采用机理分析法进行数学建模的一般步骤。反之,如果模型不需要反映研究对象的内部机理且我们也基本上不清楚其内部规律,我们就应以测试分析为主。对于一些实际问题,我们常常要采用综合分析法。

1.3　数学建模实例分析

我们将选择读者日常生活和学习中常遇到的两个实际问题来说明如何利用数学建模基本步骤和方法来构建数学模型。

1.3.1　方桌问题

我们都有这样的生活经验:把椅子往不平的地面上一放,通常只有三只脚着地,放不稳。但只要稍微挪动几次,就可以四脚着地放稳了。这是什么道理呢?

为了能用数学语言说明这个问题,必须对椅子和地面做出一些合理的假设:

(1)椅子的四条腿一样长,椅脚与地面接触处看作是一个点,四脚连线呈正方形;

(2)地面高度是连续变化的,沿任何方向不会出现间断(如没有台阶那种情况),即地面是数学上的连续曲面;

(3)地面相对平坦,不会出现连续变化的深沟或凸峰,能够使椅子在任何位置上至少有三只脚同时着地。

这里的假设(1)是显然的,假设(2)给出了椅子可以放稳的条件,假设(3)则排除了三只脚无法同时着地的情况。下面,我们就在这些假设的基础上建立椅子问题的数学模型。

这里首先要解决的是如何用数学语言把问题的条件和结论表示出来。如图 1-2 所示,如果我们以 A、B、C、D 表示椅子的四只脚,以正方形 $ABCD$ 表示椅子的初始位置,则以原点为中心按逆时针将其旋转 θ 角所得到的正方形 $A'B'C'D'$ 就表示椅子位置的改变。换言之,椅子位置应该是角 θ 的函数;另外,由于我们可以以椅脚与地面的竖直距离是否为零作为衡量椅脚是否着地的标准,而椅子旋转就是在调整这一距离,因此该距离也应该是角 θ 的函数。注意到正方形的椅脚是中心对称的,所以只要考虑两组对称的椅脚与地面的竖直距离就可以了。

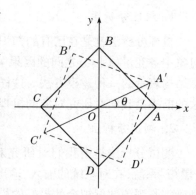

图 1-2　椅子四只脚位置示意图

设 A、C 两脚与地面距离之和为 $f(\theta)$,B、D 两脚与地面距离之和为 $g(\theta)$。显然
$$f(\theta)\geq 0,g(\theta)\geq 0$$
且由假设(2)可知,$f(\theta)$、$g(\theta)$ 均为连续函数;由假设(3)可知,$f(\theta)$ 与 $g(\theta)$ 中至少有一个为零,即对任意的 θ,$f(\theta)\cdot g(\theta)=0$。不妨设 $\theta=0$ 时,有
$$f(0)>0,g(0)=0$$

于是,改变椅子的位置使其四脚着地,就归结为证明下面的命题:

已知 $f(\theta)$、$g(\theta)$ 均为 θ 的连续函数,对任意的 θ,$f(\theta)\cdot g(\theta)=0$,且 $f(0)>0$、$g(0)=0$,证明至少存在一点 θ_0,可使 $f(\theta_0)=g(\theta_0)=0$。

注意到将椅子旋转 $\frac{\pi}{2}$ 后对角线 AC 与 BD 交换,于是由 $f(0)>0$、$g(0)=0$ 知
$$f\left(\frac{\pi}{2}\right)=0,g\left(\frac{\pi}{2}\right)>0$$

设辅助函数 $H(\theta)=f(\theta)-g(\theta)$,则 $H(\theta)$ 在区间 $\left[0,\frac{\pi}{2}\right]$ 上连续,且
$$H(0)=f(0)-g(0)>0,H\left(\frac{\pi}{2}\right)=f\left(\frac{\pi}{2}\right)-g\left(\frac{\pi}{2}\right)<0$$

故由零点定理可知,至少存在一点 $\theta_0\in\left(0,\frac{\pi}{2}\right)$,使得 $H(\theta_0)=0$,即 $f(\theta_0)=g(\theta_0)$;又因为对任意的 θ,$f(\theta)\cdot g(\theta)=0$,所以 $f(\theta_0)$ 与 $g(\theta_0)$ 中至少有一个为零。故 $f(\theta_0)=$

$g(\theta_0) = 0$。

由以上模型的建立与求解过程不难看出,关键是选择了变量 θ 表示椅子的位置,以及用 θ 的两个函数表示椅脚与地面的距离,并且把问题的条件和结论翻译成了数学语言。至于利用中心对称和旋转 $\pi/2$ 并不是本质的东西。

作为练习,请读者求解下面的"爬山问题":

某游客计划用两天的时间游览泰山。第一天上午 7 时开始登山,边走边看,共用了 5 个小时到达了山顶。第二天早晨看完日出之后,于上午 7 时开始按原路下山,回到起点时也用了 5 个小时。试建立数学模型,证明在上下山的过程中至少有一次是在同样的时刻经过同样的地点。

应用与推广:

本例在合理假设的前提下,通过构造辅助函数建立数学模型,并以零点定理为工具求解,用数学语言解释了放在不平地面上的椅子的平稳问题。对于文中提出的爬山问题,也可以仿照本例提供的方法,通过构造辅助函数 $F(t) = f(t) - g(t)$ 求解,其中 $f(t)$ 表示登山者上山时在 t 时刻所处的位置与山脚的距离,$g(t)$ 表示登山者下山时在 t 时刻所处的位置与山脚的距离。

1.3.2　商人如何安全过河

三名商人各带一个随从乘船渡河,一只小船只能容纳两人,由他们自己划行。随从们密约,在河的任一岸,一旦随从的人数比商人多,就杀人越货。但是如何乘船渡河的大权掌握在商人们手中。商人们怎样才能安全渡河呢?

对于这类智力游戏,经过一番逻辑思索是可以找出解决办法的。这里用数学模型求解,一是为了给出建模的示例,二是因为这类模型可以解决相当广泛的一类问题,比逻辑思索的结果容易推广。

由于这个虚拟的问题已经理想化了,所以不必再做假设。安全渡河问题可以视为一个多步决策过程。每一步,即船由此岸驶向彼岸或从彼岸驶回此岸,都要对船上的人员(商人、随从各几人)做出决策,在保证安全的前提下(两岸的随从数都不比商人数多),在有限步内使全部人员过河。用状态(变量)表示某一岸的人员状况,决策(变量)表示船上的人员状况,可以找出状态随决策变化的规律。问题转化为在状态的允许变化范围内(即安全渡河条件),确定每一步的决策,达到渡河的目标。

模型建立

记第 k 次渡河前此岸的商人数为 x_k,随从数为 y_k,$k = 1, 2, \cdots$,$x_k, y_k = 0, 1, 2, 3$。将二维向量 $\boldsymbol{s}_k = (x_k, y_k)$ 定义为状态。安全渡河条件下的状态集合称为允许状态集合,记作 S。

$$S = \{(x, y) \mid x = 0, y = 0, 1, 2, 3; x = y = 1, 2; x = 3, y = 0, 1, 2, 3\} \tag{1}$$

不难验证,S 对此岸和彼岸都是安全的。

记第 k 次渡船上的商人数为 u_k,随从数为 v_k。将二维向量 $\boldsymbol{d}_k = (u_k, v_k)$ 定义为决策。允许决策集合记作 D,由小船的容量可知

$$D = \{(u, v) \mid 1 \le u + v \le 2, u, v = 0, 1, 2\} \tag{2}$$

因为 k 为奇数时船从此岸驶向彼岸,k 为偶数时船由彼岸驶回此岸,所以状态 $\boldsymbol{s}_k$ 随决策 $\boldsymbol{d}_k$

变化的规律是

$$s_{k+1} = s_k + (-1)^k d_k \qquad (3)$$

式(3)称状态转移律。这样,制定安全渡河方案归结为如下的多步决策模型:

求决策 $d_k \in D (k = 1, 2, \cdots, n)$,使状态 $s_k \in S$ 按照转移律(3),由初始状态 $s_1 = (3,3)$ 经有限步 n 到达状态 $s_{n+1} = (0,0)$。

模型求解

根据式(1)—(3)编一段程序,用计算机求解上述多步决策问题是可行的。不过对于商人和随从人数不大的简单状况,用图解法解这个模型更为方便。

在 xoy 平面坐标系上画出图 1-3 那样的方格,方格点表示状态 $s = (x, y)$。允许状态集合 S 是用圆点标出的 10 个格子点。允许决策 d_k 是沿方格线移动 1 或 2 格,k 为奇数时向左、下方移动,k 为偶数时向右、上方移动。要确定一系列的 d_k,使由 $s_1 = (3,3)$ 经过那些圆点最终移至原点 $(0,0)$。

图 1-3 给出了一种移动方案,经过决策 d_1,$d_2, \cdots, d_{11}$,最终有 $s_{12} = (0,0)$。这个结果很容易翻译成渡河的方案。

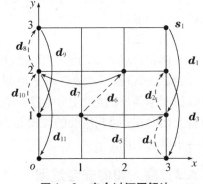

图 1-3　安全过河图解法

评注

这里介绍的是一种规格化的方法,所建立的多步决策模型可以用计算机求解,从而具有推广的意义。譬如当商人和随从人数增加或小船的容量加大时,靠逻辑思考就困难了,而用这种模型则仍可方便地求解。读者不妨考虑 4 名商人各带一个随从的情况(小船同前)。

适当地设置状态和决策,确定状态转移律,建立多步决策模型,是有效地解决很广泛的一类问题的方法,这在以后还会经常用到。

1.4　数学模型的特点和分类

1.4.1　数学模型的特点

数学模型是根据特定建模目的,在合理的简化假设基础上,利用适当数学工具得到的数学结构。因此,相对于实际问题而言,数学模型既有优点,也有缺点。数学模型,作为沟通现实世界和数学世界的一座桥梁,具有若干特点。

1. 模型的逼真性和可行性

模型的逼真性是指数学模型与实际问题的吻合度。模型的可行性是指从所需数学技术的复杂度或所需"费用"角度。数学模型是否具有解决实际问题的价值,一般说来,由于实际问题的复杂性,想用一个非常逼真的数学模型完完全全地把实际问题描述出来而且顺利可行是很困难的。因此,对逼真性和可行性的研究是值得关注的。

2. 模型的渐进性

模型的渐进性是指数学建模过程的螺旋上升不断趋于完美的过程。由于实际问题的复杂性和人们认识能力和实践能力的限制,数学建模通常不可能一次成功,需要经过不断修正、提炼,包括由简到繁,也包括删繁就简过程,以便获得越来越满意的模型。在科学发展过程中,随着人们认识和实践能力以及科学技术水平的提高,许多数学模型也存在着一个不断完善和推陈出新的过程。

3. 模型的稳定性

模型的稳定性是指当数学模型的输入(观测数据或其他相关信息)或模型假设有微小变化时,模型求解的结果或模型结构也仅有微小变化。由于人们认识和实践能力的限制,模型的输入值和模型假设都有一定误差,好的模型应该具有较好的稳定性,否则就应该修正模型。

4. 模型的可转移性

模型的可转移性是指不同领域的数学模型的相互借鉴性,既可以是建模思路的借鉴,也可以是整个数学模型的借鉴,高度的抽象性是数学科学的一大特征。同样,数学模型也是现实对象的抽象化、理想化的产物,也具有高度的抽象性。它不为对象的所属领域所独有,可以转移到另外的领域。比如在生态、经济、社会等领域内的模型就常常借用物理领域中的模型。模型的这种性质充分显示了它的高度抽象性和应用广泛性。

5. 模型的非预制性

模型的非预制性是指在数学建模过程中没有预制品供直接套用。到目前为止,虽然各学科已经发展了许多应用广泛的模型,但是实际问题是千变万化的,不可能把各种模型做成预制品供人们建模时直接使用。模型的这种非预制性也是数学建模本身即开放性问题的直接反映。

6. 模型的条理性

模型的条理性是指从建模角度揭示研究对象的内部规律。建立数学模型,可以促使人们对研究对象的分析更全面、更深入、更具有条理性。即使建立的模型由于种种原因尚未达到实用的程度,对问题的进一步研究也是有帮助的。

7. 模型的技艺性

模型的技艺性是指由于主体认知和实践能力以及实际问题复杂性的限制,很难归纳出若干条普遍适用的建模准则和技巧,建模者需要具有较高的建模技艺。要建立好的数学模型,不但需要坚实的理论基础和逻辑思维能力,还需要丰富的想象力、敏锐的洞察力、果断的判断力以及直觉、灵感等非逻辑思维能力。

8. 模型的局限性

模型的局限性是指由于实际问题的复杂性、建模者认知和实践能力以及科学技术包括数学本身发展水平的限制,数学模型的应用范围的有界性。到目前为止,有些实际问题很难得到精确的数学模型,有的甚至还没有建立起来(如中医诊断过程和学生的学习过程);有的即使建立起来,模型的结果也只能是实际问题的近似反映。

1.4.2　数学模型的分类

由于数学模型的分类很难有统一标准,因此根据不同的分类标准可以有不同的分类结果。

（1）根据数学建模使用的数学方法（或所属数学分支）的不同,可以分为初等模型、微分方程模型、数学规划模型、概率模型和统计模型等。

（2）根据数学建模目的的不同,可以分为描述模型、优化模型、预报模型和控制模型。

（3）根据对研究对象内部机理了解程度的不同,由小到大可以分为白箱模型、灰箱模型和黑箱模型（它们之间并没有严格的界限）。

白箱模型是指对其内部机理已经相当清楚的实际问题的数学模型。这些数学模型大多已经建立起来,只不过还需要做进一步的优化和深入的研究,比如力学、热学和电学等学科描述的现象以及相应的工程技术问题。

灰箱模型是指对于内部机理虽有所了解,但还不是相当清楚的实际问题的数学模型。这些数学模型在模型建立和模型改进方面还有不少工作要做,比如生态、经济气象和交通等领域中遇到的实际问题。

黑箱模型是指对于内部机理知之甚少,甚至完全不清楚的实际问题的数学模型。这些实际问题数学模型的建立还需要依靠科学技术和人类认知能力的日益提高和我们的进一步深入研究。这些实际问题主要是指生命科学和社会科学等领域中的问题,还包括一些虽然主要基于物理、化学原理,但由于因素众多、关系复杂或观测困难等原因很难建立模型的工程技术问题。

（4）根据数学模型应用领域的不同,可以分为人口模型、经济模型、生物模型、金融模型和医学模型等。

（5）根据数学模型表现特性的不同,可以分为确定性模型和随机性模型（是否考虑随机因素的影响）、离散模型和连续模型（模型中的变量是离散的还是连续的）、静态模型和动态模型（是否考虑时间因素）,以及线性模型和非线性模型（模型中的基本关系是线性的还是非线性的）。

1.5　数学建模的学习方法与数学建模竞赛简介

经过对数学建模相关概念、基本步骤和方法以及数学模型的特点和分类学习以后,我们应该初步感受到数学建模课程与数学分析、高等代数以及解析几何等讲授某一专门知识的课程有所不同。数学建模不但需要建模者具有深厚而广博的数学知识、一定的计算机科学知识和其他学科知识,还需要有较好的写作能力;不但需要灵活的数学技巧和严谨的逻辑思维能力,还需要丰富的想象力、敏锐的洞察力、果断的判断力和灵感、直觉等非逻辑思维能力。这势必会给我们的学习带来一定的困难。但是,只要我们拥有良好的学习动机和学习兴趣、遵循正确的学习方法,就一定会学好这门课程。

1.5.1　数学建模学习的重要意义

（1）数学模型是联系现实世界与数学世界的一座重要桥梁,数学建模则是数学应用的必由之路。

数学模型,自从数学产生以来,一直是联系现实世界与数学世界的一座重要桥梁。进入20世纪以来,数学模型越来越受到人们的重视。特别是随着信息技术的飞速发展,数学模型以空前的广度和深度日益向一切领域渗透,既包括传统的以声、光、热、力、电为基础的工程技术领域,也包括以通信、航天、微电子、自动化为代表的高新技术领域,还包括诸如经济、生物、地理、医学和文学等非物理领域。比如曾被英国数学家哈代(Hardy,1947)称作是最"无用"的、最"清白"的数论。自1982年以来,也已经被广泛应用在情报密码技术、卫星信号传播和量子场论等领域。

在计算机技术的辅助下,数学建模,作为数学应用的必由之路,在各个领域中起着越来越重要的作用,比如分析与设计、预报与决策、控制与优化以及规划与管理等。

在科学技术飞速发展的当今世界,人们对数学的需求与日俱增。马克思就非常赞同康德所言:"一门科学,只有当它成功地应用数学时,才算达到了完善的地步"。数学建模具有美好的发展前景。

（2）数学建模是培养学生良好的问题解决能力和创新能力的一条重要途径。

数学建模需要解决的实际问题,都是开放性问题(Opening Question)。它不同于一般的数学应用题。它不但为学生提出、分析和解决问题提供广阔的空间,还为学生体验数学建模在解决实际问题中的价值、数学与日常生活和其他学科的联系以及激发学生的学习兴趣提供肥沃的土壤。在数学建模过程中,不但可以培养学生应用理论知识和计算机技术进行问题解决的能力,还可以培养学生的逻辑思维与非逻辑思维能力、写作能力和团结协作能力。这些都会为学生创新能力的养成打下坚实的基础。

（3）数学建模顺应了当前素质教育和课程改革的需要。

近30年来,开设数学模型(建模)或相关课程是世界各国大中小学进行素质教育和教学改革的重要标志之一。我国大学于20世纪80年代初开始开设数学模型(建模)课程,到目前为止,开设该课程的院校已有几百所。2003年,我国在《普通高级中学课程标准(实验)》中指出"高中数学课程要求把数学探究、数学建模的思想以不同的形式渗透在各模块和专题内容中,并在高中阶段至少安排较为完整的一次教学探究、一次数学建模活动",并将数学建模定位为一种重要的数学学习方式。

近十多年来,数学建模与应用,一直作为在国际数学教育大会上研讨的一个重要课题,也说明数学教育界对数学建模的重视。荷兰著名数学家、数学教育家弗赖登塔尔认为,数学源于现实,寓于现实,也必须用于现实。数学建模,作为通向数学应用的必由之路,从一定程度上恢复了数学科学源于现实、寓于现实和用于现实的本来面目。通过数学建模课程的学习,不仅可以提高学生学习数学的兴趣,还可以培养学生的问题解决能力和创新能力。问题解决能力和创新能力是数学素质教育体现综合素质的两个重要方面。因此,数学建模课程的学习,对于指导和适应当前大中小学的素质教育和教学改革具有重要意义。

1.5.2　数学建模的学习方法

建构主义学习理论认为,学生的学习过程是在自身认知结构的基础上的主动建构过程。有人说,数学建模目前与其说是一门技术,不如说是一门艺术,是技艺性很强的数学方法。大家知道,艺术在某种意义下是很难归纳出几条准则或方法的。由此可见,要想成为一名出色的建模者,必须有教师的指导和大量建模案例的学习,更需要有自身的主动建构过程,即亲身实践。一般认为,数学建模的有效学习要经历3个阶段。

（1）案例研究阶段

案例研究阶段为学习、分析、评价和改进已有数学模型阶段。首先,要弄懂是什么模型;其次,要从方法论角度分析为什么这样建模,还有其他的方法吗;再次,分析模型的优缺点;最后,尽量对已有模型进行改进或用别的方法重新建模。

（2）亲身实践阶段

亲身实践阶段为亲自动手、脚踏实地的建模阶段。在数学建模的实践中,学习数学建模是最好的方法。第一是模仿阶段,选择教材中与所学模型配套的较为简单的习题,按照数学建模步骤,亲自构建模型。第二是发展阶段,实际问题是丰富多彩的,如果只会模仿教材中所讲述的建模案例,肯定无法面对现实和未来的挑战。因此,还必须选做教材后具有一定难度的习题。最后是提升阶段。在前两个阶段基础上,学习者基本上掌握了数学建模的基础知识、基本方法与技能,在此阶段,学生可选择一些实际问题,比如历届数学建模竞赛真题,进行完整的数学建模实践。

（3）回馈反思阶段

通过前面的学习和实践环节,读者不但要归纳掌握数学建模的基本步骤和技巧,还要学习在解决问题的不同阶段如何对模型进行检验和修改的技巧。我们要在每学完、做完一个数学模型后,从建模基础、建模步骤、建模方法和建模效果等角度认真反思。

1.5.3　数学建模竞赛简介

随着数学模型应用的广泛深入和数学模型(建模)课程的广泛开设,该课程日益受到各方重视和越来越多学生的喜欢。为了进一步激励学生学习数学建模的积极性,提高学生建立数学模型和运用计算机技术解决实际问题的综合能力,鼓励广大学生踊跃参加课外科技活动,开拓知识面,培养创造精神及合作意识,推动大学数学教学体系、教学内容和方法的改革,数学建模竞赛应运而生。数学建模竞赛不但需要深厚而广博的数学知识、一定的计算机科学知识和其他学科知识,还需要较好的写作能力和协作能力。因此,数学建模竞赛不同于其他各种单学科竞赛。迄今为止,在我国影响较广的有美国国际大学生数学建模竞赛(Mathematical Contest in Modeling, MCM)和我国大学生数学建模竞赛(China Undergraduate Mathematical Contest in Modeling, CUMCM)。

1. 美国大学生数学建模竞赛

1985 年,由美国数学及其应用联合会主持,美国运筹及工业和应用数学协会、美国工业与应用数学学会、美国数学协会协助的美国国际大学生数学建模竞赛开始举办,英文全称为 Mathematical Competition in Modeling（MCM）。1988 年,全称改为 Mathematical

Contest in Modeling,缩写仍为"MCM"。这项赛事自诞生起就引起了越来越多的关注,并逐渐吸引了世界各地的高校参加。我国一些著名大学从 1989 年起开始参加这项赛事。

MCM 的竞赛对象为全世界所有大学生;参赛形式是小组参赛,每个参赛小组由 3 名队员和 1 名指导教师组成;参赛为期 3 天;参赛内容为来源于实际的两道题目,每队只需任选一题参赛章程规定:在 3 天的参赛时间内,参赛者可以使用包括计算机、软件包、教科书、杂志和手册等资源,就选定的赛题每个队在连续 3 天的时间里写出论文。

2. 我国大学生数学建模竞赛

1992 年,由国家教委高教司和中国工业与应用数学学会共同主办的全国大学生数学建模竞赛开始举办。全国大学生数学建模竞赛是教育部规定的面向全国所有高校的四大竞赛之一,目前,这一赛事的参赛人数逐年递增,由创立之初的 10 省(市)79 所院校的 314 个参赛队,到 2019 年来自全国及美国和马来西亚的 1 490 所院校/校区、42 992 队(本科 39 293 队、专科 3 699 队)、近 13 万人报名参赛。全国大学生数学建模竞赛已成为全国高校规模最大的课外科技活动之一,也正在成为一项衡量学校综合实力的重要指标。

《全国大学生数学建模竞赛章程(2008 年修订版)》规定:

竞赛每年举办一次,一般在某个周末前后的 3 天内举行(一般是 9 月份第 3 个周五至下周一)。大学生以队为单位参赛,每队 3 人,专业不限。每队可设一名指导教师(或教师组),从事赛前辅导和参赛的组织工作,但在竞赛期间必须回避参赛队员,不得进行指导或参与讨论,否则按违反纪律处理。竞赛期间参赛队员可以使用各种图书资料、计算机和软件,在国际互联网上浏览,但不得与队外任何人(包括在网上)讨论。

赛题由工程技术、管理科学及社会热点问题简化而成;要求用数学建模方法和计算机技术,完成一篇包括模型的假设、建立和求解,结果的分析和检验,以及自我评价优缺点等方面的学术论文;赛题没有标准答案,评判以假设的合理性、建模的创造性、结果的正确性(指与模型相符合)及表述的清晰性为标准;在 3 天时间内,3 名大学生为 1 队共同完成,可以使用任何资料、软件、互联网等,唯一的限制是不能与队外的同学、老师讨论赛题。在全国竞赛的推动下,许多学校在组织培训过程中,让同学做有类似特点的练习题,举办模拟赛或选拔赛,显著地扩大了竞赛的参与面和受益面。

习 题 一

1. 一张四条腿一样长的长方形椅子放在不平的地面上,证明存在一种放法使该椅子的四条腿能同时着地。

2. 4 个商人带着 4 个随从过河,过河的工具只有一艘小船,只能同时载两个人过河,包括划船的人。随从们密约,在河的任一岸,一旦随从的人数比商人多,就杀人越货。乘船渡河的方案由商人决定。商人们怎样才能安全过河? 假如小船可以容 3 人,请问:最多可以有几名商人各带 1 名随从安全过河?

3. 一昼夜有多少时刻互换长短针后仍表示一个时间? 如何求出这些时刻?

4. 有 n 支足球队进行比赛,每两队都赛一场,胜队得 3 分,负队得 0 分,平局各得 1 分。问:一个队至少要得多少分,才能保证得分不少于该队的至多有 $k-1$ 支队($2 \leqslant k \leqslant$

$n-1$）？若采用主客场制，即每两队之间赛两场，结论又如何？

5. 有 A、B、C 三个药瓶，瓶 A 中装有 1997 片药片，瓶 B 和瓶 C 都是空的，装满时可分别装 97 片和 19 片药。每片药含 100 个单位有效成分，每开瓶一次该瓶内每片药片都损失 1 个单位有效成分。某人每天开瓶一次、吃一片药，他可以利用这次开瓶的机会将药片装入别的瓶中以减少以后的损失，处理后将瓶盖都盖上。问：当他将药片全部吃完时，最少要损失多少个单位的有效成分？

6. 尝试尽可能迅速地回答下面的问题：

（1）某甲早 8 时从山下旅店出发沿一条路径上山，下午 5 时到达山顶并留宿。次日早 8 时沿同一路径下山，下午 5 时回到旅店。某乙说，甲必在两天中的同一时刻经过路径中的同一地点，为什么？

（2）甲、乙两站之间有电车相通，每隔 10 分钟甲、乙两站相互发一趟车，但发车时刻不一定相同。甲、乙之间有一中间站丙，某人每天在随机的时刻到达丙站，并搭乘最先经过丙站的那趟车，结果发现 100 天中约有 90 天到达甲站，仅约 10 天到达乙站。问：开往甲、乙两站的电车经过丙站的时刻表是如何安排的？

（3）某人家住 T 市在他乡工作，每天下班后乘火车于 6 时抵达 T 市车站，他的妻子驾车准时到车站接他回家。一日他提前下班搭早一班火车于 5 时半抵 T 市车站，随即步行回家，他的妻子像往常一样驾车前来，在半路上遇到他接回家时，发现比往常提前了 10 分钟。问：他步行了多长时间？

（4）一男孩和一女孩分别在离家 2 千米和 1 千米且方向相反的两所学校上学，每天同时放学后分别以 4 千米/小时和 2 千米/小时的速度步行回家。一小狗以 6 千米/小时的速度由男孩处奔向女孩，又从女孩处奔向男孩，如此往返直至回到家中。问：小狗奔波了多少路程？

（5）一个立方体如图，其中 a、b、c 为 3 个棱长，且 $a>b>c>0$。一只蜘蛛在 A_1 处发现 C 处有一只苍蝇，问：它要捉住苍蝇，走哪条路线最短？

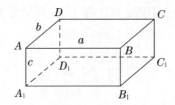

（6）用什么样的曲线能将一个边长为 a 的等边三角形分成面积相等的两部分，而使曲线的长最短？

第2章 初等模型

在知识和解决现实问题的过程中,我们必须改变传统的看法,即认为简单的理论只能解决简单的问题。实际上,客观现实问题解决得好与坏并不以所应用的知识的深浅为尺度,我们将看到,即使运用非常简单的数学结论与推理也可以解决大问题,有些问题表面上看来甚至与数学毫无关系。需要强调的是,善于建立数学与现实问题的联系是至关重要的,从某种意义上讲,培养良好的数学思维能力往往比学习更多更深的知识更为有用。本章将介绍几个实例,运用简单的数学方法解决一些具体的现实问题。

2.1 电视信号的送达

上海东方明珠电视塔是目前亚洲最高的电视塔,它有 460 米高,若把它的信号传播到 1 100 千米外的北京,能够送达吗? 若用一座电视塔直接传输到北京,需要建设高度为多少米的电视塔?(地球半径约为 6 371 千米)

分析假设

这是一个既有常识性又带科学性的问题,要将电视塔及电视信号的传输扩大到整个地球空间,展开空间想象,抽象出相应的数学模型。

如图 2-1 将地球近似地看成一个球体,$\odot O$ 为地球截面圆,$AB = h$,表示电视塔的高度,过 A 向地球截面 $\odot O$ 作切线,切 $\odot O$ 于点 C、D。则以 $\overset{\frown}{CD}$ 所对应的一个球面区域就是该电视塔的信号覆盖区域。

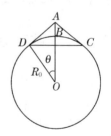

由于 $h \ll R_0$(R_0 为地球半径),故可近似地认为传输区域为一块"圆形区域",且可以把弦 BD 当作传输半径 R。

(1)电视信号在传送过程中不考虑衰减。

(2)将电视信号传输区域近似地看成是一块"圆形区域"。

图 2-1 电视信号覆盖区域

符号说明

h 表示电视塔的高度。

R_0 表示地球半径。

R 表示电视信号覆盖区域半径。

θ 表示电视信号覆盖区域半径所对应的圆心角。

模型建立

根据以上分析得 $\cos \theta = \dfrac{OD}{OA} = \dfrac{R_0}{R_0 + h}$。

由余弦定理得

$$BD^2 = OD^2 + OB^2 - 2OD \cdot OB \cdot \cos\theta$$

即

$$R^2 = R_0^2 + R_0^2 - 2R_0^2 \cdot \frac{R_0}{R_0 + h} \tag{1}$$

模型求解

化简式(1)得

$$
\begin{aligned}
R^2 &= 2R_0^2 \left(1 - \frac{R_0}{R_0 + h}\right) \\
&= 2R_0 h \, \frac{R_0}{R_0 + h} \\
&= 2R_0 h \left(1 - \frac{h}{R_0 + h}\right)
\end{aligned} \tag{2}
$$

由于 $h \ll R_0$，$\dfrac{h}{R_0 + h}$ 可忽略不计，所以 $BD = R \approx \sqrt{2R_0 h} \approx 3\,569.6\sqrt{h}\,(\mathrm{m})$。将 $h = 460$ 代入，得 $R \approx 76\,559\ \mathrm{m} \approx 76.6\ \mathrm{km}$。

验证与分析

显然，仅用东方明珠一座电视塔是无法将信号传输到北京的。如果不考虑上海的电视信号在传输过程中发生衰减，仅用一座电视塔发射到 1 100 千米外的北京，根据 $R \approx \sqrt{2R_0 h}$，$h = \dfrac{R^2}{2R_0} \approx \dfrac{1\,100^2}{2 \times 6\,371} \approx 95\,(\mathrm{km})$。这大约相当于 11 座珠穆朗玛峰的高度，建造如此高的电视塔显然是不现实的。解决这类长距离信号传输问题，往往不能盲目地一味增加电视塔的高度，而是要通过多个中继站以"接力"的方式或用通信卫星的手段辅助完成。

2.2　海滨城市台风的侵袭

在某海滨城市附近海面有一台风。据监测，当前台风中心位于城市 O（图 2-2）的东偏南 $\theta\left(\cos\theta = \dfrac{\sqrt{2}}{10}\right)$ 方向 300 km 的海面 P 处，并以 20 km/h 的速度向西偏北 45° 方向移动。台风侵袭的范围为圆形区域，当前半径为 60 km，并以 10 km/h 的速度不断增大。问：几小时后该城市开始受到台风的侵袭？

分析与假设

1. 根据问题解决目的：问几小时后该城市开始受到台风的侵袭，以及台风侵袭的范围为圆形的假设，只要求出以台风中心 $\bar{P}$（动点）为圆心的圆的半径 r，这个圆的半径覆盖的区域自然是侵袭范围。

2. 台风中心时刻移动，方向为向西偏北 45°，速度为 20 km/h，而当前半径为 60 km，并以 10 km/h 的速度不断增大，即半径的增加速度为 $r(t) = 60 + 10t$，t 为时间。于是只要 $O\bar{P} \leqslant 10t + 60$，便是城市 O 受到侵袭的开始。

模型 1　如图 2-2 所示建立坐标系：以 O 为原点，正东方向为 x 轴正向。在时刻 t 台

风中心

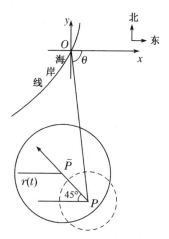

图 2-2 台风侵袭方向与范围

$\bar{P}(\bar{x}, \bar{y})$ 的坐标为

$$
\begin{cases}
\bar{x} = 300 \times \dfrac{\sqrt{2}}{10} - 20 \times \dfrac{\sqrt{2}}{2} t \\[2mm]
\bar{y} = -300 \times \dfrac{7\sqrt{2}}{10} + 20 \times \dfrac{\sqrt{2}}{2} t
\end{cases}
\tag{1}
$$

此时台风侵袭的区域是

$$
(x - \bar{x})^2 + (y - \bar{y})^2 \leq [r(t)]^2
\tag{2}
$$

其中 $r(t) = 10t + 60$。

若在 t 时刻城市 O 受到台风的侵袭,则有

$$
(0 - \bar{x})^2 + (0 - \bar{y})^2 \leq (10t + 60)^2
\tag{3}
$$

即

$$
\left(300 \times \frac{\sqrt{2}}{10} - 20 \times \frac{\sqrt{2}}{2} t\right)^2 + \left(-300 \times \frac{7\sqrt{2}}{10} + 20 \times \frac{\sqrt{2}}{2} t\right)^2 \leq (10t + 60)^2
\tag{4}
$$

整理可得

$$
t^2 - 36t + 288 \leq 0
$$

由此解得 $12 \leq t \leq 24$,即 12 小时后该城市开始受到台风的侵袭。

模型 2 设在时刻 t 台风中心为 $\bar{P}$(图 2-2),此时台风侵袭的圆形半径为 $10t + 60$。因此,若在时刻 t 城市 O 受到台风侵袭,应有

$$
O\bar{P} \leq 10t + 60
\tag{5}
$$

由余弦定理知

$$
O\bar{P}^2 = P\bar{P}^2 + PO^2 - 2P\bar{P} \cdot PO \cdot \cos \angle OP\bar{P}
\tag{6}
$$

注意到

$$
OP = 300, P\bar{P} = 20t
$$

$$
\cos \angle OP\bar{P} = \cos(\theta - 45°) = \cos\theta \cdot \cos 45° + \sin\theta \cdot \sin 45°
$$

$$
= \frac{\sqrt{2}}{10} \times \frac{\sqrt{2}}{2} + \sqrt{1 - \frac{2}{10^2}} \times \frac{\sqrt{2}}{2} = \frac{4}{5}
\tag{7}
$$

故

$$OP^2 = (20t)^2 + 300^2 - 2 \times 20t \times 300 \times \frac{4}{5} = 20^2 t^2 - 9\,600t + 300^2 \tag{8}$$

因此

$$20^2 t^2 - 9\,600t + 300^2 \leqslant (10t + 60)^2 \tag{9}$$

即

$$t^2 - 36t + 288 \leqslant 0$$

解得

$$12 \leqslant t \leqslant 24$$

2.3 双层玻璃窗的功效

你是否注意到北方地区的有些建筑物的窗户是双层的,即窗户上装两层玻璃且中间留有一定空隙,如图 2-3 所示,两层厚度为 d 的玻璃夹着一层厚度为 l 的空气。据说这样做是为了保暖,即减少室内向室外的热量流失。我们要建立一个模型来描述热量通过窗户的传导(即流失)过程,并将双层玻璃窗与用同样多材料做成的单层玻璃窗[如图 2-3(b) 所示,玻璃厚度为 $2d$]的热量传导进行对比,对双层玻璃窗能够减少多少热量损失给出定量分析结果。

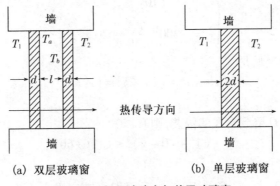

(a) 双层玻璃窗　　　　　(b) 单层玻璃窗

图 2-3　双层玻璃窗与单层玻璃窗

分析与假设

热量通过窗户的传导过程,也就是由温度高的一侧向温度低的一侧的热量流失。吸收的热量应等于释放的热量,而单位时间由温度高的一侧向温度低的一侧通过单位面积的热量与温度差成正比,与介质厚度成反比。

(1) 热量的传播过程只有传导,没有对流,即假定窗户的密封性能很好,两层玻璃之间的空气是不流动的。

(2) 室内温度 T_1 和室外温度 T_2 保持不变,热传导过程已处于稳定状态,即沿热传导方向,单位时间通过单位面积的热量是常数。

(3) 玻璃材料均匀,热传导系数是常数。

符号说明

d:双层玻璃窗其中一层玻璃的厚度。

T_1：室内温度。

T_2：室外温度。

T_a：双层窗内层玻璃的外侧温度。

T_b：双层窗外层玻璃的内侧温度。

K_1：玻璃的热传导系数。

K_2：空气的热传导系数。

Q_1：双层窗单位时间单位面积的热量传导(即热量流失)。

Q_2：单层窗单位时间单位面积的热量传导(即热量流失)。

模型建立

在上述假设下热传导过程遵循下面的物理定律：

厚度为 d 的均匀介质，两面温度差为 ΔT，则单位时间由温度高的一侧向温度低的一侧通过单位面积的热量 Q 与 ΔT 成正比、与 d 成反比，即

$$Q = K \frac{\Delta T}{d} (K \text{ 为热传导系数}) \tag{1}$$

则单位时间单位面积的热量传导(即热量流失)为

$$Q_1 = K_1 \frac{T_1 - T_a}{d} = K_2 \frac{T_a - T_b}{l} = K_1 \frac{T_b - T_2}{d} \tag{2}$$

对于厚度为 $2d$ 的单层玻璃窗，其热量传导为

$$Q_2 = K_1 \frac{T_1 - T_2}{2d} \tag{3}$$

模型求解

从式(2)中消去 T_a、T_b，可得

$$Q_1 = \frac{K_1(T_1 - T_2)}{d(s+2)}, s = h \frac{K_1}{K_2}, h = \frac{l}{d} \tag{4}$$

两者相比为

$$\frac{Q_1}{Q_2} = \frac{2}{s+2} \tag{5}$$

显然 $Q_1 < Q_2$。

验证与分析

为了得到更具体的结果，从有关资料可知，常用玻璃的热传导系数为 $K_1 = 4 \times 10^{-3}$ — 8×10^{-3} J/(cm·s·K)，而不流通、干燥空气的热传导系数为 $K_2 = 2.5 \times 10^{-4}$ J/(cm·s·K)，于是

$$\frac{K_1}{K_2} = 16 \text{—} 32 \tag{6}$$

在分析双层玻璃窗比单层玻璃窗可减少多少热量损失时，保守估计，取 $\frac{K_1}{K_2} = 16$，由式(4)和(5)可得

$$\frac{Q_1}{Q_2} = \frac{1}{8h+1}, h = \frac{l}{d} \qquad (7)$$

比值 Q_1/Q_2 反映了双层玻璃窗在减少热量损失上的功效,它只与 h 有关。图 2-4 给出了 Q_1/Q_2 与 h 的曲线关系,当 h 由 0 增加时,Q_1/Q_2 迅速下降,而当 h 超过一定值($h>4$)后,Q_1/Q_2 下降趋缓,可见 h 不宜过大。

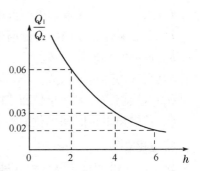

图 2-4 热量损失比 $\dfrac{Q_1}{Q_2}$ 与 $h = \dfrac{l}{d}$ 的关系

这个模型具有一定的应用价值。制作双层玻璃窗虽然工艺复杂,会增加一些费用,但它减少的热量损失却是相当可观的。通常,建筑规范要求 $h = \dfrac{l}{d} \approx 4$。按照这个模型,$\dfrac{Q_1}{Q_2} \approx 3\%$,即双层玻璃窗比用同样多的玻璃材料制成的单层玻璃窗节约热量为 97% 左右。不难发现,之所以有如此高的功效主要是由于层间空气的极低的热传导系数 K_2,而这要求空气是干燥、不流通的。作为模型假设的这个条件在实际环境下当然不可能完全满足,所以实际上双层窗户的功效会比上述效果差一些。

2.4 生猪的身长与体重

在生猪收购站或屠宰场工作的人们,有时希望由生猪的身长估计它的体重。试建立数学模型,讨论四足动物的躯干的长度(不含头、尾)与它的体重的关系,

问题分析

众所周知,不同种类的动物,其生理构造不尽相同,如果对此问题陷入对生物学复杂生理结构的研究,就很难得到我们所要求的具有应用价值的数学模型且会导致问题的复杂化。因此,我们舍弃具体动物的生理结构讨论,仅借助力学的某些已知结果,采用类比方法建立四足动物的身长和体重关系的数学模型。

类比法是依据两个对象的已知的相似性,把其中一个对象的已知的特殊性质迁移到另一对象上去,从而获得另一个对象的性质的一种方法。它是一种寻求解题思路、猜测问题答案或结论的发现的方法,而不是一种论证的方法,它是建立数学模型的一种常见的、重要的方法。

类比法的作用是启迪思维,帮助我们寻求解题的思路,而它对建模者的要求是具有广博的知识,只有这样才能将你所研究的问题与某些已知的问题、某些已知的模型建立起联系。

模型假设与求解

我们知道对于生猪,其体重越大、躯干越长,则脊椎下陷越大,这与弹性梁类似。

为了简化问题,我们把生猪的躯干看作圆柱体,设其长度为 l、直径为 d、断面面积为 S(图 2-5)。将这种圆柱体的躯干类比作一根支撑在四肢上的弹性梁,这样就可以借助力

学的某些结果研究生猪的身长与体重的关系。

设生猪在自身体重(记为f)的作用下,躯干的最大下垂度为b,即弹性梁的最大弯曲。根据对弹性梁的研究,可以知道

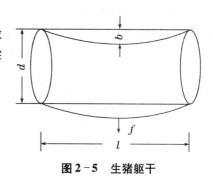

$$b \propto \frac{fl^3}{Sd^2} \qquad (1)$$

又由于$f \propto Sl$(体积),于是

$$\frac{b}{l} \propto \frac{l^3}{d^2} \qquad (2)$$

图 2-5 生猪躯干

式中:b为生猪躯干的绝对下垂度,b/l为生猪躯干的相对下垂度。b/l太大,四肢将无法支撑动物的躯干;b/l太小,四肢的材料和尺寸超过了支撑躯干的需要,无疑是一种浪费。因此,从生物学角度可以假定,经过长期进化,对于每一种动物而言,b/l已经达到最适宜的数值,换句话说,b/l应视为与动物尺寸无关的常数,而只与动物的种类有关。因此,由式(2)得

$$l^3 \propto d^2 \qquad (3)$$

又由于$f \propto Sl$,$S \propto d^2$,故$f \propto l^4$,从而

$$f = kl^4 \qquad (4)$$

即生猪的体重与躯干长度的四次方成正比。这样,对于生猪(其他四足动物亦可),根据统计数据确定上述比例系数k后,就可以依据上述模型,由躯干的长度估计出生猪的体重了。

评注

在上述模型中,将动物的躯干类比作弹性梁是一个大胆的假设,其假设的合理性、模型的可信度应该用实际数据进行仔细检验。但这种思考问题、建立数学模型的方法是值得借鉴的。在上述问题中,如果不熟悉弹性梁、弹性力学的有关知识,就不可能把动物躯干类比作弹性梁,就不可能想到将动物躯干长度和体重的关系这样一个看来无从下手的问题,转化为已经有明确研究成果的弹性梁在自重作用下的挠曲问题。

2.5 污水均流池的设计

城市社区的生活污水在进行净化处理之前,通常需要先进入一个集中储存的大池子,再通过水泵和输水管流向净化处理设备。这是因为生活污水的流量是时刻在变化的,而让进入净化设备的污水保持恒定的流量,才能提高净化处理的效率。这个集中储存污水的池子能够起到均衡调节流量的作用,不妨称之为均流池。

这里要讨论的是,怎样根据社区污水的流量来设计均流池的容积及水泵和输水管的规格,并且在一定条件下怎样按照施工成本最小的原则来确定均流池的具体尺寸。

调查与分析

除了节假日等特殊情况以外,社区生活污水进入均流池的流量可以看作是以天为周

期变化的,通过典型调查可以得到至少以小时为单位间隔、一天的污水流量。现在已经有表 2 - 1 的调查结果。我们看到,约在凌晨 3 时流量最低,其后一路上升,流量的高峰出现在下午 5 时至 7 时,之后呈下降趋势。

表 2 - 1　社区某一天整点生活污水流量

时间/h	0	1	2	3	4	5	6	7
流量/($m^3 \cdot s^{-1}$)	0.041 7	0.032 1	0.023 6	0.018 5	0.018 9	0.019 9	0.022 8	0.036 9
时间/h	8	9	10	11	12	13	14	15
流量/($m^3 \cdot s^{-1}$)	0.051 4	0.063 0	0.068 5	0.069 7	0.072 5	0.075 4	0.076 1	0.077 5
时间/h	16	17	18	19	20	21	22	23
流量/($m^3 \cdot s^{-1}$)	0.081 0	0.083 9	0.086 3	0.080 7	0.078 1	0.069 0	0.058 4	0.051 9

由表 2 - 1,不难得到污水一天进入均流池的平均流量。显然,这个平均流量就应该是从均流池用水泵打入净化设备的恒定流量,水泵和输水管的规格需按照这个流量并考虑留有一定裕量来设计。

根据表 2 - 1 以小时为单位间隔的污水流入量和从均流池到净化设备的恒定流出盘,可以得到均流池中污水(以小时为单位间隔,随时间变化)的容量,均流池的容积应该按照污水的最大容量并考虑、留有一定裕量来设计。

均流池的形状一般为短形,其深度通常按照工程需要(底部需安装设备、进行清理等)确定,于是均流池的面积可以由它的容积和深度得到。均流池的施工成本中除了底部单位面积的成本以外,由于具体地理、地形条件的限制,四条边上单位长度的施工成本也会有不同。均流池的深度以及施工成本均可经调查得到。

模型假设与建立

由问题分析及调查结果做如下假设:

(1) 以表 2 - 1 社区一天的生活污水流量为依据,并留有 25% 的裕量进行设计。

(2) 均流池的深度确定为 3 m,底部施工面积的成本为 340 元/m^2,两条长边及一条短边的施工长度的成本为 250 元/m^2,另一条短边的施工长度的成本为 450 元/m^2。

按照问题的要求,需要建立均流池的恒定流出量和最大容量,以及均流池的具体尺寸两个模型。

模型 1　均流池的恒定流出量和最大容量模型

首先将表 2 - 1 的流量乘以 3 600 s/h,流量单位由 m^3/s 换算成 m^3/h,得表 2 - 2。

表 2 - 2　社区某一天整点生活污水流量

时间/h	0	1	2	3	4	5	6	7
流量/($m^3 \cdot h^{-1}$)	150.12	115.56	84.96	66.60	68.04	71.64	82.08	132.84
时间/h	8	9	10	11	12	13	14	15
流量/($m^3 \cdot h^{-1}$)	185.04	226.80	246.60	250.92	261.00	271.44	273.96	279.00

时间/h	16	17	18	19	20	21	22	23
流量/(m³·h⁻¹)	291.60	302.04	310.68	290.52	281.16	248.40	210.24	186.84

记表 2-2 中每小时污水流入均流池的流量为 $f(t)$, $t=0,1,2,\cdots,23$, 计算一天的平均流量, 记作 g

$$g = \frac{1}{24}\sum_{t=0}^{23}f(t) \tag{1}$$

由表 2-2 计算出 $g = 203.67\ \text{m}^3/\text{h}$。$g$ 就是从均流池到净化设备的恒定流量。若考虑 25% 的裕量, 可按照 255 m³/h 的流量来设计水泵和输水管的规格。

图 2-6 是均流池的流入量 $f(t)$ 和恒定流出量 (即平均流入量) g 的图形, 每天在大约 9 时到 23 时 $f(t)>g$, 其余时段 $f(t)<g$。

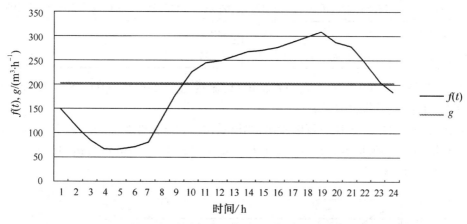

图 2-6　均流池流入量 $f(t)$ 和恒定流出量 g

记均流池中污水的容量为 $c(t)$, $t=0,1,2,\cdots,23$。显然, $c(t)$ 与流入量 $f(t)$ 和恒定流出量 g 之间的关系为

$$c(t+1) = c(t) + f(t) - g, t=0,1,2,\cdots,23 \tag{2}$$

为了按照式 (2), 由表 2-2 的 $f(t)$ 和 $g = 203.67\ \text{m}^3/\text{h}$ 计算容量 $c(t)$, 需要初值 $c(0)$, 但是我们暂时不知道, 如果简单地设 $c(0)=0$, 可以得到 $c(t)$ 如表 2-3[由周期性, $c(24)=c(0)$] 所示。

表 2-3　均流池某天整点时刻污水容量

时间/h	0	1	2	3	4	5
容量/m³	0	-53.55	-141.66	-260.37	-397.44	-533.07
时间/h	6	7	8	9	10	11
容量/m³	-665.10	-786.69	-857.52	-876.15	-853.02	-810.09
时间/h	12	13	14	15	16	17
容量/m³	-762.84	-705.51	-637.74	-567.45	-492.12	-404.19

数学建模基础与应用

（续表）

时间/h	18	19	20	21	22	23
容量/m³	−305.82	−198.81	−111.96	−34.47	10.26	16.83

表2−3中均流池中污水的容量多为负数，显然是初值 $c(0)=0$ 设置不当。我们看到，容量的最小值出现在 $c(9)=-876.15$。如果将最小容量设置为0，即初值设为 $c(0)=876.15$，得到的 $c(t)$ 如表2−4所示，这是一个合理的结果。

表2−4 均流池某天整点时刻的容量

时间/h	0	1	2	3	4	5	6	7
容量/m³	876.15	822.60	734.49	615.78	478.71	343.08	211.05	89.46
时间/h	8	9	10	11	12	13	14	15
容量/m³	18.63	0	23.13	66.06	113.31	170.64	238.41	308.70
时间/h	16	17	18	19	20	21	22	23
容量/m³	384.03	471.96	570.33	677.34	764.19	841.68	886.41	892.98

图2−7是均流池中污水容量 $c(t)$ 的图形，显然，上面的曲线 $c(0)=876.15$ 是下面曲线 $[c(0)=0]$ 向上平移的结果。

将图2−7与图2−6比较可以看出，当流量由 $f(t)<g$ 变为 $f(t)>g$（约9时），容量 $c(t)$ 达到最小值；当流量由 $f(t)>g$ 变为 $f(t)<g$（约23时），容量 $c(t)$ 达到最大值。请读者根据式（2）给予解释。

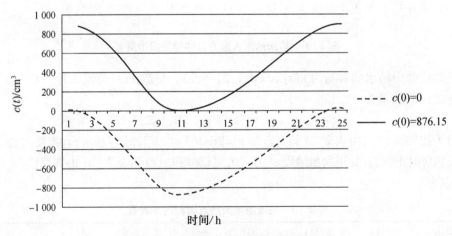

图2−7 均流池中污水容量 $c(t)$ 的图形

由表2−4得到，最大容量为892.98 m³，若考虑25%的裕量，可按照1 116 m³来设计均流池的具体尺寸。

我们建立模型（2）并得到表2−4和图2−7，是为了考察均流池容量的变化。实际上并不需要式（2），只要将大于平均流量 g 的各个流量[表2−2中从 $f(9)$ 到 $f(22)$]减去平均流量再相加，即可得到最大容量。

模型 2 均流池的具体尺寸模型

根据上面得到的均流池容积 1 116 m³ 及假设(2),按照施工成本最小的原则来建立模型,确定均流池的具体尺寸。记均流池的长边长度为 l,短边长度为 w,施工成本应为

$$s(l,w) = 340lw + 250(2l + w) + 450w \tag{3}$$

根据深度为 3 m,可知均流池的面积 $lw = 1\,116/3 = 372(\text{m}^2)$,于是 $w = 372/l$,式(3)简化为

$$s(l) = 340 \times 372 + 250(2l + 372/l) + 450 \times 372/l$$
$$= 126\,480 + 500l + 260\,400/l \tag{4}$$

利用初等数学知识可以得到,当 $l = \sqrt{260\,400/500} \approx 22.82(\text{m})$ 时 $s(l)$ 最小,为 149 301 元,且 $w = 372/22.82 = 16.30(\text{m})$。实际上可以建造一个 23 m × 16.5 m 的均流池,成本约 15 万元。

进一步考虑的问题

(1)表 2-1 是一天的调查结果,为了增强可靠性,应该调查若干天,用统计方法确定社区的污水流量。

(2)流量的测量数据是离散的,实际的流量是连续的,可以做插值和数值积分,按照连续模型考虑均流池的容量。

(3)将最小容量设置为 0 是假定均流池的出水管紧贴底部,实际情况虽不一定如此,但是只要将图 2-7 的曲线再向上平移,或者直接将 3 m 的深度适当增加即可。

2.6 天气预报的评价

明天是否下雨的天气预报常以有雨概率的形式给出,假如第一种预报方法告诉明天有雨概率是 80%,第二种预报方法告诉明天有雨概率是 60%,要是明天果真下雨了,能说第一种预报方法一定比第二种好吗?如果好,好多少?要是明天没有下雨呢?

判断预报方法的优劣不能根据一次预报与实际观测的符合程度下结论。假定得到了某地一个月 4 种预报方法的有雨概率预报,和实际上有雨或无雨的观测结果,见表 2-5,怎样根据这些数据对这 4 种预报方法给予评价呢?

表 2-5 31 天 4 种预报方法的有雨概率预报及实际观测结果

日期	预报 A/%	预报 B/%	预报 C/%	预报 D/%	实测(有雨 =1,无雨 =0)
1	90	30	90	60	1
2	40	30	50	80	1
3	60	30	80	70	1
4	60	30	90	70	1
5	60	30	0	20	0
6	30	30	10	50	1
7	80	30	10	40	0

（续表）

日期	预报 A/%	预报 B/%	预报 C/%	预报 D/%	实测（有雨＝1,无雨＝0）
8	70	30	20	30	0
9	80	30	40	30	0
10	60	30	60	40	0
11	80	30	20	80	1
12	40	30	30	40	0
13	90	30	90	40	1
14	50	30	60	20	0
15	10	30	20	10	0
16	60	30	50	80	1
17	20	30	10	30	0
18	0	30	0	50	0
19	90	30	60	40	0
20	70	30	10	0	0
21	20	30	0	30	0
22	40	30	20	30	0
23	40	30	10	10	0
24	80	30	50	40	0
25	30	30	0	20	0
26	30	30	10	30	0
27	30	30	20	0	0
28	0	30	60	40	1
29	60	30	0	20	0
30	20	30	10	10	0
31	80	30	50	10	0

下面给出 3 种评价这些预报方法的模型。

计数模型

如果我们听到有雨概率大于 50% 的预报,就认为明天有雨,听到有雨概率小于 50% 的预报,就认为明天无雨,并且依照明天是否有雨的实际观测,规定预报是否正确,从而可以统计得到预报的正确率。

用这种办法按照实测有雨和无雨、预报有雨和无雨,分成 4 种情况,对表 2－5 中 4 种预报的结果计数(天数),得到图 2－8。对于有雨概率等于 50% 的预报,可以认为是毫无意义的,这里不予统计。

将图 2 - 8 中每种预报两个对角数字之和,除以总的预报天数(全部 4 个数字之和),得到 4 种预报的正确率依次为 0.57、0.71、0.81、0.93。它们可以看作正确预报的概率,是评价预报的一种指标,可是不难看出,预报 B 虽然有高达 0.71 的正确率,但这完全是由该地实际上有雨、无雨的天数决定的,实际上预报 B 毫无用途。

预报 A	实测	
	有雨	无雨
有雨	6	10
无雨	3	11

预报 B	实测	
	有雨	无雨
有雨	0	0
无雨	9	12

预报 C	实测	
	有雨	无雨
有雨	5	3
无雨	2	17

预报 D	实测	
	有雨	无雨
有雨	6	0
无雨	3	21

图 2 - 8　4 种预报的结果计数(天)

从实用角度看,对预报的使用者来说,更重要的是以下的条件概率:在预报无雨的条件下实测有雨的概率,及在预报有雨的条件下实测无雨的概率。前一个事件出现,可能由于预防不足而受灾导致损失;后一个事件出现,则会造成预防费用的浪费。这两个条件概率可以用图 2 - 8 中的数字来估计,如对预报 A,在预报无雨的条件下实测有雨的概率是 $3/(3+11)$。预报的使用者可以根据这两种后果的轻重,将两个条件概率加权综合得到一个指标,不妨称为误报率。设两种后果的损失之比为 2:1,则可计算预报 A 的误报率为 $(2/3) \times (3/14) + (1/3) \times (10/16) = 0.35$,预报 C、D 的误报率分别为 0.20、0.06。

从上面计算的正确率和误报率看,都是预报 D 最好,预报 C 次之。

计数模型的缺点是明显的,它只在一定条件下区分预报正确与否,没有考虑预报有雨概率的具体数字。例如,对于 90% 和 60% 的预报,不论实测有雨或无雨,结果都是一样的。

记分模型

将预报有雨概率的大小与实测结果(有雨或无雨)比较,给予记分。不同的记分规则形成不同的模型,如:

模型 1　在实测有雨的情况下,预报有雨概率大于 0.5 的得到相应的正分,预报有雨概率小于 0.5 的得到相应的负分;在实测无雨的情况下,预报有雨概率小于 0.5 的得到相应的正分,预报有雨概率大于 0.5 的得到相应的负分。

具体地,记第 k 天某种预报有雨概率为 P_k,第 k 天实测有雨为 $v_k = 1$,无雨为 $v_k = 0$。令第 k 天的某种预报得分为

$$s_k = \begin{cases} P_k - 0.5, & v_k = 1 \\ 0.5 - P_k, & v_k = 0 \end{cases} \tag{1}$$

数学建模基础与应用

将 s_k 求和得到某种预报在模型 1 下的分数,记作 s_1,s_1 越大越好。由表 2-5 数据计算得到预报 A、B、C、D 的分数 s_1 分别为 1.0、2.6、7.0、6.7,预报 C 最好。

模型 2 直接用 P_k 和 v_k 之差定义分数为

$$s_k = |P_k - v_k| \tag{2}$$

将 s_k 对 k 求和得到某种预报在模型 2 下的分数,记作 s_2,s_2 越小越好。由表 2-5 数据计算得到预报 A、B、C、D 的分数 s_2 分别为 14.5、12.9、8.5、8.8,预报 C 最好。

模型 3 用 P_k 和 v_k 之差的平方定义分数为

$$s_k = (P_k - v_k)^2 \tag{3}$$

将 s_k 求和得到某种预报在模型 3 下的分数,记作 s_3,s_3 越小越好。由表 2-5 数据计算得到预报 A、B、C、D 的分数 s_3 分别为 8.95、6.39、4.23、3.21,预报 D 最好。

分析这些模型及结果可以看出,模型 1、2 对 4 种预报优劣的排序,甚至相对的分差都是相同的。实际上,读者不难证明,这两个模型是等价的。我们还注意到,模型 3 与模型 2 的结果有很大不同,那么究竟采用哪个模型较好呢?

略去下标 k,用 P 和 v 分别表示预报的有雨概率和实测值(1 或 0),用 f 表示理论上的有雨概率(其含义参见下面的讨论),注意到 v 取 1 和 0 的概率分别为 f 和 $1-f$,则模型 3 下的期望分数为

$$E(s) = E[(P-v)^2] = f(P-1)^2 + (1-f)P^2 \tag{4}$$

经过简单的代数运算可得

$$E(s) = f(1-f) + (P-f)^2 \tag{5}$$

显然,当预报的有雨概率 P 等于理论上的有雨概率 f 时,模型 3 下的期望分数最小,并且 f 越接近 1 或 0,期望分数越小。

如果更一般地考察模型 $s = (|P-v|)^n$,那么通过求期望分数 $E(s)$ 的极值可以发现,仅当 $n=2$ 时,才有 P 等于 f,使得期望分数最小。在这个意义下模型 3 无疑是最佳的。

图形模型

模型 1 以预报有雨概率 P 为横轴,实测值 v 为纵轴,将表 2-5 数据在图上用符号"∗"标出,如图 2-9 所示,其中"∗"上面的数字是坐标在"∗"的天数。

从图 2-9 可以直观地看出,预报 A 的符号"∗"几乎像是随机分布的,预报效果很差;预报 B 的符号"∗"横坐标 P 没有变化,自然毫无用途;预报 C 中 $v=0$ 的符号"∗"都在 $P=0.6$ 左边,表明对无雨的预报较好,但是 $v=1$ 的符号"∗"相当分散,表明有雨预报较差;预报 D 中 $v=0$ 的符号"∗"都在 $P=0.5$ 左边,$v=1$ 的符号"∗"都在 $P=0.4$ 右边,表明对无雨、有雨预报都较好。

一个好的预报应该 $v=0$ 的符号"∗"都在 $P=0.4$ 左边,$v=1$ 的符号"∗"都在 $P=0.6$ 右边。最理想的当然是符号"∗"都集中在 $(0,0)$ 和 $(1,1)$ 处。

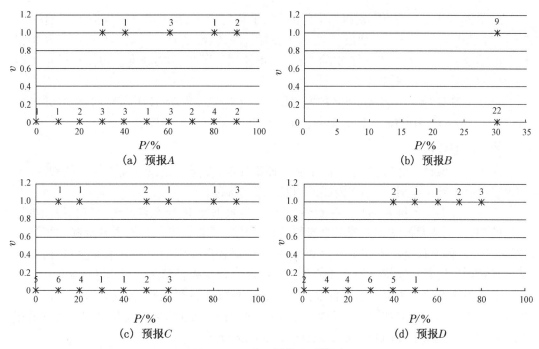

图 2－9　4 种预报的图形模型 1

模型 2　对于有雨概率 $P=0.8$ 的预报的一种理解是,如果这种预报有 10 天,而其中实测有 8 天有雨,那么这个预报就是好的。按照这种想法,对每个不同的预报有雨概率为 P,统计实测有雨的天数占预报这个 P 的全部天数的比例,记作 q。显然,P 和 q 越接近越好。

以预报有雨概率 P 为横轴,实测有雨天数的比例 q 为纵轴,将表 2－5 数据进行统计后在图上用符号"＊"标出,如图 2－10 所示。图中的斜线是 $q=P$,好的预报的符号"＊"应该分布在这条线附近。

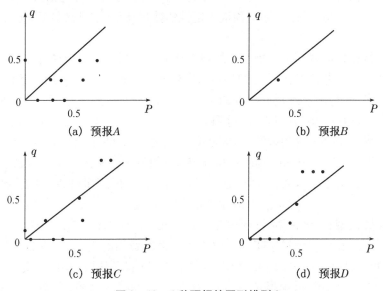

图 2－10　4 种预报的图形模型 2

从图 2 - 10 可以看出,预报 A 的"∗"几乎均匀分布,明显不好;预报 B 只有一个"∗",并且几乎在 q = P 上;预报 C、D 比 A 要好一些,但预报 D 并未显示出优势。从预报 B、D 的结果看,这种模型有一定缺陷,特别它不能用于预报 B 的情况。数据量较小可能是预报 D 未能得到正确评价的一个原因。

用图中符号"∗"与直线 q = P 的竖直距离(或距离的平方)度量模型的优劣,并考虑各个"∗"的权重,图形模型 2 可以量化为分数模型,请有兴趣的读者一试。

更深入的讨论

评价一个预报的优劣,最重要的是制定评价标准,在这方面没有完全统一的看法,主要提出的有 3 类不同层次、不同内涵但相互关联的标准。

第一类标准是预报者本身的一致性,指预报者根据知识、信息和经验对待预报的事件做出的判断,与他对外发布的预报之间的关系。虽然看起来要求预报者的判断和预报一致是合理的,但是也会有不完全一致的情况,如预报者没有利用全部判断做预报,而只用了从预报的使用者来说需要的那些信息,或者,出于预报效益等方面的考虑,预报者对判断做了适当改变给出预报。这类标准的一致性受预报者控制,而外界通常难以掌握。在预报以概率形式给出的情况下,当预报与预报者的判断一致时,才会得到与实际观测最相符的结果。这里预报者的判断就是记分模型 3 中的概率 f。

第二类标准是根据预报和实际观测之间的关系,评价预报的品质。建立这种关系的最全面的方法是利用预报(记作随机变量 x)与观测[记作随机变量 y 联合分布,记作 $F(x,y)$]。从联合分布 $F(x,y)$ 可以得到各种条件分布和边际分布,而根据这些分布做计算,能够评价预报的品质有:

可靠性 指在特定预报 x 下观测 y 的条件均值与预报 x 的一致性,将两者之差对所有预报做平均,可作为衡量预报可靠性的数量指标,它越小越好,可由条件分布 $F(y|x)$ 和边际分布 $F(x)$ 计算得到。

决定性 指在特定预报 x 下观测 y 的条件均值与 y 的无条件均值的相异性,将两者之差对所有预报做平均,可作为衡量预报决定性的数量指标,它越大越好,也可由 $F(y|x)$ 和 $F(x)$ 计算得到。

分辨度 将在特定观测 y 下预报 x 的条件均值与观测 y 之差,对所有观测做平均,是衡量预报分辨度的一种数量指标,它越小越好;将这个条件均值与 y 的元条件均值之差,对所有观测做平均,是衡量预报分辨度的又一种数量指标,它越大越好。这两种指标都可由条件分布 $F(x|y)$ 和边际分布 $F(y)$ 得到。

敏锐性 衡量预报本身的敏锐,与实际事件无关,如在本节天气预报的情况下,若预报有雨概率多数接近 1 或 0,就是敏锐的。显然,敏锐性由边际分布 $F(x)$ 决定。

不确定性 指实际事件发生的不确定,与预报无关,但当事件发生的不确定性较高时,会给预报带来困难。不确定性由边际分布 $F(y)$ 决定。

前面的计数模型、记分模型、图形模型都是从某一个侧面反映第二类标准的。

第三类标准是看利用预报所实现的效益或带来的费用的大小,现在常用的是事前预测,用决策分析法估计预报的效益或费用的期望值,与不用预报(实际上是用先验估计)相比。这类标准虽然不能由预报者完全控制,但是与预报的品质,即第二类标准密切相关。在实际应用中,第二、三类标准间的关系是复杂的,例如前面记分模型 3 的分数与预报效益之间的函数关系可能不是单值的,从而使得两者的关系不一定是单调的。

这类标准在诸如谷物种植、耕种计划、水果保护等实际问题中有广泛应用。

2.7　代表名额的分配

分配问题是日常生活中经常遇到的问题,它涉及如何将有限的人力或其他资源以"完整的部分"分配到下属部门或各项不同任务中。分配问题涉及的内容十分广泛,例如:大到召开全国人民代表大会,小到某学校召开学生代表大会,均涉及将代表名额分配到各个下属部门的问题。代表名额的分配(亦称为席位分配)问题是数学在人类政治生活中的一个重要应用,应归属于政治模型。一个自然的问题是如何分配代表名额才是公平的呢?

模型的分析与建立

在数学上,代表名额分配问题的一般描述是:设名额数为 N,共有 s 个单位,各单位的人数分别为 $p_i, i=1,2,\cdots,s$。问题是如何寻找一组整数 $q_1,\cdots,q_s$,使得 $q_1+q_2+\cdots+q_s=N$,其中 q_i 是第 i 个单位所获得的代表名额数,并且"尽可能"地接近它应得的份额 $p_iN/(p_1+p_2+\cdots+p_s)$,即所规定的按人口比例分配的原则。

如果对一切的 $i=1,2,\cdots,s$,严格的比值 $p_iN/\left(\sum\limits_{i=1}^{s}p_i\right)$ 恰好是整数,则第 i 个单位分得 q_i 名额,这样分配是绝对公平的,每个名额所代表的人数是相同的。但由于人数是整数,名额也是整数,q_i 是整数这种理想情况是极少出现的,这样就出现了用接近于 q_i 的整数之代替的问题。在实际应用中,这个代替的过程会给不同的单位或团体带来不平等,这样,以一种平等、公正的方式选择 q_i 是非常重要的,即确定尽可能公平(不公平程度达到极小)的分配方案。

设某校有 3 个系($s=3$)共有 200 名学生,其中甲系 100 名($p_1=100$),乙系 60 名($p_2=60$),丙系 40 名($p_3=40$)。该校召开学生代表大会共有 20 个代表名额($N=20$),公平而又简单的名额分配方案是按学生人数的比例分配,显然甲、乙、丙 3 个系分别应占有 $q_1=10$、$q_2=6$、$q_3=4$ 个名额。这是一个绝对公平的分配方案。现在丙系有 6 名同学转入其他两系学习,这时 $p_1=103, p_2=63, p_3=34$,按学生人数的比例分配,此时 q_i 不再是整数,而名额数必须是整数,一个自然的想法是:对 q_i 进行"四舍五入取整"或者"去掉尾数取整",这样将导致名额多余或者名额不够分配。因此,我们必须寻求新的分配方案。

Hamilton(哈密顿)方法

哈密顿方法具体操作过程如下:

① 先让各个单位取得份额 q_i 的整数部分 $[q_i]$;

② 计算 $r_i=q_i-[q_i]$,按照从大到小的顺序排列,将余下的席位依次分给各个相应的单位,即小数部分最大的单位优先获得余下席位的第一个,次大的取得余下名额的第二个,以此类推,直至席位分配完毕。

上述 3 个系的 20 个名额的分配结果见表 2-6。

哈密顿方法看起来是非常合理的,但这种方法也存在缺陷。譬如当 s 和人数比例 $p_i N / \left(\sum_{i=1}^{s} p_i \right)$ 不变时,代表名额的增加反而导致某单位名额 q_i 的减少。

表 2-6　按哈密顿方法确定的 20 个代表名额的分配方案 1

系别	学生人数	所占比例/%	按比例分配的名额数	最终分配的名额数
甲	103	51.5	10.3	10
乙	63	31.5	6.3	6
丙	34	17.0	3.4	4
总和	200	100.0	20.0	20

考虑上述学生代表大会名额分配问题,因为有 20 个代表参加的学生代表大会在表决某些提案时可能出现 10:10 的局面,会议决定下一届增加一个名额。按照哈密顿方法分配结果见表 2-7。

表 2-7　按哈密顿方法确定的 20 个代表名额的分配方案 2

系别	学生人数	所占比例/%	按比例分配的名额数	最终分配的名额数
甲	103	51.5	10.815	11
乙	63	31.5	6.615	7
丙	34	17.0	3.570	3
总和	200	100.0	21.000	21

显然这个结果对丙系是极其不公平的,因为总名额增加一个,而丙系的代表名额却由 4 个减少为 3 个。

由此可见,哈密顿方法存在很大缺陷,因而被放弃。20 世纪 20 年代初期,由哈佛大学数学家 Huntington(惠丁顿)提出了一个新方法,简述如下。

Huntington(惠丁顿)方法

众所周知,p_i/n_i 表示第 i 个单位每个代表名额所代表的人数。很显然,当且仅当 p_i/n_i 全相等时,名额的分配才是公平的。但是,一般来说,它们不会全相等,这就说明名额的分配是不公平的,并且 p_i/q_i 中数值较大的一方吃亏或者说对这一方不公平。同时我们看到,在名额分配问题中要达到绝对公平是非常困难的。既然很难做到绝对公平,那么就应该使不公平程度尽可能的小,因此我们必须建立衡量不公平程度的数量指标。

不失一般性,我们考虑 A、B 双方席位分配的情形(即 $s=2$)。设 A、B 双方的人数为 p_1、p_2,占有的席位分别为 n_1、n_2,则 A、B 的每个席位所代表的人数分别为 p_1/n_1、p_2/n_2。如果 $p_1/n_1 = p_2/n_2$,则席位分配是绝对公平的,否则就是不公平的,且对数值较大的一方不公平。为了刻画不公平程度,需要引入数量指标,一个很直接的想法就是用数值 $|p_1/n_1 - p_2/n_2|$ 来表示双方的不公平程度,称之为绝对不公平度,它衡量的是不公平的绝对程度。显然,其数值越小,不公平程度越小,当 $|p_1/n_1 - p_2/n_2| = 0$ 时,分配方案是绝对公平的。

用绝对不公平度可以区分两种不同分配方案的公平程度,例如:

$$p_1 = 120, n_1 = 9, p_2 = 100, n_2 = 11, \left| \frac{p_1}{n_1} - \frac{p_2}{n_2} \right| = 4.2$$

$$p_1 = 120, n_1 = 10, p_2 = 100, n_2 = 10, \left| \frac{p_1}{n_1} - \frac{p_2}{n_2} \right| = 2$$

显然第二种分配方案比第一种更公平。但是,绝对不公平度有时无法区分两种不公平程度明显不同的情况:

$$p_1 = 120, n_1 = 10, p_2 = 100, n_2 = 10, \left| \frac{p_1}{n_1} - \frac{p_2}{n_2} \right| = 2$$

$$p_1 = 10\ 020, n_1 = 10, p_2 = 10\ 000, n_2 = 10, \left| \frac{p_1}{n_1} - \frac{p_2}{n_2} \right| = 2$$

第一种情形显然比第二种情形更不公平,但它们具有相同的不公平度,所以"绝对不公平度"不是一个好的数量指标,我们必须寻求新的数量指标。

这时自然想到用相对标准,下面我们引入相对不公平的概念。如果 $p_1/n_1 > p_2/n_2$,则说明 A 方是吃亏的,或者说对 A 方是不公平的,称

$$r_A(n_1, n_2) = \frac{\frac{p_1}{n_1} - \frac{p_2}{n_2}}{\frac{p_2}{n_2}} = \frac{p_1 n_2}{p_2 n_1} - 1$$

为对 A 的相对不公平度;如果 $p_1/n_1 < p_2/n_2$,则称

$$r_B(n_1, n_2) = \frac{\frac{p_2}{n_2} - \frac{p_1}{n_1}}{\frac{p_1}{n_1}} = \frac{p_2 n_1}{p_1 n_2} - 1$$

为对 B 的相对不公平度。

相对不公平度可以解决绝对不公平度所不能解决的问题。考虑上面的例子:

$$p_1 = 120, n_1 = 10, p_2 = 100, n_2 = 10$$
$$p_1 = 10\ 020, n_1 = 10, p_2 = 10\ 000, n_2 = 10$$

显然均有 $p_1/n_1 > p_2/n_2$,此时

$$r_A^1(10, 10) = 0.2, r_A^2(10, 10) = 0.002$$

与前一种情形相比,后一种更公平。

建立了衡量分配方案的不公平程度的数量指标 r_A、r_B 后,制定分配方案的原则是:相对不公平度尽可能的小。

首先我们做如下的假设:

(1)每个单位的每个人都具有相同的选举权利;

(2)每个单位至少应该分配到一个名额,如果某个单位,一个名额也不应该分到,则应将其剔除在分配之外;

(3)在名额分配的过程中,分配是稳定的,不受任何其他因素所干扰。

假设 A、B 双方已经分别占有 n_1、n_2 个名额,下面我们考虑这样的问题:当分配名额再

数学建模基础与应用

增加一个时,应该给 A 方还是给 B 方,如果这个问题解决了,那么就可以确定整个分配方案了,因为每个单位至少应分配到一个名额,我们首先分别给每个单位一个席位,然后考虑下一个名额给哪个单位,直至分配完所有名额。

不失一般性,假设 $p_1/n_1 > p_2/n_2$,这时对 A 方不公平,当再增加一个名额时,就有以下 3 种情形:

情形 1 $p_1/(n_1+1) > p_2/n_2$,这表明即使 A 方再增加一个名额,仍然对 A 方不公平,所以这个名额应当给 A 方;

情形 2 $p_1/(n_1+1) < p_2/n_2$,这表明 A 方增加一个名额后,就对 B 方不公平,这时对 B 的相对不公平度为

$$r_B(n_1+1, n_2) = \frac{p_2(n_1+1)}{p_1 n_2} - 1$$

情形 3 $p_1/n_1 > p_2/(n_2+1)$,这表明 B 方增加一个名额后,对 A 方更加不公平,这时对 A 的相对不公平度为

$$r_A(n_1, n_2+1) = \frac{p_1(n_2+1)}{p_2 n_1} - 1$$

公平的名额分配方法应该是使得相对不公平度尽可能的小。所以,若情形 1 发生,毫无疑问,增加的名额应该给 A 方;否则需考察 $r_B(n_1+1, n_2)$ 和 $r_A(n_1, n_2+1)$ 的大小关系,如果 $r_B(n_1+1, n_2) < r_A(n_1, n_2+1)$,则增加的名额应该给 A 方,否则应该给 B 方。

注意到 $r_B(n_1+1, n_2) < r_A(n_1, n_2+1)$ 等价于

$$\frac{p_2^2}{n_2(n_2+1)} < \frac{p_1^2}{n_1(n_1+1)}$$

而且若情形 1 发生,仍然有上式成立。记

$$Q_i = \frac{p_i^2}{n_i(n_i+1)}$$

则增加的名额应该给 Q 值较大的一方。

上述方法可以推广到 s 个单位的情形,设第 i 个单位的人数为 p_i,已经占有 n_i 个名额,$i = 1, 2, \cdots, s$。当总名额增加一个时,计算

$$Q_i = \frac{p_i^2}{n_i(n_i+1)}$$

则这个名额应该分给 Q 值最大的那个单位。

表 2-8 是利用惠丁顿法重新分配 3 个系 21 个名额的计算结果。丙系保住了险些丧失的一个名额。

表 2-8 惠丁顿法分配 21 个名额的结果

n	甲系	乙系	丙系
1	5 304.5(4)	1 984.5(5)	578(9)
2	1 768.2(6)	661.5(8)	192.7(15)

n	甲系	乙系	丙系
3	884.1(7)	330.8(12)	96.3(21)
4	530.5(10)	198.5(14)	
5	353.6(11)	132.3(18)	
6	252.6(13)	94.5	
7	189.4(16)		
8	147.3(17)		
9	117.9(19)		
10	96.4(20)		
11	80.4		
	11 个	6 个	4 个

模型评注

名额（席位）分配问题应该对各方公平是理所当然的，问题的关键是建立衡量公平程度的既合理又简明的数量指标。惠丁顿法所提出的数量指标是相对不公平值 r_A、r_B，它是确定分配方案的前提。在这个前提下导出的分配方案——分给 Q 值最大的一方无疑是公平的。但这种方法也不是尽善尽美的，这里不再探讨。

2.8　自动化交通管理的黄灯运行

在现代城市自动化交通管理中，各交通路口都施行信号灯管制。具体方法是，在交通路口处设置红、黄、绿灯。以十字路口为例，在十字路口处设置两对红、黄、绿灯组成的信号灯，每一对控制一条街道。在绿灯亮时，表示这条街道上的车辆可以按法定的速度正常行驶通过十字路口；如果红灯亮了，表示这条道路上的车辆都必须停在十字路口的停车线以外。而从绿灯灭到红灯亮的过渡阶段，就要用黄灯来控制。那么，绿灯灭到红灯亮，也就是黄灯亮的时间多长为好呢？时间少了，会造成有些车辆因来不及停车而越过十字路口的停车线，但又由于红灯亮了而过不了十字路口，势必造成交通混乱。否则，黄灯亮得过长，又会浪费时间，从而降低道路通过率，甚至造成交通堵塞。正常行驶的车辆在十字路口附近突然看到前面黄灯亮了时，驾驶员首先要做出决定：是停车还是继续行驶通过十字路口。当决定停车时，必须有一定的刹车距离，确保车辆来得及停在停车线以外。当决定通过十字路口时，必须有足够的时间能够在红灯亮之前完全通过十字路口，包括驾驶员做出决定的时间（反映时间）及车辆由刹车开始到停住车的时间，还有车辆以法定最快的速度通过一个典型车身和路口宽度（即十字路口处同一条路上两条停车线之间的距离）所需的时间。根据以上描述，建立一个黄灯亮最佳时间的数学模型。

模型准备

这个问题涉及的主要变（常）量有：

（1）车辆行驶的时间 t、速度 v、行驶的距离 x；

（2）十字路口处同一条路上两条停车线之间的距离为 H；

（3）典型车辆车身长为 L，车辆总重量为 W；

（4）在刹车时，车辆与地面的摩擦系数为 f；

（5）每次黄灯亮的时间为 T。

模型假设

（1）在公路上车辆都能正常行驶且遵守交通规则；

（2）在所考虑的街道上，车辆的法定最高行驶速度为 v_0；

（3）车辆在十字路口附近的行驶速度均为法定的最高速度 v_0；

（4）在黄灯亮时，车辆通过十字路口的速度保持为 v_0；

（5）驾驶员看到黄灯亮后做出停车还是通过十字路口的决定所需的时间（反映时间）均为 t_0；

（6）车辆按照速度 v_0 行驶时，从开始刹车到车辆停止的时间为 t_1，同时所经过的路程为 x_0（称为刹车距离）；

（7）车辆以速度 v_0 行驶距离 $H+L$ 所需时间为 t_2。

模型建立

由于黄灯亮的时间

$$T = t_0 + t_1 + t_2 \tag{1}$$

其中 t_0 是常数，而

$$t_2 = \frac{L+H}{v_0} \tag{2}$$

只有 t_1 是需要进一步求得的。为此，我们首先计算刹车距离 x_0。

由于车辆的重量为 W，刹车时车辆与路面的摩擦系数为 f，那么车辆与路面的摩擦力为

$$F = -fW \tag{3}$$

根据牛顿第二定律，车辆在刹车过程中应满足如下微分方程

$$\begin{cases} -fW = \dfrac{W}{g} \cdot \dfrac{\mathrm{d}^2 x}{\mathrm{d}t^2} \\[2mm] \dfrac{\mathrm{d}x}{\mathrm{d}t}\bigg|_{t=0} = v_0 \\[2mm] x(0) = 0 \end{cases} \tag{4}$$

其中 g 为重力加速度。

模型求解

首先利用积分可得

$$v = \frac{\mathrm{d}x}{\mathrm{d}t} = -fgt + v_0 \tag{5}$$

在 $x=0$ 条件下，再积分得到

$$x = -\frac{1}{2}fgt^2 + v_0 t \tag{6}$$

注意:式(5)中,在刹车的最后 $v=0$ 所经过的时间 t_1 可由式(7)求得 $-fgt+v_0=0$,即

$$t_1 = \frac{v_0}{fg} \tag{7}$$

代入式(5)得

$$x(t_1) = \frac{v_0^2}{2fg} \tag{8}$$

将式(2)和(8)代入式(1),得黄灯亮的时间为

$$T = \frac{\frac{v_0^2}{2fg}+L+H}{v_0} + t_0 = \frac{v_0}{2fg} + \frac{L+H}{v_0} + t_0 \tag{9}$$

对于任意非负实数 a 和 b,均有

$$a+b \geqslant 2\sqrt{ab} \tag{10}$$

可求 T 的极值为

$$T^* = \min T = 2\sqrt{\frac{H+L}{2fg}} + t_0 \tag{11}$$

2.9　细菌的繁殖

在地球上,看不见的细菌,无处不在。有些细菌是有益的,而更多的细菌是诸多疾病的根源。研究细菌生长繁殖的过程是非常必要的,特别是对于医疗过程更有重要作用。细菌数量之大、繁殖之快是难以琢磨的,怎样用数学模型来描述细菌繁殖过程呢?

如果在某一时刻,知道了某种细菌的数量,要预测任意时刻 t 这种细菌的数量,那就要研究细菌的繁殖规律。由于细菌是生物,它的繁殖过程也和其他生物一样,是由成熟的细菌繁殖新的、幼小的细菌。根据已知的对细菌繁殖的统计规律,在营养充足的条件下,t_0 到 t_1 时刻细菌繁殖的平均速度(即细菌的增量与所用时间之比)与 t 时刻细菌的数量成正比。建立细菌数量与时间之间的函数关系,给出描述细菌数量繁殖规律的数学模型。

模型分析与假设

这个问题所涉及的量有:时间 t、t 时刻细菌数量 $A(t)$、t 时刻细菌的繁殖速度 $v(t)$ 以及 t 时刻 $v(t)$ 和 $A(t)$ 的比例系数 k。显然,任意时刻 t_c 的速度为

$$v(t_c) = \lim_{t \to t_c} \frac{A(t)-A(t_c)}{t_c - t}$$

(1)设 t_0 时刻细菌数量为 $A(t_0)$。

(2)细菌繁殖过程中,营养始终是充足的。在此条件下,t 时刻细菌的繁殖速度 $v(t)$ 与 t 时刻细菌数量 $A(t)$ 成正比,比例系数为 k。

(3)细菌数量 $A(t)$ 是时间 t 的连续函数。

其中第(2)条假设是根据细菌的实际繁殖过程做出的,是合理的;第(3)条假设是由

于细菌的数量非常巨大,从数量上看,其繁殖速度也是非常大,所以将其视为连续函数,也等于是将各个离散点用平滑的曲线连接起来,使之成为连续函数。

模型建立和求解

根据模型假设,我们将时间间隔$[0,t]$分成n等份。由于细菌的繁殖是连续变化的,在很短的一段时间内细菌数量的变化是很小的,繁殖速度可近似看成是不变的。因此,在第一段时间$[0,t/n]$内,细菌数量满足关系式

$$\frac{A\left(\dfrac{t}{n}\right) - A_0}{\dfrac{t}{n}} = kA_0$$

$[0,t/n]$时段内细菌的增量为

$$A\left(\frac{t}{n}\right) - A_0 = kA_0\frac{t}{n}$$

$\dfrac{t}{n}$时刻细菌数量为

$$A\left(\frac{t}{n}\right) = A_0\left(1 + k\frac{t}{n}\right)$$

同理,第二时段$\left[\dfrac{t}{n}, \dfrac{2t}{n}\right]$末细菌的数量为

$$A\left(\frac{2t}{n}\right) = A_0\left(1 + k\frac{t}{n}\right)^2$$

以此类推,可以得到最后一时段$\left[\dfrac{n-1}{n}t, \dfrac{n}{n}t\right]$末细菌的数量为

$$A(t) = A_0\left(1 + k\frac{t}{n}\right)^n$$

显然,这是一个近似值。因为我们假设了在每一小段时间$\left[\dfrac{i-1}{n}t, \dfrac{i}{n}t\right]$ $(i = 1,2,\cdots,n)$内细菌的繁殖速度是不变的,且等于该时段初始时刻的变化速度,但这种近似程度将随着小区间长度的缩小精度越高。若对时间间隔无限细分,就可得到精确值。所以,经过时间t后细菌总数为

$$A(t) = \lim_{n\to\infty}A_0\left(1 + k\frac{t}{n}\right)^n = A_0\mathrm{e}^{kt}$$

模型分析

我们在弄清问题、分析实际对象的特点和规律、给出较为合理的模型假设的基础上,主要利用初等数学知识建立数学模型。很多事物的发展变化规律服从这个模型,所以也称模型

$$y = A\mathrm{e}^{kx}$$

为生产函数。

模型检验

作为模型检验,我们给出一个实际例子。

将已知某种细菌在繁殖过程的记录数据列于表 2 - 9 之中。问:

(1) 开始时细菌个数是多少?

(2) 如果细菌继续以过去的速度增长,60 天后细菌的个数是多少?

表 2 - 9　细菌繁殖过程记录数据

天数/d	3	5	7	8	10	12
细菌个数	671	937	1 316	1 559	2 186	3 085

我们用 MATLAB 软件绘制表 2 - 9 所给数据的散点(图 2 - 11),MATLAB 程序为

x = [3 5 7 8 10 12];

y = [671 937 1316 1559 2186 3085];

plot(x,y,'*')

(这里是设 $A(t) = y$)

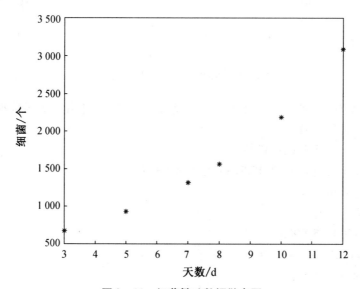

图 2 - 11　细菌繁殖数据散点图

从图 2 - 11 可知,这些点可能在一个指数曲线上。由于曲线不如直线好求,在遇到曲线时可以变换成直线来处理。比如,本题可以用取对数的方法解决。我们将天数所对应的细菌数取对数,列于表 2 - 10 中。

表 2 - 10　细菌数据对数变换表

天数/d	3	5	7	8	10	12
$\ln[A(i)]$	6.5	6.84	7.18	7.35	7.69	8.03

表 2 - 10 中的数据所使用的 MATLAB 程序为

x = [3 5 7 8 10 12];

z = [6.5 6.84 7.18 7.35 7.69 8.03];

plot(x, z, '*')

(这里是设 $\ln A(t) = z$)绘制的散点图如图 2 - 12 所示。

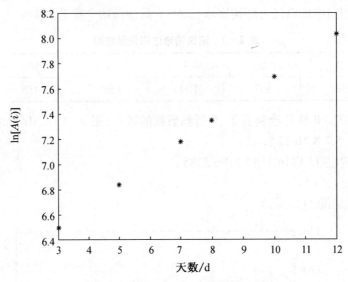

图 2 - 12 细菌数据对数变换散点图

从图中容易看出,细菌生长数据与时间成直线关系,故可用一次函数拟合。同样用 MATLAB 软件,其程序为

x = [3 5 7 8 10 12];

z = [6.5 6.84 7.18 7.35 7.69 8.03];

polyfit(x, z, 1)

ans =

0.1700   5.9900

v = 0.17. * x + 5.99;

plot(x, v, '*', x, v)

从图 2 - 13 可见,直线拟合效果好,对应的曲线方程为

$$\ln A(t) = 0.17t + 5.99$$

即

$$A(t) = 399.4 e^{0.17t}$$

由此看出,$A_0 = 399.4$,$k = 0.17$。

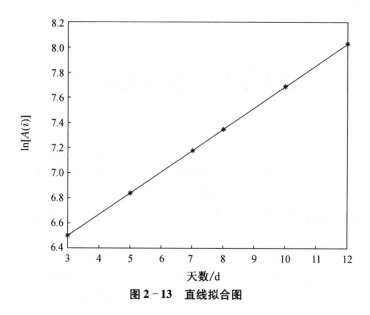

图 2-13　直线拟合图

习 题 二

1. 你要在雨中从一处沿直线走到另一处,雨速是常数,方向不变。你是否走得越快,淋雨量越少呢?

2. 假设在一所大学中,一位普通教授以每天一本的速度开始从图书馆借出书。再设图书馆平均一周收回借出书的 1/10,若在充分长的时间内,一位普通教授大约借出多少年本书?

3. 一人早上 6:00 从山脚 A 上山,晚 18:00 到山顶 B;第二天,早 6:00 从山顶 B 下山,晚 18:00 到山脚 A。问:是否有一个时刻 t,这两天都在这一时刻到达同一地点?

4. 如何将一个不规则的蛋糕 I 平均分成两部分?

5. 兄妹二人沿某街分别在离家 3 千米与 2 千米处同向散步回家,家中的狗一直在二人之间来回奔跑。已知哥哥的速度为 3 千米/小时,妹妹的速度为 2 千米/小时,狗的速度为 5 千米/小时。分析半小时后,狗在何处。

6. 甲乙两人约定中午 12:00 至 13:00 在市中心某地见面,并事先约定先到者在那等待 10 分钟,若另一个人 10 分钟内没有到达,先到者将离去。用图解法计算,甲乙两人见面的可能性有多大?

7. 设有 n 个人参加某一宴会,已知没有人认识所有的人。证明:至少存在两人他们认识的人一样多。

8. 一角度为 60 度的圆锥形漏斗装着 10 厘米高的水(如图),其下端小孔的面积为 0.5 平方厘米。问:这些水流完需要多少时间?

9. 水管或煤气管经常需要从外部包扎以便对管道起保护作用。包扎时用很长的带子缠绕在管道外部。为了节省材料,如何进行包扎才能使带子全部包住管道而且带子也没有发生重叠?

第3章   数学优化模型

优化是我们在工程技术、经济管理等诸多领域中最常遇到的问题之一。结构设计要在满足强度要求的条件下时所用的总重量最轻;编制生产计划要在人力、设备等条件限制下时产品的总利润最高;安排运输方案要在满足物资要求和不超过供应能力条件下时运输总费用最少;确定某种产品如橡胶的原料配方药是它的强度、硬度、变形等多种指标都达到最优。

人们解决这种问题的手段大致有以下几种:一是依靠过去的经验,这看来似乎切实可行,且不担风险,但会融入决策者过多的主观因素从而难以确定所给决策的优越性;二是做大量的实验,这固然真实可靠,却常要耗费太多的资金和人力;三是建立数学模型,求解最优决策。虽然因建模时要做适当的简化可能使结果不一定可行或达到实际上的最优,但是它基于客观的数据,又不需要太大的费用,具有前两种手段无可比拟的优点。如果在数学建模的基础上再辅以适当的经验和实验,就可以得到实际问题的一个比较圆满的解答。在决策科学化、定量化的呼声日渐高涨的今天,这一方法的推广应用无疑是符合时代潮流和形势发展需要的。

3.1   存储模型

某配送中心为所属的几个超市配送某种小电器,假设超市每天对这种小电器的需求量是稳定的,订货费与每个产品每天的存储费都是常数。如果超市对这种小家电的需求是不可缺货的,试制定最优的存储策略(即多长时间订一次货,一次订多少货)。

(1) 若不允许缺货,如果日需求量价值100元,一次订货费用为5 000元,每件电器每天的存储费1元,请给出最优结果。

(2) 若允许缺货,且每件小家电每天的缺货费为0.1元,最优结果又是什么?

不允许缺货模型

模型假设

(1) 每天的需求量为常数 r;

(2) 每次的订货费用为 c_1,每天每件产品的存储费为 c_2;

(3) T 天订一次货,每次订 Q 件,且当存储量为0时,立即补充,补充是瞬时完成的;

(4) 为方便起见,将 r 和 Q 都视为连续量。

模型建立

将存储量表示为时间的函数 $q(t)$,$t=0$,如图 3-1 所示,进货 Q 件这类小电器,存储量 $q(0)=Q$,$q(t)$ 以需求 r 的速率递减,直到 $q(T)=0$。易见

$$Q = rT \tag{1}$$

一个周期的存储费用

$$c_2 = \int_0^T q(s)\,\mathrm{d}s = c_2 A \tag{2}$$

一个周期的总费用

$$C(T) = c_1 + c_2 \frac{rT^2}{2} \tag{3}$$

每天平均费用

$$c(T) = \frac{c_1}{T} + \frac{c_2 rT}{2} \tag{4}$$

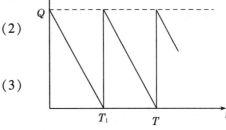

图 3-1　存储量随时间变化曲线
（不允许缺货）

模型求解

求 T，使 $c(T)$ 取最小值。

由 $\dfrac{\mathrm{d}c}{\mathrm{d}T} = 0$，得

$$T = \sqrt{\frac{2c_1}{rc_2}}, \quad Q = \sqrt{\frac{2c_1 r}{c_2}} \tag{5}$$

式(5)称为经济订货批量公式。

模型解释

(1) 订货费越高，需求量越大，则每次订货批量应越大。反之，每次订货量越小。

(2) 存储费越高，则每次订货量越小。反之，每次订货量应越大。

模型应用

将 $c_1 = 5\,000$，$c_2 = 1$，$r = 100$ 代入式(4)和(5)，得 $T = 10$ 天，$Q = 1\,000$ 件，$c = 1\,000$ 元。

允许缺货模型

与不允许缺货情况不同的是，对于允许缺货的情况，缺货时因失去销售机会而使利润减少，减少的利润可以看作因缺货而付出的费用，称为缺货费。于是这个模型的第(1)、(2)条假设与不允许缺货的模型相同，除此之外，增加假设(3)：每隔 T 天订货 Q 件，允许缺货，每天每件小家电缺货费为 c_3。缺货时存储量 q 看作负值，$q(t)$ 的图形如图 3-2 所示，货物在 $t = T_1$ 时送完。

一个供货周期 T 内的总费用包括：订货费 c_1，存储费 $c_2 \int_0^{T_1} q(t)\,\mathrm{d}t$，缺货费 $c_3 \int_{T_1}^T |q(t)|\,\mathrm{d}t$，借助图 3-2 可以得到

一个周期总费用为

$$\bar{C} = c_1 + \frac{1}{2} c_2 QT_1 + \frac{1}{2} c_3 r (T - T_1)^2$$

每天的平均费用

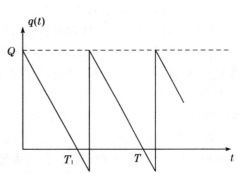

图 3-2　存储量随时间变化曲线（允许缺货）

$$C(T,Q) = \frac{c_1}{T} + \frac{c_2 Q^2}{2rT} + \frac{c_3(rT-Q)^2}{2rT} \tag{6}$$

利用微分法,令

$$\begin{cases} \dfrac{\partial C}{\partial T} = 0 \\ \dfrac{\partial C}{\partial Q} = 0 \end{cases}$$

可以求出最优的 T,Q 值为

$$T' = \sqrt{\frac{2c_1}{rc_2} \cdot \frac{c_2+c_3}{c_3}}, \quad Q' = \sqrt{\frac{2c_1 r}{c_2} \cdot \frac{c_3}{c_2+c_3}} \tag{7}$$

记

$$\mu = \sqrt{\frac{c_2+c_3}{c_3}} \, (>1)$$

通过与不允许缺货的模型相比较得到

$$T' = T\mu, Q' = Q/\mu \tag{8}$$

显然 $T' > T, Q' < Q$,即允许缺货时订货周期可以长一些,每次可以少订一些货。式(7)表明,缺货费 c_3 越大,μ 值越小,T'、Q' 与 T、Q 越接近,这与实际是相符的。因为 c_3 越大,意味着因缺货造成的损失越大,所以应该尽量避免缺货。当 $c_3 \to +\infty$ 时,$\mu \to 1$,于是 $T' \to T, Q' \to Q$。这个结果是合理的。因为缺货费充分大,造成的缺货损失也充分大,所以不允许缺货。

将所给的数据代入式(7),得到 $T' = 33$ 天,$Q' = 333$ 件,$C = 301.7$ 元。

3.2 森林救火模型

森林失火了,消防站接到报警后派多少消防队员前去救火呢? 队员派多了,森林的损失小,但是救火的开支增加了;队员派少了,森林的损失大,救火的开支相应减小。所以,需要综合考虑森林损失和救火队员开支之间的关系,以总费用最小来确定派出队员的多少。

从问题中可以看出,总费用包括两方面,烧毁森林的损失,派出救火队员的开支。烧毁森林的损失费通常正比于烧毁森林的面积,而烧毁森林的面积与失火的时间、灭火的时间有关,灭火时间又取决于消防队员数量,队员越多灭火越快。通常救火开支不仅与队员人数有关,而且与队员救火时间的长短也有关。记失火时刻为 $t = 0$,开始救火时刻为 $t = t_1$,火被熄灭的时刻为 $t = t_2$。设 t 时刻烧毁森林的面积为 $B(t)$,则造成损失的森林烧毁的面积为 $B(t_2)$。下面我们设法确定各项费用。

先确定 $B(t)$ 的形式,研究 $B'(t)$ 比研究 $B(t)$ 更直接、方便。$B'(t)$ 是单位时间烧毁森林的面积,取决于火势的强弱程度,称为火势蔓延程度。在消防队员到达之前,即 $0 \le t \le t_1$,火势越来越大,即 $B'(t)$ 随 t 的增加而增加;开始救火后,即 $t_1 \le t \le t_2$,如果消防队员救火能力充分强,火势会逐渐减小,即 $B'(t)$ 逐渐减小,且当 $t = t_2$ 时,$B'(t) = 0$。

救火开支可分为两部分:一部分是灭火设备的消耗、灭火人员的开支等费用,这笔费用与队员人数及灭火所用的时间有关;另一部分是运送队员和设备等的一次性支出,只与队员人数有关。

模型假设

需要对烧毁森林的损失费、救火费及火势蔓延程度的形式做出假设。

(1)损失费与森林烧毁面积 $B(t_2)$ 成正比,比例系数为 c_1。c_1 为烧毁单位面积森林的损失费,取决于森林的疏密程度和珍贵程度。

(2)对于 $0 \le t \le t_1$,火势蔓延程度 $B'(t)$ 与时间 t 成正比,比例系数 β 称为火势蔓延速度(注:对这个假设我们做一些说明,火势以着火点为中心,以均匀速度向四周呈圆形蔓延,所以蔓延的半径与时间成正比,因为烧毁森林的面积与过火区域的半径平方成正比,从而火势蔓延速度与时间成正比)。

(3)派出消防队员 x 名,开始救火以后,火势蔓延速度降为 $\beta - \lambda x$,其中 λ 称为每个队员的平均救火速度,显然必须 $x > \beta / \lambda$,否则无法灭火。

(4)每个消防队员单位时间的费用为 c_2,于是每个队员的救火费用为 $c_2(t_2 - t_1)$,每个队员的一次性开支为 c_3。

模型建立

根据假设条件(2)、(3),火势蔓延程度在 $0 \le t \le t_1$ 时线性增加,在 $t_1 \le t \le t_2$ 时线性减小,绘出其图形,如图 3-3 所示。

记 $t = t_1$ 时,$B'(t) = b$。烧毁森林面积

$$B(t_2) = \int_0^{t_2} B'(t)\,\mathrm{d}t \qquad (1)$$

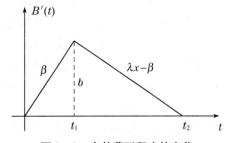

图 3-3   火势蔓延程度的变化

正好是图中三角形的面积,显然有

$$B(t_2) = \frac{1}{2}bt_2 \qquad (2)$$

而且

$$t_2 - t_1 = \frac{b}{\lambda x - \beta} \qquad (3)$$

因此

$$B(t_2) = \frac{1}{2}bt_1 + \frac{b^2}{2(\lambda x - \beta)} \qquad (4)$$

根据假设(1)、(4),得到森林烧毁的损失费为 $c_1 B(t_2)$,救火费为 $c_2 x(t_2 - t_1) + c_3 x$。据此计算得到救火总费用为

$$C(x) = \frac{1}{2}c_1 bt_1 + \frac{c_1 b^2}{2(\lambda x - \beta)} + \frac{c_2 bx}{\lambda x - \beta} + c_3 x \qquad (5)$$

问题归结为求 x 使 $C(x)$ 达到最小。令

$$\frac{\mathrm{d}C}{\mathrm{d}x} = 0$$

得到最优的派出队员人数为

$$x = \sqrt{\frac{c_1 \lambda b + 2c_2 \beta b}{2c_3 \lambda^2}} + \frac{\beta}{\lambda} \tag{6}$$

模型解释

式(6)包含两项,后一项是能够将火灾扑灭的最低应派出的队员人数,前一项与相关的参数有关,它的含义是从优化的角度来看:当救火队员的灭火速度 λ 和救火费用系数 c_3 增大时,派出的队员数应该减少;当火势蔓延速度 β、开始救火时的火势 b 以及损失费用系数 c_1 增加时,派出的队员人数也应该增加。这些结果与实际都是相符的。

实际应用这个模型时,c_1、c_2、c_3 都是已知常数,β、λ 由森林类型、消防人员素质等因素确定。

3.3 消费者的选择

本节利用无差别曲线的概念讨论消费者的选择问题。如果一个消费者用一定数量的资金去购买两种商品,他应该怎样分配资金才会最满意呢?

记购买甲乙两种商品的数量分别为 q_1、q_2。当消费者占有它们时的满意程度,或者说给消费者带来的效用是 q_1、q_2 的函数,记作 $U(q_1, q_2)$,经济学中称之为效用函数。$U(q_1, q_2) = c$ 的图形就是无差别曲线族,如图 3-4 所示。类似于第二章中无差别曲线的作法,可以作出效用函数族,它们是一族单调下降、下凸、不相交的曲线。在每一条曲线上,对于不同的点,效用函数值不变,即满意程度不变。而随着曲线向右上方移动,$U(q_1, q_2)$ 的值增加。曲线下凸的具体形状则反映了消费者对

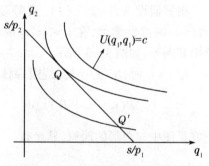

图 3-4 消费者效用函数簇

甲乙两种商品的偏爱情况。这里假设消费者的效用函数 $U(q_1, q_2)$,即无差别曲线族已经完全确定了。

设甲乙两种商品的单价分别为 p_1、p_2 元,消费者有资金 s 元。当消费者用这些钱买这两种商品时所做的选择,即分别用多少钱买甲和乙,应该使效用函数 $U(q_1, q_2)$ 达到最大,即达到最大的满意度,经济学上称这种最优状态为消费者均衡。

当消费者购买两种商品量为 q_1、q_2 时,他用的钱分别为 $p_1 q_1$ 和 $p_2 q_2$,于是问题归结为在条件

$$p_1 q_1 + p_2 q_2 = s \tag{1}$$

下求比例 $p_1 q_1 / p_2 q_2$,使效用函数达到最大。

这是二元函数求条件极值问题,用乘子法不难得到最优解应满足

$$\frac{\partial U}{\partial q_1} \bigg/ \frac{\partial U}{\partial q_2} = \frac{p_1}{p_2} \qquad\qquad (2)$$

当效用函数 $U(q_1, q_2)$ 给定后,由式(2)即可确定最优比例 $p_1 q_1 / p_2 q_2$。

上述问题也可用图形法求解。约束条件(1)在图 3-4 中是一条直线,此直线必与无差别曲线族中的某一条相切(图 3-4 中的 Q 点),则 $q_1、q_2$ 的最优值必在切点 Q 处取得。

图解法的结果与式(2)是一致的。因为在切点 Q 处直线与曲线的斜率相同,直线的斜率为 $-p_1 / p_2$,曲线的斜率为 $-\dfrac{\partial U}{\partial q_1} \bigg/ \dfrac{\partial U}{\partial q_2}$,在 Q 点,利用相切条件就得到式(2)。

经济学中,$\dfrac{\partial U}{\partial q_1}$ 和 $\dfrac{\partial U}{\partial q_2}$ 称为边际效用,即商品购买量增加 1 单位时效用函数的增量。式(2)表明,消费者均衡状态在两种商品的边际效用之比正好等于价格之比时达到。从以上的讨论可以看出,建立消费者均衡模型的关键是确定效用函数 $U(q_1, q_2)$。构造效用函数时应注意它必须满足如下的条件:

条件 A

$U(q_1, q_2) = c$ 所确定的一元函数 $q_2 = q(q_1)$ 是单调递减的,且曲线是呈下凸的。

条件 A 是无差别曲线族 $U(q_1, q_2) = c$ 的一般特性,这个条件可以用下面更一般的条件代替。

条件 B

$$\frac{\partial U}{\partial q_1} > 0, \frac{\partial U}{\partial q_2} > 0, \frac{\partial^2 U}{\partial q_1^2} < 0, \frac{\partial^2 U}{\partial q_2^2} < 0, \frac{\partial^2 U}{\partial q_1 \partial q_2} > 0$$

在条件 B 中,第一、第二两个式子表示,固定某一个商品购买量,效用函数值随着另一个商品的购买量的增加而增加;$\dfrac{\partial^2 U}{\partial q_i^2} < 0 (i = 1, 2)$ 表示,当 q_i 占有量较小时,增加 q_i 引起的效用函数值的增加应大于 q_i 占有量较大时增加 q_i 引起的效用函数值的增加;最后一个不等式的含义是,当 q_1 占有量较大时增加 q_2 引起效用函数值的增加应大于 q_1 占有量较少时增加 q_2 引起效用函数值的增加。仔细分析可以知道,这些条件与实际都是相符的。也可以验证条件 B 成立时,条件 A 一定成立。

下面来分析几个常用效用函数的均衡状态。

(1)效用函数为

$$U(q_1, q_2) = \frac{q_1 q_2}{a q_1 + b q_2} \quad (a, b > 0)$$

根据式(2)可以求得最优比例为

$$\frac{s_1}{s_2} = \sqrt{\frac{b p_1}{a p_2}} \quad (s_i = p_i q_i, i = 1, 2)$$

结果表明,均衡状态下购买两种商品所用的资金的比例,与商品价格比的平方根成正比。同时,与效用函数中的参数 $a、b$ 也有关,参数 $a、b$ 分别表示消费者对两种商品的偏爱程度,于是可以通过调整这两个参数来改变消费者对两种商品的爱好倾向,或者说可以改变效用函数族的具体形状。

数学建模基础与应用

（2）效用函数为

$$U(q_1,q_2)=q_1^\lambda q_2^\mu (0<\lambda,\mu<1)$$

根据式（2）可以求得最优比例为

$$\frac{s_1}{s_2}=\frac{\lambda}{\mu}\quad (s_i=p_iq_i,i=1,2)$$

结果表明，均衡状态下购买两种商品所用的资金的比例与价格无关，只与消费者对这两种商品的偏爱程度有关。

（3）效用函数为

$$U(q_1,q_2)=(a\sqrt{q_1}+b\sqrt{q_2})^2\quad (a,b>0)$$

根据式（2）可以求得最优比例为

$$\frac{s_1}{s_2}=\frac{a^2p_2}{b^2p_1}\quad (s_i=p_iq_i,i=1,2)$$

结果表明，均衡状态下购买两种商品所用的资金的比例，与商品价格成反比，与消费者对这两种商品偏爱程度之比的平方成正比。

在这个模型的基础上可以讨论当某种商品的价格改变，或者消费者购买商品的总资金改变时均衡状态的改变情况。

3.4 衣物怎样漂洗最干净

洗衣服，无论是机洗还是手洗，漂洗是一个必不可少的过程，而且要重复进行多次。那么，在漂洗的次数与水量一定的情况下，如何控制每次漂洗的用水量，才能使衣物洗得最干净？

为确定起见，我们首先做出下面的合理假设：

（1）经过洗涤，衣物上的污物已经全部溶解（或混合）在水中；

（2）不论是洗涤还是漂洗，脱水后衣物中仍残存一个单位的少量污水；

（3）漂洗前衣物残存的污水中污物含量为 a；

（4）漂洗共进行 n 次，每次漂洗的用水量为 $x_i(i=1,2,\cdots,n)$；

（5）漂洗的总水量为 A。

由于每次漂洗后残存的污水均为一个单位，因此其污物的浓度即为污物的含量。于是，我们可以计算出：

第一次漂洗后，残存污水中的污物含量为

$$a\cdot\frac{1}{1+x_1}=\frac{a}{1+x_1}$$

第二次漂洗后，残存污水中的污物含量为

$$\frac{a}{1+x_1}\cdot\frac{1}{1+x_2}=\frac{a}{(1+x_1)(1+x_2)}$$

……

第 n 次漂洗后，残存污水中的污物含量为

· 48 ·

$$\frac{a}{(1+x_1)(1+x_2)\cdots(1+x_n)}$$

显然，只要 n 次漂洗后残存污水中的污物含量达到最低，就能使衣物洗得最干净。于是，问题转化为在条件

$$x_1 + x_2 + \cdots + x_n = A$$

的约束之下，求函数

$$F(x_1,x_2,\cdots,x_n) = \frac{a}{(1+x_1)(1+x_2)\cdots(1+x_n)}$$

的最小值，亦即函数

$$f(x_1,x_2,\cdots,x_n) = (1+x_1)(1+x_2)\cdots(1+x_n)$$

的最大值问题。为此，设拉格朗日函数

$$L(x_1,x_2,\cdots,x_n) = (1+x_1)(1+x_2)\cdots(1+x_n) + \lambda(x_1+x_2+\cdots+x_n - A)$$

令

$$
\begin{cases}
L'_{x_1}(x_1,x_2,\cdots,x_n) = (1+x_2)(1+x_3)\cdots(1+x_n) + \lambda = 0 \\
L'_{x_2}(x_1,x_2,\cdots,x_n) = (1+x_1)(1+x_3)\cdots(1+x_n) + \lambda = 0 \\
\quad\cdots \\
L'_{x_n}(x_1,x_2,\cdots,x_n) = (1+x_1)(1+x_2)\cdots(1+x_{n-1}) + \lambda = 0 \\
x_1 + x_2 + \cdots + x_n = A
\end{cases}
$$

可得

$$x_1 = x_2 = \cdots = x_n = \frac{A}{n}$$

由问题的实际意义可知，函数 $F(x_1,x_2,\cdots,x_n)$ 的最小值是存在的，故

$$x_1 = x_2 = \cdots = x_n = \frac{A}{n}$$

即为所求之最值点。

一般说来，漂洗的轮次可以根据总水量的多少来确定，但在水量一定的条件下，不论漂洗多少次，平均分配每个轮次的用水量永远是最佳的选择。

应用与推广

除了相互关联商品的需求分析之外，偏边际、交叉边际、偏弹性、交叉弹性的概念还广泛应用于相互关联商品的供给分析、盈亏分析等。

3.5　奶制品的生产与销售

问题一：

加工厂用牛奶生产 A_1、A_2 两种奶制品，1 桶牛奶可以在设备甲上用 12 小时加工成 3 千克 A_1，或者在设备乙上用 8 小时加工成 4 千克 A_2。根据市场需求，生产的 A_1、A_2 能全部售出，且每千克 A_1 获利 24 元，每千克 A_2 获利 16 元。现在加工厂每天能得到 50 桶牛奶的供应，每天正式工人总的劳动时间为 480 小时，并且设备甲每天至多能加工 100 千克 A_1，设备乙的加工能力没有限制。试为该厂制订一个生产计划，使每天获利最大，并进一步讨论以下 3 个附加问题：

（1）若用 35 元可以购买到 1 桶牛奶，应否做这项投资？若投资，每天最多购买多少桶牛奶？

（2）若可以聘用临时工人以增加劳动时间，付给临时工人的工资最多是每小时几元？

（3）由于市场需求变化，每千克 A_1 的获利增加到 30 元，应否改变生产计划？

模型分析

数学模型：设每天用 x_1 桶牛奶生产 A_1，用 x_2 桶牛奶生产 A_2。

目标函数：设每天获利为 z 元。x_1 桶牛奶可生产 $3x_1$ 千克 A_1，获利 $24 \times 3x_1$；x_2 桶牛奶可生产 $4x_2$ 千克 A_2，获利 $16 \times 4x_2$。故

$$z = 72x_1 + 64x_2$$

约束条件

原料供应：生产 A_1、A_2 的原料（牛奶）总量不超过每天的供应 50 桶，即

$$x_1 + x_2 \leqslant 50$$

劳动时间：生产 A_1、A_2 的总加工时间不超过每天正式工人总的劳动时间 480 小时，即

$$12x_1 + 8x_2 \leqslant 480$$

设备能力：A_1 的产量不得超过设备甲每天的加工能力 100 小时，即

$$3x_1 \leqslant 100$$

非负约束：x_1、x_2 均不能为负值，即 $x_1 \geqslant 0$，$x_2 \geqslant 0$。

模型假设

（1）假设 A_1、A_2 两种奶制品每千克的获利是与它们各自产量无关的常数，每桶牛奶加工出 A_1、A_2 的数量和所需的时间是与它们各自的产量无关的常数。

（2）假设 A_1、A_2 每千克的获利是与它们相互间产量无关的常数，每桶牛奶加工出 A_1、A_2 的数量和所需的时间是与它们相互间产量无关的常数。

（3）假设加工 A_1、A_2 的牛奶的桶数可以是任意常数。

模型建立

$$\text{Max } z = 72x_1 + 64x_2 \tag{1}$$

$$x_1 + x_2 \leqslant 50 \tag{2}$$

$$12x_1 + 8x_2 \leqslant 480 \tag{3}$$

$$3x_1 \leqslant 100 \tag{4}$$

$$x_1 \geqslant 0, x_2 \geqslant 0 \tag{5}$$

这就是该问题的基本模型。

模型求解

运用 LINGO 软件编写代码：

```
model：
max = 72 * x1 + 64 * x2；
x1 + x2 < 50；
12 * x1 + 8 * x2 < 480；
```

$3 * x1 < 100$；

end

注：在编写 LINGO 程序时，在默认情况下，所有决策变量均为非负，因此式（5）不需要再输入；约束条件中符号"≤""≥"分别与"＜"和"＞"等价。程序编辑后可得运行结果：

Global optimal solution found.

Objective value：	3 360.000	
Total solver iterations：	2	
Model Class：	LP	
Total variables：	2	

Variable	Value	Reduced cost
x1	20.00000	0.000000
x2	30.00000	0.000000

Row	Slack or surplus	Dual price
1	3360.000	1.000000
2	0.000000	48.000000
3	0.000000	2.000000
4	40.00000	0.000000

运行结果表明，LINGO 通过单纯形法两次迭代取得了模型的全局最优解（Global optimal solution），最优解即最大利润为 3 360 元，其中，$x_1 = 20$，$x_2 = 30$，即用 20 桶牛奶生产 A_1、30 桶牛奶生产 A_2。

结果讨论

1. 运行结果分析

"Reduced cost"的含义是（对 MAX 型问题）：基变量的 Reduced cost 值为 0，对于非基变量，相应的 Reduced cost 值表示当非基变量增加一个单位时（其他非基变量保持不变）目标函数减少的量。本例中两个变量都是基变量。

"Slack or surplus"给出松弛（或剩余）变量的值，表示约束是否取等式约束；第 2、第 3 行松弛变量均为 0，说明对于最优解而言，两个约束均取等式约束；第 4 行松弛变量为 40.000 000，说明对于最优解而言，这个约束取不等式约束。

"Dual price"给出约束的影子价格（也称为对偶价格）的值；第 2、第 3、第 4 行（约束）对应的影子价格分别 48.000 000、2.000 000、0.000 000。

2. 敏感性分析

Ranges in which the basis is unchanged：

OBJ coefficient ranges

Variable	Current coef	Allowable increase	Allowable decrease
x1	72.000000	24.000000	8.000000
x2	64.000000	8.000000	16.000000

Righthand side ranges

Row	Current RHS	Allowable increase	Allowable decrease
2	50.000000	10.000000	6.666667
3	480.000000	53.333332	80.000000
4	100.000000	INFINITY	40.000000

"Gurrent coef"（敏感性分析）的"Allowable increase"（允许的增加量）和"Allowable decrease"（允许的减少量）给出了最优解不变条件下目标函数系数的允许变化范围：

x_1 的系数为 $(72-8,72+24)$，即 $(64,96)$。并且，x_1 的系数的允许范围需要 x_2 的系数保持 64 不变。

x_2 的系数为 $(64-16,64+8)$，即 $(48,72)$。同理，x_2 的系数的允许范围需要 x_1 的系数保持 72 不变。

"Current RHS"则是对"影子价格"的进一步约束。

牛奶的需求量满足 $(50-6,50+10)$，即 $(44,60)$。并且，牛奶的允许范围需要劳动时间保持 480 小时不变。

劳动时间的需求量满足 $(480-80,480+53)$，即 $(400,533)$。同理，劳动时间的允许范围需要牛奶的用量保持 50 桶不变。

3. 对附加问题的回答

（1）因为一桶牛奶的影子价格为 48，35<48，所以应该进行这个投资。另外，在敏感性分析中对"影子价格"的进一步分析表明，每天最多购买 10 桶牛奶。

（2）因为一个小时的劳动时间的影子价格为 2，所以付给临时工人的工资最多是每小时 2。另外，在敏感性分析中对"影子价格"的进一步分析表明，每天最多增加劳动时间 53 小时。

（3）若每千克 A_1 的获利增加到 30 元，则 x_1 的系数变为 90，根据计算结果分析，x_1 的允许范围为 $(64,96)$，在允许范围内，所以不应该改变生产计划。

问题二：

问题一给出的 A_1、A_2 两种奶制品的生产条件、利润及工厂的"资源"限制全都不变。为增加工厂的获利，开发了奶制品的深加工技术：用 2 小时和 3 元加工费，可将 1 千克 A_1 加工成 0.8 千克高级奶制品 B_1，也可以将 1 千克 A_2 加工成 0.75 千克高级奶制品 B_2，每千克 B_1 能获利 44 元，每千克 B_2 能获利 32 元。试为该厂制订一个生产销售计划，使每天的净利润最大，并讨论以下问题：

（1）若投资 30 元可以增加供应一桶牛奶，投资 3 元可以增加 1 小时劳动时间，应否做这些投资？若每天投资 150 元，可赚回多少？

（2）每千克高级奶制品 B_1、B_2 的获利经常有 10% 的波动，对制订的生产销售计划有无影响？若每千克 B_1 获利下降 10%，计划应该变化吗？

（3）若公司已经签订了每天销售 10 千克 A_1 合同，则该合同对公司的利润有什么影响？

模型分析

数学模型:设每天销售 x_1 千克 A_1、x_2 千克 A_2、x_3 千克 B_1、x_4 千克 B_2,用 x_5 千克 A_1 加工 B_1、x_6 千克 A_2 加工 B_2(增设 x_5,x_6 可使模型简单)。

目标函数:设每天净利润为 z,容易写出目标函数:

$$z = 24x_1 + 16x_2 + 44x_3 + 32x_4 - 3x_5 - 3x_6$$

约束条件

原料供应:A_1 每天生产 $x_1 + x_5$ 千克,用牛奶 $\dfrac{x_1 + x_5}{3}$ 桶,A_2 每天生产 $x_2 + x_6$ 千克,用牛奶 $\dfrac{x_2 + x_6}{4}$ 桶,两者之和不得超过每天的供应量 50 桶,即

$$\frac{x_1 + x_5}{3} + \frac{x_2 + x_6}{4} \leqslant 50$$

劳动时间:每天生产 A_1、A_2 的时间分别为 $4(x_1 + x_5)$ 和 $2(x_2 + x_6)$,加工 B_1、B_2 的时间分别为 $2x_5$ 和 $2x_6$,两者之和不得超过总的劳动时间 480 小时,即

$$4(x_1 + x_5) + 2(x_2 + x_6) + 2x_5 + 2x_6 \leqslant 480$$

设备能力:A_1 的产量 $x_1 + x_5$ 不能超过甲类设备每天的加工能力 100 千克,即

$$x_1 + x_5 \leqslant 100$$

非负约束:$x_1, x_2, \cdots, x_6$。

附加约束:1 千克 A_1 加工成 0.8 千克 B_1,故 $x_3 = 0.8x_5$,类似的 $x_4 = 0.75x_6$。

模型建立

$$z = 24x_1 + 16x_2 + 44x_3 + 32x_4 - 3x_5 - 3x_6 \tag{6}$$

$$\frac{x_1 + x_5}{3} + \frac{x_2 + x_6}{4} \leqslant 50 \tag{7}$$

$$4(x_1 + x_5) + 2(x_2 + x_6) + 2x_5 + 2x_6 \leqslant 480 \tag{8}$$

$$x_1 + x_5 \leqslant 100 \tag{9}$$

$$x_3 = 0.8x_5 \tag{10}$$

$$x_4 = 0.75x_6 \tag{11}$$

$$x_1, x_2, x_3, \cdots, x_6 \geqslant 0 \tag{12}$$

模型求解

将式(6)—(12)转变为 LINGO 程序,运行后输出结果为:

Global optimal solution found.

Objective value:	3460.800	
Total solver iterations:	2	
Variable	Value	Reduced cost
x1	0.000000	1.680000
x2	168.0000	0.000000
x3	19.20000	0.000000

x4	0.000000	0.000000
x5	24.00000	0.000000
x6	0.000000	1.520000

Row	Slack or surplus	Dual price
1	3460.800	1.000000
2	0.000000	37.92000
3	0.000000	3.260000
4	76.00000	0.000000
5	0.000000	44.00000
6	0.000000	32.00000

Ranges in which the basis is unchanged:

Objective coefficient ranges:

Variable	Current coefficient	Allowable increase	Allowable decrease
x1	24.00000	1.680000	INFINITY
x2	16.00000	8.150000	2.100000
x3	44.00000	19.75000	3.166667
x4	32.00000	2.026667	INFINITY
x5	-3.000000	15.80000	2.533333
x6	-3.000000	1.520000	INFINITY

Righthand side ranges:

Row	Current RHS	Allowable increase	Allowable decrease
2	50.00000	10.00000	23.33333
3	480.0000	253.3333	80.00000
4	100.0000	INFINITY	76.00000
5	0.000000	INFINITY	19.20000
6	0.000000	INFINITY	0.000000

运行结果表明,当 $x_1 = 0, x_2 = 168, x_3 = 19.2, x_4 = 0, x_5 = 24, x_6 = 0$ 时,可获利 3460.8 元。其中,8 桶牛奶加工成 A_1,42 桶牛奶加工成 A_2,再将得到的 24 千克 A_1 全部加工成 B_1。同样的,牛奶和劳动时间均为紧约束。

结果讨论

(1) 上述结果的约束牛奶和劳动时间的影子价格分别为 3.16 和 3.26,由式(7)可知,增加 1 桶牛奶可使净利润增长 $3.16 \times 12 = 37.92$(元),增加 1 h 劳动时间可使净利润增长 3.26 元。所以,应该投资 30 元增加供应 1 桶牛奶,或投资 3 元增加 1 h 劳动时间。若每天投资 150 元增加供应 5 桶牛奶,可赚回 $37.92 \times 5 = 189.6$(元)。但是通过投资增加牛奶的数量是有限制的,输出结果表明,约束牛奶在式(7)中右端的允许变化范围为

$(50-23.3,50+10)$，即最多增加供应 10 桶牛奶。

（2）最优解不变条件下目标函数系数的允许变化范围：x_3 的系数为 $(44-3.17,44+19.75)$；x_4 的系数为 $(32-\infty,32+2.03)$。所以，当 B_1 的获利下跌 10%，或 B_2 的获利向上浮动 10% 时，上面得到的生产销售计划将不再一定是最优的，应该重新制订。如若每千克的 B_1 获利下降 10%，应将原模型式（6）中的系数改为 39.6，重新计算，得到的最优解解为 $x_1=0,x_2=160,x_3=0,x_4=30,x_5=0,x_6=40$，最优值为 $z=3400$，即 50 桶牛奶全部加工成 200 千克 A_2，出售其中 160 千克，将其余 40 千克加工成 30 千克 B_2 出售，可获利 3400 元，可见计划变化很大，也就是说，（最优）生产计划对 B_1，或 B_2 获利的影响是很敏感的。

（3）变量项对应的"Reduced cost"严格大于 0（为 1.68），首先表明目前最优解中 x_1 的取值一定为 0；其次，如果限定 x_1 的取值大于等于某个正数，则 x_1 从 0 开始每增加一个单位时，（最优的）目标函数值将减少 1.68。因此，若公司已经签订了每天销售 10 千克的合同并且必须满足，该合同将会使公司利润减少 $1.68\times10=16.8$（元），即最优利润为 $3460.8-16.8=3444$（元）。也可以反过来理解：如果将目标函数中 x_1 对应的费用系数增加不小于 1.68，则在最优解中 x_1 将可以取到严格大于 0 的值。

注意：一是与敏感性分析结果类似，这只是一个充分条件，即如果一个变量对应的"Reduced cost"大于 0，则当前最优解中 x_1 的取值一定为 0；反之不成立。如上面最优解中 x_1 的取值为 0，对应的"Reduced cost"也等于 0 而非大于 0（此时的"Reduced cost"就不能按上面的解释来理解）。二是"Reduced cost"有意义也是有条件的，但条件不能通过上述结果直接得到。例如，如果将 x_1 限定为不小于 100，则问题的最优值为 3040，而不再是 $3460.8-1.68\times100=3292.8$。

3.6 原油采购与加工

某公司用两种原油（A 和 B）混合加工成两种汽油（甲和乙）。甲、乙两种汽油含原油 A 的最低比例分别为 50% 和 60%，每吨售价分别为 4800 元和 5600 元。该公司现有原油 A 和 B 的库存量分别为 500 吨和 1000 吨，还可以从市场上买到不超过 1500 吨的原油 A。原油 A 的市场价格为：购买量不超过 500 吨时的单价是 10000 元每吨；购买量超过 500 吨但是不超过 1000 吨时，超过 500 吨的部分的单价是 8000 元每吨；购买量超过 1000 吨但是不超过 1500 吨时，超过 1000 吨的部分的单价是 6000 元每吨。该公司应该如何安排原油的采购和加工？

问题分析

安排原油采购和加工的目标函数是利润最大比较合理。问题中给出了两种汽油的售价和原油 A 的采购价，利润为销售汽油的收入和购买原油 A 的支出之差。难点是原油 A 的采购价与购买量的关系比较复杂，是分段函数，能否灵活处理是关键所在。

模型建立

设原油 A 的购买量为 x。根据题目条件，采购的支出 $c(x)$ 为

$$c(x) = \begin{cases} 10x, & 0 \le x \le 500 \\ 1\,000 + 8x, & 500 < x \le 1\,000 \\ 3\,000 + 6x, & 1\,000 < x \le 1\,500 \end{cases}$$

其中价格以千元每吨为单位。

设原油 A 用于生产甲、乙两种汽油的数量分别为 x_{11} 和 x_{12}，原油 B 用于生产甲、乙两种汽油的数量分别为 x_{21} 和 x_{22}，则总的收入为 $4.8(x_{11} + x_{21}) + 5.6(x_{12} + x_{22})$。于是该问题的目标函数是

$$\max z = 4.8(x_{11} + x_{21}) + 5.6(x_{12} + x_{22}) - c(x)$$

约束条件

原油 A、B 的库存量的限制；原油 A 的购买量的限制；两种汽油含原油 A 的比例限制。它们可以表示如下：

$$x_{11} + x_{12} \le 500 + x$$
$$x_{21} + x_{22} \le 1\,000$$
$$x \le 1\,500$$
$$\frac{x_{11}}{x_{11} + x_{21}} \ge 0.5$$
$$\frac{x_{12}}{x_{12} + x_{22}} \ge 0.6$$
$$x_{11}, x_{12}, x_{21}, x_{22}, x \ge 0$$

由于 $c(x)$ 不是线性函数，所以上面给出的是一个非线性规划模型。对于分段函数 $c(x)$，一般的非线性规划软件也难以处理。能不能将该模型简化，用现成的软件求解呢？

模型求解

第 1 种解法：一个自然的想法就是将原油 A 的采购量 x 分解成 3 个量，即用 x_1、x_2、x_3 分别表示以价格 10 千元/吨、8 千元/吨、6 千元/吨采购的原油 A 的吨数，总支出为 $10x_1 + 8x_2 + 6x_3$，且 $x = x_1 + x_2 + x_3$，这时目标函数变为线性函数为

$$\max z = 4.8(x_{11} + x_{21}) + 5.6(x_{12} + x_{22}) - (10x_1 + 8x_2 + 6x_3)$$

这时应该注意到：要使得 $x_2 > 0$，必须使得 $x_1 = 500$。同样，要使得 $x_3 > 0$，必须使得 $x_1 + x_2 = 1\,000$。我们采用下面的表达式来表示这种约束：

$$(x_1 - 500)x_2 = 0, (x_2 - 500)x_3 = 0$$

此外，x_1、x_2、x_3 的取值范围是

$$0 \le x_1, x_2, x_3 \le 500$$

由于有非线性约束，所以上面的也是非线性模型。将该模型输入 LINGO 如下：

```
Model:
Max = 4.8 * x11 + 4.8 * x21 + 5.6 * x12 + 5.6 * x22 - 10 * x1 - 8 * x2 - 6 * x3;
x11 + x12 < x + 500;
x21 + x22 < 1000;
0.5 * x11 - 0.5 * x21 > 0;
```

$$0.4 * x12 - 0.6 * x22 > 0;$$
$$x = x1 + x2 + x3;$$
$$(x1 - 500) * x2 = 0;$$
$$(x2 - 500) * x3 = 0;$$
$$x1 < 500;$$
$$x2 < 500;$$
$$x3 < 500;$$

end

注意：程序用"Model："开始，每行最后加"；"，并且以"end"结束。非负约束可以省略；乘号"*"不能省略，式子中可以有括号，右端可以有数学符号。

这时得到的最优解：用库存的 500 吨原油 A 和 500 吨原油 B 生产 1 000 吨汽油甲，不购买新的原油 A，此时的利润是 4 800 000 元。但是，这是一个局部最优解，不是全局最优解。这是因为 LINGO 在缺省设置下一般只给出局部最优解，但可以通过修改 LINGO 选项要求计算全局最优解。具体做法是选择主菜单 LINGO 下的"Options"命令，在弹出的选项卡中选择"General solver"，然后找到选项"Use global solver"将其选中，并应用或保存设置。重新运行程序，可输入全局最优解，即全局最优解是购买 1 000 t 原油 A，与库存的 500 t 原油 A 和 1 000 t 原油 B 一起，共生产 2 500 t 汽油乙，利润为 5 000 000 元，高于局部最优解对应的利润。

第 2 种解法：引入 0 - 1 变量，将原来的模型转化为一个整数规划模型。

令分别表示以价格 10 千元/吨、8 千元/吨、6 千元/吨的价格采购原油 A，则一些约束条件可以表示为

$$500y_2 \leqslant x_1 \leqslant 500y_1, 500y_3 \leqslant x_2 \leqslant 500y_2,$$
$$x_3 \leqslant 500y_3, y_1, y_2, y_3 = 0 \text{ or } 1$$

于是构成一个整数规划模型，将它输入 LINGO 软件如下：

Model：
$$\text{Max} = 4.8 * x11 + 4.8 * x21 + 5.6 * x12 + 5.6 * x22 - 10 * x1 - 8 * x2 - 6 * x3;$$
$$x11 + x12 < x + 500;$$
$$x21 + x22 < 1000;$$
$$0.5 * x11 - 0.5 * x21 > 0;$$
$$0.4 * x12 - 0.6 * x22 > 0;$$
$$x = x1 + x2 + x3;$$
$$x1 - 500 * y1 < 0;$$
$$x2 - 500 * y2 < 0;$$
$$x3 - 500 * y3 < 0;$$
$$x1 - 500 * y2 > 0;$$
$$x2 - 500 * y3 > 0;$$
$$@\text{bin}(y1); @\text{bin}(y2); @\text{bin}(y3);$$

运行该程序后，得到最优解如下：购买 1 000 吨原油 A，与库存的 500 吨原油 A 和

1 000 吨原油 B 一起,共生产 2 500 吨汽油乙,利润为 5 000 000 元,优于上面的解法。

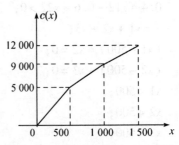

图 3-5 分段线性函数 $c(x)$ 图像

第 3 种解法:直接处理分段线性函数 $c(x)$,如图 3-5 所示。

记 x 轴上的分点为 $b_1 = 0, b_2 = 500, b_3 = 1 000, b_4 = 1 500$。

当 x 在第 1 个小区间 $[b_1, b_2]$ 时,记 $x = z_1 b_1 + z_2 b_2$, $z_1 + z_2 = 1, z_1, z_2 \geq 0$。因为 $c(x)$ 在 $[b_1, b_2]$ 上是线性的,所以 $c(x) = z_1 c(b_1) + z_2 c(b_2)$。

同样,当 x 在第 2 个小区间 $[b_2, b_3]$ 时,记 $x = z_2 b_2 + z_3 b_3, z_2 + z_3 = 1, z_2, z_3 \geq 0$。因为 $c(x)$ 在 $[b_2, b_3]$ 上是线性的,所以 $c(x) = z_2 c(b_2) + z_3 c(b_3)$。

当 x 在第 3 个小区间 $[b_3, b_4]$ 时,记 $x = z_3 b_3 + z_4 b_4, z_3 + z_4 = 1, z_3, z_4 \geq 0$。因为 $c(x)$ 在 $[b_3, b_4]$ 上是线性的,所以 $c(x) = z_3 c(b_3) + z_4 c(b_4)$。

为了表示在哪个区间,引入 0-1 变量 $y_k (k = 1, 2, 3)$。当 x 在第 k 个小区间时,$y_k = 1$;否则 $y_k = 0$。这样,有一些关系式:

$$z_1 \leq y_1, z_2 \leq y_1 + y_2, z_3 \leq y_2 + y_3, z_4 \leq y_3$$
$$z_1 + z_2 + z_3 + z_4 = 1, z_k \geq 0, k = 1, 2, 3, 4$$
$$y_1 + y_2 + y_3 = 1, y_k \geq 0, k = 1, 2, 3$$

这时候 x 和 $c(x)$ 可以统一表示为

$$x = z_1 b_1 + z_2 b_2 + z_3 b_3 + z_4 b_4 = 500 z_2 + 1 000 z_3 + 1 500 z_4$$
$$c(x) = z_1 c(b_1) + z_2 c(b_2) + z_3 c(b_3) + z_4 c(b_4) = 5 000 z_2 + 9 000 z_3 + 12 000 z_4$$

以上也构成一个整数规划模型,用 LINGO 处理后得到与第二种相同的结果。

注意:这个问题的关键是处理分段函数,我们推荐第 2、3 种方法,尤其是第 3 种方法,更具有一般性,其做法如下:

设一个 n 段线性函数 $f(x)$ 的分点为:$b_1 \leq b_2 \leq \cdots \leq b_n \leq b_{n+1}$,引入 z_k 将 x 和 $f(x)$ 表示为

$$x = \sum_{k=1}^{n+1} z_k b_k$$
$$f(x) = \sum_{k=1}^{n+1} z_k f(b_k)$$

其中 z_k 和 0-1 变量 y_k 满足:

$$z_1 \leq y_1, z_2 \leq y_1 + y_2, \cdots, z_n \leq y_{n-1} + y_n, z_{n+1} \leq y_n$$
$$z_1 + z_2 + \cdots + z_{n+1} = 1, z_k \geq 0, k = 1, 2, \cdots, n+1$$
$$y_1 + y_2 + \cdots + y_n = 1, y_k \geq 0, k = 1, 2, \cdots, n$$

3.7 防盗窗钢管下料

生产中常会遇到通过切割、剪裁、包装等手段,将原材料加工成规定尺寸这种工艺过

程,统称为原料下料问题。根据工艺要求,确定下料方案,使用料最省或利润最大,是典型的优化问题。本节通过两个案例讨论运用数学优化模型解决这类问题的方法。

某不锈钢装饰公司承接了一住宅小区的防盗窗安装工程,为此购进了一批型号为304 的不锈钢钢管,分为方形管和圆形管两种,具体数据如表 3-1 所示。

表 3-1　钢管型号及供应数量

钢管型号	规格	长 4 m	长 6 m
方形管	25 mm × 25 mm × 1.2 mm	5 000 根	9 000 根
圆形管	19 mm × 1.2 mm	2 000 根	2 000 根

根据小区的实际情况,需要截取钢管的规格与数量如表 3-2 所示。

表 3-2　钢管需求型号及数量

圆形管	规格	1.5 m	1.8 m	1.2 m	方形管	规格	1.4 m	1.7 m	3 m
	数量/根	16 500	12 000	8 000		数量/根	6 000	4 200	2 800

根据上述的实际情况建立数学模型,寻找经济效果最优的下料方案,使得厂家在满足订购商的订单的同时还能使自己所用的原料费最少。

模型分析

通过题目可知,要在题目所给定的条件下,找寻最佳下料方案,使满足各种需要的前提下所使用的原材料的费、所使用的量和所剩的余料最省。

圆形钢管

原材料的总长:$4 * 5\,000 + 6 * 9\,000 = 74\,000$(米);

订单产品的总长:$1.5 * 16\,500 + 1.8 * 12\,000 + 1.2 * 8\,000 = 55\,950$(米)。

方形钢管

原材料的总长:$4 * 2\,000 + 6 * 2\,000 = 20\,000$(米);

订单产品的总长:$1.4 * 6\,000 + 1.7 * 4\,200 + 3 * 2\,800 = 23\,940$(米)。

通过计算,分析得出问题中的圆形钢管原料足够多,在使用时主要考虑所使用的原材料的费用、使用量和切割之后的余料最少;而方形管的原材料明显不能满足生产需要,此时应首先考虑切割不同长度的钢管的优先问题。

通过查阅网络资料可得网络上对于 304 不锈钢钢管的单价是 50 元/千克,而相应的不锈钢管质量公式(式中质量单位为 kg,其他量的单位为 mm):

$$质量 = [(外径 - 壁厚) × 壁厚] × 0.024\,91 × 长度$$

又因为在我们的原材料中,规格都为 $\Phi 19 × 1.2$(mm),所以可得每米的质量都是一定的,故可以得到钢管的单价与原材料的长度成正比,即

$$米 * k = 单价(k 为每米的单价)$$

且 6 米钢管的单价是 $6 * k$,4 米的单价是 $4 * k$,所以 6 米钢管的单价是 4 米钢管的 $6 * k/4 * k = 1.5$ 倍。

因此在处理这个问题时对于生产厂家而言,应考虑所生产的成品规格越长利益越大;对于订购商而言,规格长度越大材料的使用性越大。通过上述分析可得,应该在原有材料使用完的情况下先满足规格为 3 米的钢管,其次满足 1.7 米的钢管,再次生产 1.4 米的钢管。然而,此类问题属于数学中最优解的求得问题,这是典型的线性优化,故该问题可以建立线性优化方程解决。

模型假设

(1)假设钢管切割过程中无原料损耗或损坏;

(2)假设所生产的各种规格的钢管不能通过焊接产生;

(3)假设同种钢管采用的切割模式数量不限;

(4)假设每种钢管的单价相同且与长度成正比。

符号解释

x_i 表示采用第 i 种模式下切割的钢管数;

d_{ij} 表示第 i 中模式下的第 j 种规格下的根数;

c_i 表示第 i 种模式下的余料;

a_j 表示第 j 种规格的需求量;

y_1 表示使用 4 米的原料所使用的根数;

y_2 表示使用 6 米的原料所使用的根数;

y_3 表示生产的 1.5 米的钢管总数;

y_4 表示生产的 1.8 米的钢管总数;

y_5 表示生产的 1.2 米的钢管总数。

模型建立

针对题目要求我们将钢管下料方案分为圆形钢管和方形钢管两大类,使问题简单化,并建立相应的数学模型。首先根据题目的已知条件,要先给 4 米和 6 米不同规格的原材料进行分割,因此产生了不同的切割模式,选取最佳的切割模式才是所要求的下料方案。其中切割所剩的余料必须小于所需切割的最小长度,在条件满足的不同组合的情况下,得知圆形钢管的切割方案有 17 种,其中 4 米管有 6 种,6 米管有 11 种;方形钢管的切割方案有 11 种,其中 4 米管有 4 种,6 米管有 7 种。圆形钢管的切割组合如表 3-3 所示。

表 3-3 圆形钢管的切割方案

切割方案	模式	1.5 m	1.8 m	1.2 m	余料/m
4 米切割模式	模式一	0	0	3	0.4
	模式二	2	0	0	1
	模式三	0	2	0	0.4
	模式四	0	1	1	1
	模式五	1	0	2	0.1
	模式六	1	1	0	0.7

（续表）

切割方案	模式	1.5 m	1.8 m	1.2 m	余料/m
6米切割模式	模式七	4	0	0	0
	模式八	2	1	1	0
	模式九	0	0	5	0
	模式十	0	3	0	0.6
	模式十一	0	1	3	0.6
	模式十二	1	0	3	0.9
	模式十三	1	2	0	0.9
	模式十四	0	2	2	0
	模式十五	3	0	1	0.3
	模式十六	2	0	2	0.6
	模式十七	1	1	2	0.3

圆形钢管的下料模型建立

针对圆形钢管的切割方案,我们假设原材料采用模式 i 切割的数量为 x_i(x_i 必须为大于 1 的正整数),那么我们的目标函数即为使生产厂家在完成订单的情况下所使用的原材料最少,同时所使用的原料的费用是最少的,且又因为 6 米管的原料单价是 4 米管的 1.5 倍,所以目标函数是

$$\min = k * (原料中 4 米的总根数) + 1.5 * k * (原料中 6 米的总根数)$$

又由已知条件可得,所生产的量必须满足订购商的需要,即 1.5 m 圆管 16 500 根,1.8 m 圆管 12 000 根,1.2 m 圆管 8 000 根。因此,产生以下 3 个目标函数的约束条件:

生产规格中所有的 1.5 米的总根数 ≤ 16 500
生产规格中所有的 1.8 米的总根数 ≤ 12 000
生产规格中所有的 1.2 米的总根数 ≤ 8 000

因此可得如下数学模型:

$$\min = k \sum_{i=1}^{6} x_i + 1.5k \sum_{i=7}^{17} x_i$$

$$\text{s. t.} \begin{cases} \sum_{i=1}^{6} x_i \leqslant 5\ 000 \\ \sum_{i=7}^{17} x_i \leqslant 9\ 000 \\ \sum_{i=1}^{17} x_i \geqslant 0 \\ \sum_{i=1}^{17} \sum_{j=1}^{3} d_{ij} x_i \geqslant a_j \end{cases} \qquad x_i \text{ 取整数}$$

利用 LINGO 编程运算得出最终结果如表 3 - 4 所示(程序代码详见附录一):

表 3 - 4　原料最省切割方案(圆形钢管)

切割方案	模式	1.5 m	1.8 m	1.2 m	原料用量/根	原料总用量/根	余料/根
4 米	模式三	0	1 378	0	689	689	275.6
6 米	模式七	500	0	0	125		0
	模式八	16 000	8 000	8 000	8 000	8 999	0
	模式十	0	2 622	0	874		524.4
总计		16 500	12 000	8 000	9 688	9 688	800

对于模型中用到的钢管每米的单价 k 进行不同程度改变,得知 k 的值不会影响生产过程中我们对模式的选择,只会相应地改变原料成本。对表 3 - 4 的结果再进行分析可得,该模型已经满足生产不同规格的钢管,并且没有多余的生产,但该模型只考虑所有的原料费用最省,不一定满足所要求的生产订单过后的余料最省,也就是不一定满足原料的使用率最大,故我们对模型进一步优化检验,把目标函数变为

min = 4 * (原料中 4 米的总根数) + 6 * (原料中 6 米的总根数) -
(订单中所有规格长) * (订单中相应规格的根数)

最终可得模型如下:

$$\min = 4 \sum_{i=1}^{6} x_i + 6 \sum_{i=7}^{17} x_i - 55\,950$$

$$\text{s. t.} \begin{cases} \sum_{i=1}^{6} x_i \leqslant 5\,000 \\ \sum_{i=7}^{17} x_i \leqslant 9\,000 \qquad x_i \text{ 取整数} \\ \sum_{i=1}^{17} x_i \geqslant 0 \\ \sum_{i=1}^{17} \sum_{j=1}^{3} d_{ij} x_i \geqslant a_j \end{cases}$$

同样用 LINGO 编程运算得出结果如表 3 - 5 所示(程序代码详见附录二):

表 3 - 5　原料最省切割方案优化(圆形钢管)

切割方案	模式	1.5 m	1.8 m	1.2 m	原料用量/根	原料总用量/根	余料/根
4 米	模式三	0	1 378	0	689	689	275.6
6 米	模式七	500	0	0	125		0
	模式八	16 000	8 000	8 000	8 000	8 999	0
	模式十	0	2 622	0	874		524.4
总计		16 500	12 000	8 000	9 688	9 688	800

从表 3 - 4 和表 3 - 5 相应结果可得,两张表的结果一模一样。相应地证明了该切割

方案是最优的切割方案,同时也满足最初的假设,即生产厂家在完成订购商的订单需要的情况下,原材料的使用最少,所产生的费用最少,并且在生产过程中产生的废料最少,废料的总和才 800 米,同时也满足原料的使用率最大。因此,最佳的切割方案是用 689 根 4 米的原材料采用模式三进行切割,125 根 6 米的原材料采用模式七进行切割,8 000 根 6 米的原材料采用模式八进行切割,874 根 6 米的原材料采用模式十进行切割,此时刚好满足需要,同时产生的废料为 800 米。

方形钢管的切割组合如表 3-6 所示。

表 3-6 方形钢管的切割方案

切割方案	模式	1.4 m	1.7 m	3 m	余料/m
4米切割模式	模式一	0	0	1	1
	模式二	2	0	0	1.2
	模式三	0	2	0	0.6
	模式四	1	1	0	0.9
6米切割模式	模式五	0	0	2	0
	模式六	4	0	0	0.4
	模式七	0	3	0	0.9
	模式八	2	0	1	0.2
	模式九	3	1	0	0.1
	模式十	1	2	0	1.2
	模式十一	0	1	1	1.3

方形钢管余料最少。

由于方形钢管所能提供的原材料远远不能满足生产所需,这种情况下,如果还要继续限制我们所用的材料,那么我们就无法满足生产方形钢管的订单需要。根据问题分析中原材料的单价与它的长度成正比,并对于生产厂家而言,成品规格越长利益越大;对于订购商而言,规格长度越大材料的使用性越大。又因为:

方形钢管的总量为:$4*2\,000+6*2\,000=20\,000$(米);

方形钢管中的规格为 1.7 米和 3 米的钢管总长为:$1.7*4\,200+3*2\,800=15\,540$(米)。

所以可以看出方形钢管总长足以满足规格为 3 米和 1.7 米的生产需要,所以严格要求生产规格为 3 米和 1.7 米的钢管。对于规格为 1.4 米的钢管实在无法满足需要,所以只限制它的量必须大于 0 即可。故可得:

规格为 3 米的总量为 2 800;

规格为 1.7 米的总量为 4 200;

规格为 1.4 米的总量>0。

又因为总量本身不够生产,所以要求方形钢管的所有材料必须用于生产,故原料方形钢管中所使用的 4 米的总根数为 2 000；

原料方形钢管中所使用的 6 米的总根数为 2 000。

综上分析可得关于余量最省的优化数学模型如下：

$$\min = \sum_{i=1}^{11} x_i c_i$$

$$\text{s. t.} \begin{cases} \sum_{i=1}^{4} x_i = 2\,000 \\ \sum_{i=5}^{11} x_i = 2\,000 \\ \sum_{i=1}^{11} x_i \geqslant 0 \\ \sum_{i=1}^{11} \sum_{j=2}^{3} d_{ij} x_i = a_j \\ \sum_{i=1}^{11} d_{i1} x_i \geqslant a_1, a_1 = 0 \end{cases}$$

同样使用 LINGO12.0 软件编程运算得出如表 3－7 所示（程序代码详见附录三）：

表 3－7　原料最省切割方案优化（方形钢管）

切割方案	模式	1.4 m	1.7 m	3 m	原料用量/根	原料总用量/根	余料/m
4 米	模式三	0	4 000	0	2 000	2 000	1 200
6 米	模式五	0	0	2 000	1 000	2 000	0
	模式八	1 600	0	800	800		160
	模式九	600	200	0	200		20
总计		2 200	4 200	2 800	4 000	4 000	1 380

对模型结果分析可得，该切割方案已是最优，没有成品钢管数的浪费，同时又是满足生产厂家利润最大，还满足订购商的长料利用率较大。并且在生产过程中总共产生 1 380 米废弃材料。所以，最优切割方案是用 2 000 根 4 米的原材料采用模式三进行切割，1 000 根 6 米的原材料采用模式五进行切割，800 根 6 米的原材料采用模式八进行切割，200 根 6 米的原材料采用模式九进行切割。

模型分析与推广

通过线性规划的应用，可以更好地求解一定约束条件下的最优值的求解问题，能够得出最佳合理的答案。同时线性规划对实际问题的分析与应用较为普遍，容易查找相关资料，可见其适于现实问题的求解。例如：对水管的下料、钢材的切割、电线的切割等，优化之后还能解决玻璃的切割问题等。枚举法的运用使问题的求解思路更清晰的呈现，此为该模型的优点。但是切割模式较多，枚举法加大了运算量同时导致问题的解答相对繁杂，也是该模型的明显缺点。

附录一

Model：

$\min = k * (x1 + x2 + x3 + x4 + x5 + x6) + 1.5 * k * (x7 + x8 + x9 + x10 + x11 + x12 + x13 + x14 + x15 + x16 + x17), k = 50;$

$\quad 2 * x2 + x5 + x6 + 4 * x7 + 2 * x8 + x12 + x13 + x17 \geqslant 16500;$

$\quad 2 * x3 + x4 + x6 + x8 + 3 * x10 + x11 + 2 * x13 + 2 * x14 + x17 \geqslant 12000;$

$\quad x4 + 2 * x5 + x8 + 5 * x9 + 3 * x11 + 3 * x12 + x15 + 2 * x16 + 2 * x17 \geqslant 8000;$

$\quad x1 + x2 + x3 + x4 + x5 + x6 \leqslant 5000;$

$\quad x7 + x8 + x9 + x10 + x11 + x12 + x13 + x14 + x15 + x17 \leqslant 9000;$

$\quad y1 = x1 + x2 + x3 + x4 + x5 + x6;$　　　　! y1 是使用 4 米长的原料所用的根数；

$\quad y2 = x7 + x8 + x9 + x10 + x11 + x12 + x13 + x14 + x15 + x17;$

　　　　　　　　　　　　　　　! y2 是使用 6 米长的原料所用的根数；

$\quad y3 = 2 * x2 + x5 + x6 + 4 * x7 + 2 * x8 + x12 + x13 + 3 * 15 + 2 * 16 + x17;$

　　　　　　　　　　　　　　　! y3 是切的规格为 1.5 米钢管的总数；

$\quad y4 = 2 * x3 + x4 + x6 + x8 + 3 * x10 + x11 + 2 * x13 + 2 * x14 + x17;$

　　　　　　　　　　　　　　　! y4 是切的规格为 1.8 米钢管的总数；

$\quad y5 = x4 + 2 * x5 + x8 + 5 * x9 + 3 * x12 + 3 * x11 + 2 * 14 + x15 + 2 * x16 + 2 * x17;$

　　　　　　　　　　　　　　　! y5 是切的规格为 1.2 米钢管的总数；

$\quad y6 = x1 * 0.4 + x2 + x3 * 0.4 + x4 + x5 * 0.1 + x6 * 0.7 + x7 * 0 + x8 * 0 + x9 * 0 + x10 * 0.6 + x11 * 0.6 + x12 * 0.9 + x13 * 0.9 + x14 * 0 + x15 * 0.3 + x16 * 0.6 + x17 * 0.3;$

　　　　　　　　　　　　　! y6 是为满足生产需求产生的余料总和；

@ GIN(x1); @ GIN(x2); @ GIN(x3); @ GIN(x4); @ GIN(x5); @ GIN(x6);

@ GIN(x7); @ GIN(x8); @ GIN(x9); @ GIN(x10); @ GIN(x11); @ GIN(x12);

@ GIN(x13); @ GIN(x14); @ GIN(x15); @ GIN(x16); @ GIN(x17);

END

附录二

Model：

$\min = 4 * x1 + 4 * x2 + 4 * x3 + 4 * x4 + 4 * x5 + 4 * x6 + 6 * x7 + 6 * x8 + 6 * x9 + 6 * x10 + 6 * x11 + 6 * x12 + 6 * x13 + 6 * x14 + 6 * x15 + 6 * x16 + 6 * x17 - 55950;$

$\quad 2 * x2 + x5 + x6 + 4 * x7 + 2 * x8 + x12 + x13 + x17 \geqslant 16500;$

$\quad 2 * x3 + x4 + x6 + x8 + 3 * x10 + x11 + 2 * x13 + 2 * x14 + x17 \geqslant 12000;$

$\quad x4 + 2 * x5 + x8 + 5 * x9 + 3 * x11 + 3 * x12 + x15 + 2 * x16 + 2 * x17 \geqslant 8000;$

$\quad x1 + x2 + x3 + x4 + x5 + x6 \leqslant 5000;$

$\quad x7 + x8 + x9 + x10 + x11 + x12 + x13 + x14 + x15 + x17 \leqslant 9000;$

$\quad y1 = x1 + x2 + x3 + x4 + x5 + x6;$　　　　! y1 是使用 4 米长的原料所用的根数；

$\quad y2 = x7 + x8 + x9 + x10 + x11 + x12 + x13 + x14 + x15 + x17;$

　　　　　　　　　　　　　　　! y2 是使用 6 米长的原料所用的根数；

$$y3 = 2 * x2 + x5 + x6 + 4 * x7 + 2 * x8 + x12 + x13 + 3 * 15 + 2 * 16 + x17;$$

! y3 是切的规格为 1.5 米钢管的总数；

$$y4 = 2 * x3 + x4 + x6 + x8 + 3 * x10 + x11 + 2 * x13 + 2 * x14 + x17;$$

! y4 是切的规格为 1.8 米钢管的总数；

$$y5 = x4 + 2 * x5 + x8 + 5 * x9 + 3 * x12 + 3 * x11 + 2 * 14 + x15 + 2 * x16 + 2 * x17;$$

! y5 是切的规格为 1.2 米钢管的总数；

$$y6 = x1 * 0.4 + x2 + x3 * 0.4 + x4 + x5 * 0.1 + x6 * 0.7 + x7 * 0 + x8 * 0 + x9 * 0 + x10 * 0.6 + x11 * 0.6 + x12 * 0.9 + x13 * 0.9 + x14 * 0 + x15 * 0.3 + x16 * 0.6 + x17 * 0.3;$$

! y6 是为满足生产需求产生的余料总和；

@GIN(x1)；@GIN(x2)；@GIN(x3)；@GIN(x4)；@GIN(x5)；@GIN(x6)；
@GIN(x7)；@GIN(x8)；@GIN(x9)；@GIN(x10)；@GIN(x11)；@GIN(x12)；
@GIN(x13)；@GIN(x14)；@GIN(x15)；@GIN(x16)；@GIN(x17)；
END

附录三

Model：

$$\min = 4 * x1 + 4 * x2 + 4 * x3 + 4 * x4 + 4 * x5 + 4 * x6 + 6 * x7 + 6 * x8 + 6 * x9 + 6 * x10 + 6 * x11 + 6 * x12 + 6 * x13 + 6 * x14 + 6 * x15 + 6 * x16 + 6 * x17 - 55950;$$

$$2 * x2 + x5 + x6 + 4 * x7 + 2 * x8 + x12 + x13 + x17 \geqslant 16500;$$

$$2 * x3 + x4 + x6 + x8 + 3 * x10 + x11 + 2 * x13 + 2 * x14 + x17 \geqslant 12000;$$

$$x4 + 2 * x5 + x8 + 5 * x9 + 3 * x11 + 3 * x12 + x15 + 2 * x16 + 2 * x17 \geqslant 8000;$$

$$x1 + x2 + x3 + x4 + x5 + x6 \leqslant 5000;$$

$$x7 + x8 + x9 + x10 + x11 + x12 + x13 + x14 + x15 + x17 \leqslant 9000;$$

$$y1 = x1 + x2 + x3 + x4 + x5 + x6;$$

! y1 是使用 4 米长的原料所用的根数；

$$y2 = x7 + x8 + x9 + x10 + x11 + x12 + x13 + x14 + x15 + x17;$$

! y2 是使用 6 米长的原料所用的根数；

$$y3 = 2 * x2 + x5 + x6 + 4 * x7 + 2 * x8 + x12 + x13 + 3 * 15 + 2 * 16 + x17;$$

! y3 是切的规格为 1.5 米钢管的总数；

$$y4 = 2 * x3 + x4 + x6 + x8 + 3 * x10 + x11 + 2 * x13 + 2 * x14 + x17;$$

! y4 是切的规格为 1.8 米钢管的总数；

$$y5 = x4 + 2 * x5 + x8 + 5 * x9 + 3 * x12 + 3 * x11 + 2 * 14 + x15 + 2 * x16 + 2 * x17;$$

! y5 是切的规格为 1.2 米钢管的总数；

$$y6 = x1 * 0.4 + x2 + x3 * 0.4 + x4 + x5 * 0.1 + x6 * 0.7 + x7 * 0 + x8 * 0 + x9 * 0 + x10 * 0.6 + x11 * 0.6 + x12 * 0.9 + x13 * 0.9 + x14 * 0 + x15 * 0.3 + x16 * 0.6 + x17 * 0.3;$$

! y6 是为满足生产需求产生的余料总和；

@GIN(x1)；@GIN(x2)；@GIN(x3)；@GIN(x4)；@GIN(x5)；@GIN(x6)；
@GIN(x7)；@GIN(x8)；@GIN(x9)；@GIN(x10)；@GIN(x11)；@GIN(x12)；
@GIN(x13)；@GIN(x14)；@GIN(x15)；@GIN(x16)；@GIN(x17)；
END

3.8　工作人员的时间分配

设有人员 12 个,工作 10 件,且一人做一件工作,第 i 人做第 j 件工作的时间(或费用)为 c_{ij} (取值见表 3-8)。问:如何分派可使工作时间(或总费用)最少?

表 3-8　c_{ij} 取值(空缺为此人无法完成此任务)

人员	工作/件									
	1	2	3	4	5	6	7	8	9	10
1	2	5	8	3	6	12	2	4	6	7
2	5	4	7	2	2		7	3	3	1
3	7	23	5	4	7	4	9	6	4	6
4	7	9		5	8	8			4	
5		8	3	2	1	7		8	7	9
6	5	9	6	8		3	4	7	8	7
7	5	5	6	4	7	5	9		5	
8	2	2	8	8	2	9	4	3	8	5
9	3	5	5	7	3		8			6
10	8	7	4	3	7	5	9	8		3
11	3	8	8	1	4	8	2	1	9	5
12	3		5		5	7	2	8	2	10

模型假设

(1)每个人都能在自己的花销时间内完成工作。

(2)每个人只能做一件工作,既不能同时做两件工作,也不能在一件工作做完后再做其他工作。

(3)每件工作都必须有人做,且只能由一个人独立完成。

(4)各件工作之间没有相互联系,即一件工作的完成与否,不受另一件工作的制约。

符号解释

z:完成所有工作的总时间;

x_{ij}:第 i 人做第 j 件工作的时间。

模型分析

最少时间(即人力资源成本)是最大利润一个很有参考价值的数据,往往需要利用数学建模的方法对其进行定量分析。首先,确定第 i 人做或者不做第 j 件工作,将问题定量化;然后,再以全部的工作时间为目标函数;最后,对目标函数求最优解,得出最终结果。

模型建立

设：

$$x_{ij} = \begin{cases} 1, & \text{第 } i \text{ 人做第 } j \text{ 件工作} \\ 0, & \text{第 } i \text{ 人不做第 } j \text{ 件工作} \end{cases} \quad i = 1,2,3,\cdots,12; j = 1,2,3,\cdots,10$$

则工作时间为

$$z = \sum_{i=1}^{12} \sum_{j=1}^{10} c_{ij} x_{ij}$$

限定条件为

$$\sum_{j=1}^{10} x_{ij} \leq 1, i = 1,2,3,\cdots,12 \{ \text{即每个人只能做一件工作} [\text{假设}(2)], \text{可以小}$$

于 1 是因为人比工作多,允许有人空闲}

$$\sum_{i=1}^{12} x_{ij} = 1, j = 1,2,3,\cdots,10 \{ \text{即每件工作都要有人做,且只能由一个人做}$$

$[\text{假设}(3)]\}$

$$x_{ij} = 0 \text{ or } 1$$

不能完成任务的人：

$$x_{26},$$
$$x_{43}, x_{47}, x_{48}, x_{4,10},$$
$$x_{51}, x_{57},$$
$$x_{65},$$
$$x_{78}, x_{7,10},$$
$$x_{96}, x_{98}, x_{99},$$
$$x_{10,9},$$
$$x_{12,2}, x_{12,4}$$
$$= 0$$

模型求解

化为标准形式如下：

$$\min z = \sum_{i=1}^{12} \sum_{j=1}^{10} c_{ij} x_{ij}$$

$$\text{s. t. } \sum_{j=1}^{10} x_{ij} \leq 1, i = 1,2,3,\cdots,12$$

$$\sum_{i=1}^{12} x_{ij} = 1, j = 1,2,3,\cdots,10$$

$$x_{ij} = 0 \text{ or } 1$$
$$x_{26},$$
$$x_{43}, x_{47}, x_{48}, x_{4,10},$$
$$x_{51}, x_{57},$$
$$x_{65},$$

$$x_{78}, x_{7,10},$$
$$x_{96}, x_{98}, x_{99},$$
$$x_{10,9},$$
$$x_{12,2}, x_{12,4}$$
$$= 0$$

将上述条件以及数据写入 LINGO 中,编写程序求解。

结果分析

程序调试完成后,得到结果如下:

$$x(1, 7) = 1.000000$$
$$x(2, 10) = 1.000000$$
$$x(5, 5) = 1.000000$$
$$x(6, 6) = 1.000000$$
$$x(7, 4) = 1.000000$$
$$x(8, 2) = 1.000000$$
$$x(9, 1) = 1.000000$$
$$x(10, 3) = 1.000000$$
$$x(11, 8) = 1.000000$$
$$x(12, 9) = 1.000000$$

最小时间为

$$z = 23$$

将工作分派情况与表 3-8 即每个人的花费时间作对比,如表 3-9 所示。

表 3-9　工作分派结果及每人花费时间

人员	工作/件									
	1	2	3	4	5	6	7	8	9	10
1	2	5	8	3	6	12	**2**	4	6	7
2	5	4	7	2	2		7	3	3	**1**
3	7	23	5	4	7	4	9	6	4	6
4	7	9		5	8	8		4		
5		8	3	2	**1**	7		8	7	9
6	5	9	6	8		**3**	4	7	8	7
7	5	5	6	**4**	7	5	9		5	
8	2	**2**	8	8	2	9	4	3	8	5
9	**3**	5	5	7			8			6
10	8	7	**4**	3	7	5	9	8		3
11	3	8	8	1	4	8	2	**1**	9	5
12	3		5		5	7	2	8	**2**	10

注:加粗的单元格即为选择做第 j 件工作的第 i 个人。

现在我们可以看到,最优解基本上是集中于取值较低(即花费时间较少)的人上面,受假设(2)(每个人只能做一件工作,即既不能同时做两件工作,也不能在一件工作做完后再做其他工作)的约束,每一横行只能选一个格子(即每个人只能做一件工作),可不选。

模型再受到假设(3)的约束(每件工作都必须有人做,且只能由一个人独立完成),所以,每一竖行必须且只能选一个格子。

对照约束条件与表3-9我们发现,有些事件取值并非该人最高效事件(如第10人),但为满足约束,所以程序从全局高度对结果进行了取舍。

由表3-9我们可以推断,在没有计算机辅助或待求解量较少且对结果要求不高的情况下,可以采取"画格子"的方式粗糙地求解类似问题。但也可从思维过程看出,在计算机辅助的情况下节省了大量的较繁运算。

模型推广与改进

在该问题的求解中,考虑的方面较为简略,还有很多因素可以考虑。例如在可以协作的情况下,各个人做完了分配工作后可以再做其他工作的情况下,以及该情形下他们不同的休息时间,各道工作有关联时的情况等因素。但在单一工作及简单考虑情况下,该模型具有较大的生存空间,只需改动少许数值即可推广应用。

附录

```
Model：
sets：
si/1…12/；
sj/1…10/；
sij(si,sj):c,x；
endsets
data：
c =2 5 8 3 6 12 2 4 6 7
    5 4 7 2 2 0 7 3 3 1
    7 2 3 5 4 7 4 9 6 4 6
    7 9 0 5 8 8 0 0 4 0
    0 8 3 2 1 7 0 8 7 9
    5 9 6 8 0 3 4 7 8 7
    5 5 6 4 7 5 9 0 5 0
    2 2 8 8 2 9 4 3 8 5
    3 5 5 7 3 0 8 0 0 6
    8 7 4 3 7 5 9 8 0 3
    3 8 8 1 4 8 2 1 9 5
    3 0 5 0 5 7 2 8 2 10；
enddata
```

min = @ sum(sij:c * x) ;

@ for(sij:@ bin(x)) ;   ! 限制 x 为 0 – 1 变量;

@ for(sj(j) :@ sum(si(i) :x(i,j)) = 1) ;

       ! ｛即每件工作都要有人做,且只能由一个人做[假设(3)] ｝;

@ for(si(i) :@ sum(sj(j) :x(i,j)) < = 1) ; ! ｛即每个人只能做一件工作[假设

(2)],可以小于 1 是因为人比工作多,允许有人空闲｝;

! 强制等于 0 的量,即无法完成某项工作的人;

x(2,6) = 0;

x(4,3) = 0;   x(4,7) = 0;   x(4,8) = 0;   x(4,10) = 0;

x(5,1) = 0;   x(5,7) = 0;

x(6,5) = 0;

x(7,8) = 0;   x(7,10) = 0;

x(9,6) = 0;   x(9,8) = 0;   x(9,9) = 0;

x(10,9) = 0;

x(12,2) = 0;   x(12,4) = 0;

LINGO 求解输出结果:

Global optimal solution found at iteration: 21

Objective value: 23.00000

Variable	Value	Reduced cost
x(1, 7)	1.000000	2.000000
x(2, 10)	1.000000	1.000000
x(5, 5)	1.000000	1.000000
x(6, 6)	1.000000	3.000000
x(7, 4)	1.000000	4.000000
x(8, 2)	1.000000	2.000000
x(9, 1)	1.000000	3.000000
x(10, 3)	1.000000	4.000000
x(11, 8)	1.000000	1.000000
x(12, 9)	1.000000	2.000000

3.9 学生选课策略

某同学考虑下学期的选课,其中必修课只有一门(2 学分),可供选修的限定选修课(限选课)有 8 门,任意选修课(任选课)有 10 门。由于有些课程之间相互关联,所以可能在选修某门课程时必须同时选修其他某门课程,课程信息见表 3 – 10。

表 3 – 10 课程信息表

限选课课号	1	2	3	4	5	6	7	8		
学分	5	5	4	4	3	3	3	2		
同时选修要求					1		2			
任选课课号	9	10	11	12	13	14	15	16	17	18
学分	3	3	3	2	2	2	1	1	1	1
同时选修要求	8	6	4	5	7	6				

按学校规定,学生每个学期选修的总学分不能少于 20 学分,因此该同学必须在上述 18 门课中至少选修 18 个学分。学校还规定,学生每学期选修任选课的比例不能少于所修总学分(包括 2 个必修学分)的 1/6,也不能超过所修总学分的 1/3。学院也规定,课号为 5、6、7、8 的课程必须至少选一门。试问:

(1) 为了达到学校和院系的规定,该同学下学期最少应该选几门课? 应该选哪几门?

(2) 若学生希望选修课程最少,同时获得的学分最多,应该选修哪些课?

模型分析

对于问题(1),我们必须考虑在学校和院系的规定的条件下对同学选课最少进行求解。所以我们先从已知条件入手,把他们转化为约束条件,然后建立 0-1 整数优化模型,利用 LINGO 软件对其进行求解。

对于问题(2),考虑在选修课程最少前提下,获得最大的学分。但两者不能同时都满足,所以我们必须把这个双优化模型转化为单优化模型,然后再利用 LINGO 对其进行求解。

模型假设

(1) 各个同学在选修课程时不受其他因素影响,只受学分和选修课程门数影响。

(2) 学生选课是独立的,相互之间不影响。

(3) 选课的学生有两种类型,一类是对这门课真正感兴趣的,另一类是"混学分"的,且这两类各占选课学生人数的一半。

(4) 学生的信息是不公开的。

符号解释

x_i:选修第 i 门课程;

s_i:第 i 门选修课程的学分。

模型建立[问题(1)]

用 x_i 表示选修表中按照编号顺序的 18 门课程的选择($i = 1, 2, \cdots, 18$),其中 x_i 取值为 1 或者 0,其定义如下:

$$\begin{cases} x_i = 1, & \text{选修第 } i \text{ 门课程} \\ x_i = 0, & \text{不选第 } i \text{ 门课程} \end{cases}$$

采用目标规划的方法,考虑学校的各种约束条件,将约束条件用数学表达式表示为以下几点:

（1）要使选修课程的总学分不少于 18，即有下面的不等式：

$$\sum_{i=1}^{18} s_i x_i \geq 18$$

（2）任选课程的比例不能少于所修总学分的 1/6，也不能超过 1/3：

$$20/6 \leq \sum_{i=9}^{18} s_i x_i \leq 20/3$$

（3）课程号为 5、6、7、8 的课程必须至少选一门：

$$x_5 + x_6 + x_7 + x_8 \geq 1$$

（4）选修某些课程必须同时选修其他课程，可以表示为

$$x_5 \leq x_1, x_7 \leq x_2, x_9 \leq x_8, x_{10} \leq x_6, x_{11} \leq x_4, x_{12} \leq x_5, x_{13} \leq x_7, x_{14} \leq x_6$$

在达到以上要求的情况下，只考虑选修课程最少的情况，相应的目标函数为

$$\min z = \sum_{1}^{18} x_i$$

建立的优化模型为

$$\min z = \sum_{1}^{18} x_i$$

$$\begin{cases} \sum_{1}^{18} s_i x_i \geq 18 \\ 20/6 \leq \sum_{i=9}^{18} s_i x_i \leq 20/3 \\ x_5 + x_6 + x_7 + x_8 \geq 1 \\ x_5 \leq x_1, x_7 \leq x_2, x_9 \leq x_8, x_{10} \leq x_6, x_{11} \leq x_4, x_{12} \leq x_5, x_{13} \leq x_7, x_{14} \leq x_6 \\ x_i = 0 \text{ or } 1, i = 1, 2, \cdots, 18 \end{cases}$$

模型求解

利用 LINGO 软件，运行后可以得到

Global optimal solution found.

Objective value：	5.000000	
Variable	Value	Reduced cost
x(1)	0.000000	1.000000
x(2)	1.000000	1.000000
x(3)	0.000000	1.000000
x(4)	1.000000	1.000000
x(5)	0.000000	1.000000
x(6)	1.000000	1.000000
x(7)	0.000000	1.000000
x(8)	0.000000	1.000000
x(9)	0.000000	1.000000
x(10)	1.000000	1.000000

x(11)	1.000000	1.000000
x(12)	0.000000	1.000000
x(13)	0.000000	1.000000
x(14)	0.000000	1.000000
x(15)	0.000000	1.000000
x(16)	0.000000	1.000000
x(17)	0.000000	1.000000
x(18)	0.000000	1.000000

结果显示,在学校和院系的要求下选课最少是选五门,采取具体方案是选择课程2、4、6、10、11。值得注意的是,此方案并不唯一,例如选择课程号1、2、6、10、14 也符合要求,这是因为 LINGO 无法告诉我们最优解是否唯一。

模型建立[问题(2)]

$$\max s = \sum_{1}^{18} s_i x_i, \min z = \sum_{1}^{18} x_i$$

对上述两个目标函数进行向量优化,其中将 $\min z = \sum_{1}^{18} x_i$ 乘以 -1,即得到了双目标规划:$T = (\max s, -\min z)$。

模型求解

在求解双线性规划问题时,我们引入偏好系数的概念,即学生在选择学分最少和课程最多时的偏向趋势。设 λ_1 为学生偏向选择学分最少的趋势,λ_2 为学生偏向选择课程最多的趋势。则最后的最优目标化为

$$\max M = \lambda_1 s - \lambda_2 z$$

如果只考虑学分最多,而不管课程多少,即考虑 $\lambda_1 = 1$、$\lambda_2 = 0$ 时,目标函数为

$$\max s = \sum_{1}^{18} s_i x_i$$

其他约束条件不变,则运行 LINGO 后,得到以下结果:

Global optimal solution found.

Objective value：   38.00000

Variable	Value	Reduced cost
x(1)	1.000000	-5.000000
x(2)	1.000000	-5.000000
x(3)	1.000000	-4.000000
x(4)	1.000000	-4.000000
x(5)	1.000000	-3.000000
x(6)	1.000000	-3.000000
x(7)	1.000000	-3.000000
x(8)	1.000000	-2.000000

x(9)	1.000000	− 3.000000
x(10)	1.000000	− 3.000000
x(11)	1.000000	− 3.000000
x(12)	0.000000	− 2.000000
x(13)	0.000000	− 2.000000
x(14)	0.000000	− 2.000000
x(15)	0.000000	− 1.000000
x(16)	0.000000	− 1.000000
x(17)	0.000000	− 1.000000
x(18)	0.000000	− 1.000000

因此,应该选修课程 1、2、3、4、5、6、7、8、9、10、11。

如果以课程最少为前提,获得学分最多,此时可把最少选修的 5 门课程作为附加约束,即 $\sum_{i=1}^{18} x_i = 5$,其他约束条件不变,重新探索新的方案。LINGO 运行后,得到以下结果:

Global optimal solution found.

Objective value：   18.00000

Variable	Value	Reduced cost
x(1)	1.000000	− 5.000000
x(2)	1.000000	− 5.000000
x(3)	0.000000	− 4.000000
x(4)	0.000000	− 4.000000
x(5)	0.000000	− 3.000000
x(6)	1.000000	− 3.000000
x(7)	0.000000	− 3.000000
x(8)	0.000000	− 2.000000
x(9)	0.000000	− 3.000000
x(10)	1.000000	− 3.000000
x(11)	0.000000	− 3.000000
x(12)	0.000000	− 2.000000
x(13)	0.000000	− 2.000000
x(14)	1.000000	− 2.000000
x(15)	0.000000	− 1.000000
x(16)	0.000000	− 1.000000
x(17)	0.000000	− 1.000000
x(18)	0.000000	− 1.000000

因此,应该选择课程 1、2、6、10、14。获得的总学分为 18。

如果要在学分数和课程数这两个目标上实行三七开,即 $\lambda_1 = 0.7$、$\lambda_2 = 0.3$,则新的目标函数为

$$\max M = 0.7s - 0.3z$$

其他约束条件不变,利用 LINGO 软件对其进行求解得到如下结果:

Global optimal solution found.

Objective value: 23.30000

Variable	Value	Reduced cost
x(1)	1.000000	−3.200000
x(2)	1.000000	−3.200000
x(3)	1.000000	−2.500000
x(4)	1.000000	−2.500000
x(5)	1.000000	−1.800000
x(6)	1.000000	−1.800000
x(7)	1.000000	−1.800000
x(8)	1.000000	−1.100000
x(9)	1.000000	−1.800000
x(10)	1.000000	−1.800000
x(11)	1.000000	−1.800000
x(12)	0.000000	−1.100000
x(13)	0.000000	−1.100000
x(14)	0.000000	−1.100000
x(15)	0.000000	−0.4000000
x(16)	0.000000	−0.4000000
x(17)	0.000000	−0.4000000
x(18)	0.000000	−0.4000000

因此,应该选择课程 1、2、3、4、5、6、7、8、9、10、11。

模型推广

问题(2)在解决的时候考虑了三七分这种情况,我们也可以分别对其他情况进行研究,得到了如表 3－11 所示的结果。

表 3－11 学分与课程数其他情况分类表

学分与课程数分类比 $\lambda_1 : \lambda_2$	选课方案
9:1	1,2,3,4,5,6,7,8,9,10,11
8:2	1,2,3,4,5,6,7,8,9,10,11
7:3	1,2,3,4,5,6,7,8,9,10,11
6:4	1,2,3,4,5,6,7,8,9,10,11
5:5	1,2,3,4,5,6,7,8,9,10,11
4:6	1,2,3,4,5,6,7,8,9,10,11
3:7	1,2,3,4,5,6,7,8,9,10,11
2:8	1,2,3,4,6,10,11
1:9	2,4,6,10,11

从表中可看出，$\lambda_1:\lambda_2$ 分别为 9:1、8:2、7:3、6:4、5:5、4:6、3:7 时选课方案是相同的。多目标规划问题，其基本思想是通过加权组合产生一个新的目标函数，即化多目标为单一目标。另外，0-1 变量经常在选择策略问题中出现，需要灵活掌握。

习 题 三

1. 某糖果厂用原料 A、B、C 加工成 3 种不同型号的糖果甲、乙、丙。已知各种型号的糖果中 A、B、C 的含量，原料成本，各种原料的每月限制用量；3 种型号糖果的单位加工费及售价如表 1 所示。问：该厂每月应生产这 3 种型号的糖果各多少千克，才可使该厂获利最大？试建立这个问题的线性规划数学模型并求解。

表1　糖果厂生产计划数据表

	甲	乙	丙	原料成本/(元/千克)	每月限制用量/千克
A	≥60%	≥15%		2.0	2 000
B				1.5	2 500
C	≤20%	≤60%	≤50%	1.0	1 200
加工费/(元/千克)	0.5	0.4	0.3		
售价/元	3.4	2.85	2.25		

2. 某厂生产 3 种产品 Ⅰ、Ⅱ、Ⅲ，每种产品都要经过 A、B 两道加工工序。设该厂有两种规格的设备能完成 A 工序，它们以 A1、A2 表示；有 3 种规格的设备能完成 B 工序，它们以 B1、B2、B3 表示。产品 Ⅰ 可在 A、B 任何一种规格的设备上加工；产品 Ⅱ 可在任何规格的 A 设备上加工，但完成 B 工序时，只能在 B1 设备上加工 A；产品 Ⅲ 只能在 A2 与 B2 设备上加工。已知各种机床设备的单位工时、原材料费、产品销售价格、各种设备有效台时以及满负荷操作时机床设备的费用如表 2 所示，要求安排最优的生产计划，使该厂利润最大。建立线性规划数学模型并求解。

表2　产品生产计划数据表

设备	产品			设备有效台时	满负荷操作时设备费用/元
	Ⅰ	Ⅱ	Ⅲ		
A1	5	10		6 000	300
A2	7	9	12	10 000	312
B1	6	8		4 000	250
B2	4		11	7 000	783
B3	7			4 000	200
原料费/(元/件)	0.25	0.35	0.5		
单价/元	1.25	2.00	2.8		

3. 某航空公司正在制订明年的计划。该公司有 17 架飞机开往 4 个地区。飞机型号为 7 架 CD12 型,4 架 CD9 型,6 架 CD10 型。该公司要求开往每个地区的飞机都不得少于 3 架,每架飞机可以派往任何地区,另外要留下 1 架飞机作为出租用(设为地区 5 的需求)。调运表及利润(万元)如表 3 所示。问:怎样安排可获利最大?

表 3　航空公司利润表

飞机 地区	1	2	3	4	5	飞机 数量	1	2	3	4	5
CD12						7	3	7	7	5	4
CD9						4	5	6	3	3	5
CD10						6	2	4	4	2	3
需要飞 机数量	≥3	≥3	≥3	≥3	1	17					

4. 对于 3 个发点和 3 个收点的不平衡运输问题,如表 4 所示,假定各收点的需求量没有满足时会造成经济损失(如罚款等),收点 2 和收点 3 的单位损失费分别为 3 元和 2 元,而收点 1 的需求量一定要满足。为使总费用最小,求最优的调运方案。

表 4　产销不平衡问题的运价表与平衡表

收点	发点			发量	发点		
	B1	B2	B3		B1	B2	B3
A1				10	5	1	7
A2				80	6	4	6
A3				15	3	2	5
需求量	75	20	50				

5. 某游泳队教练需要选派一组运动员去参加 4×200 米混合接力赛,候选的运动员有甲、乙、丙、丁、戊 5 位,他们游仰泳、蛙泳、蝶泳和自由泳的成绩,根据统计资料平均值(以秒计)如表 5 所示。教练员应选派哪 4 个运动员,各游哪种泳姿,才能使总成绩最好?

表 5　5 名运动员 4 种泳姿的成绩(时间)

泳姿	甲	乙	丙	丁	戊
仰泳	37.7	32.9	33.8	37.0	35.4
蛙泳	43.4	33.1	42.2	34.7	41.8
蝶泳	33.3	28.5	38.9	30.4	33.6
自由泳	29.2	26.4	29.6	28.5	31.1

6. 畜产品公司计划在市区的东、西、南、北 4 区建立销售门市部,拟议中有 10 个位置可供选择。考虑到各地区居民的消费水平及居民居住密集程度,规定:

（1）在东区 A1、A2、A3 三个点至多选择两个；

（2）在西区 A4、A5 两个点中至少选择一个；

（3）在南区 A6、A7 两个点中至少选择一个；

（4）在北区 A8、A9、A10 三个点中至多选择两个。

$Ai(i=1,2,3,4,5,6,7,8,9,10)$ 各点的设备投资及每年可获利润由于地点不同而不同，预测情况如表 6 所示。

表 6　不同区位投资额和利润表　　　　　　　　　　　　　　　　　单位：万元

位置	A1	A2	A3	A4	A5	A6	A7	A8	A9	A10
投资额	100	120	150	80	70	90	80	140	160	180
利润	36	40	50	22	20	30	25	48	58	61

第 4 章 数列与差分方程模型

在自然界和人类社会中,变化无所不在。在我们目光所及范围内,总能发现变化的事物。数学正是研究事物发展变化的有效手段。事物的变化往往又是相互关联的,函数正是研究不同量变化之间相互关系的一种有力数学工具。当我们研究某种离散量的变化规律时,一种特殊的函数——数列就是合适的数学工具,而差分方程模型就是最有效的数学模型。

斐波那契(Fibonacci)兔子数就是一个很好的例子。意大利比萨的莱昂纳多,他的另一个名字斐波那契更是为人所知,通常被认为是中世纪最伟大的数学家之一。他在 1202 年完成的一部书得益于阿拉伯和印度计数法,提出了许多数学问题,其中引起后人兴趣的是这样的一个问题:年初时出生一对兔子,这对兔子 2 个月后有生殖能力。若每月每对兔子会生产一对幼兔,到年底一共会有多少对兔子?

我们假设兔子没有死亡,最初 4 个月的兔子数变化的情况可以从图 4-1 中看出。图中,深色的表示有生殖力的兔子。在每个框中,同一对兔子都处在固定的位置上。

在代表每个月的框的顶部的那对兔子就是最初的一对。假设年初时它们刚出生,因此在第 2 个月末就生育一对幼兔,而且以后每个月都生育一对幼兔。第 2 个月末出生的那对兔子,直到第 4 个月才会生育。

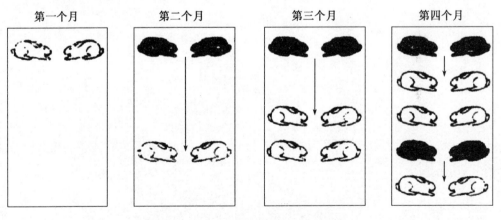

| 第一个月 | 第二个月 | 第三个月 | 第四个月 |

图 4-1 最初 4 个月的兔子数变化的情况

令 x_k 为 k 月末兔子的对数,从图 4-1 中可以看出:

$$x_1 = 1, x_2 = 2, x_3 = 3, x_4 = 5$$

用同样的方法可以一个月一个月地画下去,相继得到第 5 个月末至第 12 个月末的兔子对数:

$$x_5, x_6, x_7, x_8, x_9, x_{10}, x_{11}, x_{12}$$

从而解决了原来的问题,但这是很烦琐的。有效的方法是设法导出刻画任何一个月的兔子数是如何依赖于以前几个月兔子数的一般数学模型。

由于不考虑兔子的死亡,以兔子对为单位,应该有:本月末的兔子数等于上月末的兔子数加上本月内出生的兔子数。注意到兔子出生 2 个月后才有生育能力,所以本月内出的兔子数应等于 2 个月以前的兔子数。这样,本月末的兔子数就等于上月末的兔子数加上前一个月末的兔子数,用公式表示即为

$$x_k = x_{k-1} + x_{k-2}, k = 3, 4, 5, \cdots$$

这个方程通常称为斐波那契方程,但实际上是由开普勒首先将它写成这样形式的。

由斐波那契方程很容易得到

$$x_5 = x_4 + x_3 = 8, x_6 = x_5 + x_4 = 13, \cdots$$

最终得到 $x_{12} = 233$,即 1 年后兔子为 233 对。这就解决了斐波那契的问题。用这一方程,我们还可以继续预言 1 年以后各个月末的兔子数

$$x_{13}, x_{14}, \cdots$$

$x_k(k = 1, 2, \cdots)$ 称斐波那契数列,它给出了在离散的时间点即各月末的兔子对数。而斐波那契方程就是一个差分方程,它刻画了斐波那契数的本质特征。以后可以看到,从这一差分方程甚至可以得到斐波那契数的一般表达式:

$$x_k = \frac{1}{\sqrt{5}} \left[\left(\frac{1+\sqrt{5}}{2} \right)^{k+1} - \left(\frac{1-\sqrt{5}}{2} \right)^{k+1} \right], k = 1, 2, \cdots$$

本章主要讨论差分方程的一些基本性质、差分方程的解法,用差分方程模型解决一些实际问题,并研究差分方程解的一些有趣的形态。

4.1　数列和差分

一、数列

数列是用来描述某种数量是如何随着离散的时间变量、空间变量或其他离散变量变化的一种工具。例如,有一笔钱用于投资,它的价值是随时间变化的。我们考察它在每个月末的情况,用 V_1 表示它在投资后第 1 个月末的价值,用 V_2 表示它在投资后第 2 个月末的价值,……,用 V_k 表示它在投资后第 k 个月末的价值,那么

$$V_1, V_2, \cdots, V_k, \cdots$$

就是一个数列。又如,测量一条河的宽度。由于河的宽度随着位置的不同而变化,我们测量距河的起点 1 千米处河的宽度为 w_1,2 千米处河的宽度为 w_2,…,k 千米处河的宽度为 w_k,…,则

$$w_1, w_2, \cdots, w_k, \cdots$$

又是一个数列。一般地,我们有如下的定义。

定义 1　若对任一正整数 k,有唯一的一个实数 x_k 与之对应,我们就称 $x_k(k = 1, 2, \cdots)$ 为一个数列,记为 $\{x_k\}$。

已经了解函数概念的读者不难发现,数列其实是一种特殊的函数,它的定义域限定为正整数(有时可扩充为非负整数)。

有时数列中 k 和 x_k 的对应关系可以用数学公式明显地表示出来,这种公式称为通项公式。

定义 2 当 k 越来越大时,数列 $\{x_k\}$ 中的元素 x_k 越来越无限地接近一个实数 A,我们称 A 为数列 x_k 的极限,记作

$$\lim_{k\to\infty} x_k = A$$

二、差分

数列相邻两项之差构成的一个新的数列,称为差分数列,简称差分。数列的差分对研究数列的性质通常是有帮助的。下面我们给出差分的严格定义。

定义 3 设 $X = \{x_k\}$ 为一数列,

$$x_{k+1} - x_k, k = 1, 2, \cdots$$

构成的数列称为 X 的差分数列,简称为差分,记为 ΔX,并记

$$x_{k+1} - x_k = \Delta x_k, k = 1, 2, \cdots$$

称 Δ 为差分算子。

显然有

$$\Delta X = \{\Delta x_k\} = \{x_2 - x_1, x_3 - x_2, \cdots, x_{k+1} - x_k, \cdots\}$$

例 1 若 $\{x_k\} = \{2, 5, 10, 17, 26, \cdots\}$,则有

$$\{\Delta x_k\} = \{3, 5, 7, 9, \cdots\}$$

对差分数列再做一次差分,称为二阶差分,如数列 $X = \{x_k\}$ 的差分为 $\Delta X = \{\Delta x_k\} = \{x_2 - x_1, x_3 - x_2, \cdots, x_{k+1} - x_k, \cdots\}$,再做一次差分后得到一个新的数列 $\{x_3 - 2x_2 + x_1, x_4 - 2x_3 + x_2, \cdots, \}$,记为 $\Delta^2 X$。

例 2 若 $\{x_k\} = \{2, 5, 10, 17, 26, \cdots\}$,则

$$\{\Delta x_k\} = \{3, 5, 7, 9, \cdots\}$$

$$\{\Delta^2 x_k\} = \{2, 2, 2, \cdots\}$$

类似地,可以定义三阶差分、四阶差分等高阶差分。

已知数列的通项公式,即可求得差分数列的通项公式。如例 1 中的数列 $\{x_k\}$ 的通项公式是

$$x_k = k^2 + 1$$

显然有

$$\Delta x_k = x_{k+1} - x_k = \left[(k+1)^2 + 1\right] - \left[k^2 + 1\right] = 2k + 1$$

而

$$\Delta^2 x_k = \Delta x_{k+1} - \Delta x_k = 2$$

这就简单地获得了例 1 的结果。

我们还有以下命题。

命题 1 若对数列 $\{x_k\}$,$x_k = ck + b$ 对一切 $k = 1, 2, \cdots$ 成立,其中 c、b 为常数,则

$$\Delta x_k = c, k = 1,2,\cdots$$

成立;反之,若 $\Delta x_k = c(k=1,2,\cdots)$ 成立,则必存在常数 b,使得

$$x_k = ck + b, k = 1,2,\cdots$$

命题 2　若对数列 $\{x_k\}$,$x_k = \dfrac{1}{2}ck^2 + dk + b(k=1,2,\cdots)$ 成立,则对一切正整数 k

$$\{\Delta^2 x_k\} = c$$

成立;反之,若对一切正整数 k,$\{\Delta^2 x_k\} = c$ 成立,则必存在常数 d、b,使得

$$x_k = \frac{1}{2}ck^2 + dk + b, k = 1,2,\cdots$$

三、用差分刻画变化趋势

若对数列 $\{x_k\}$,不等式 $x_l < x_{l+1}$ 成立,即数列在其第 l 项有增加的趋势,我们称数列在第 l 项处是增加的。这一性质可用 $\Delta x_l > 0$ 来刻画。同样,若不等式 $x_l > x_{l+1}$ 成立,称数列在其第 l 项处是减小的,此时 $\Delta x_l < 0$ 成立。若 $x_l < x_{l+1}, x_l \leqslant x_{l-1}$ 成立,称数列 $\{x_k\}$ 在第 l 项达到相对极小。这一性质也可以用 $\Delta x_l > 0, \Delta x_{l-1} \leqslant 0$ 来刻画。同样,若 $x_l > x_{l+1}, x_l \geqslant x_{l-1}$ 成立,称数列 $\{x_k\}$ 在第 l 项达到相对极大。这一性质可用 $\Delta x_l < 0, \Delta x_{l-1} \geqslant 0$ 来刻画。

若 $x_l > \dfrac{1}{2}(x_{l-1} + x_{l+1})$ 成立,称数列 $\{x_k\}$ 在第 l 项处为上凸的。这一性质可用 $\Delta x_{l-1} > \Delta x_l$ 或 $\Delta^2 x_{l-1} < 0$ 来刻画。同样,若 $x_l < \dfrac{1}{2}(x_{l-1} + x_{l+1})$ 成立,称数列 $\{x_k\}$ 在第 l 项处是下凸的。这一性质可以用 $\Delta x_{l-1} < \Delta x_l$ 或 $\Delta^2 x_{l-1} > 0$ 来刻画。

若数列经过第 l 项由上凸变为下凸或由下凸变为上凸,称数列 $\{x_k\}$ 在 l 项处有一个拐点,这一性质可用 $\Delta^2 x_{l-2} \Delta^2 x_l < 0$ 来刻画。

图 4-2 给出了数列凸性和拐点图形。若将 $\{x_k\}$,$\{\Delta x_k\}$ 和 $\{\Delta^2 x_k\}$ 列在同一表中,数列的变化趋势就十分明显地呈现出来了。

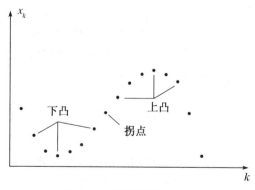

图 4-2　数列凸性和拐点

例 3　讨论数列 $\{x_k\} = \{k^2 - 4k + 3\}$ 的性质。

解　计算 $\{x_k\}$ 的差分和二阶差分,并将 k、x_k、Δx_k、$\Delta^2 x_k$ 列表,如表 4-1 所示。

表 4-1 差分表

k	x_k	Δx_k	$\Delta^2 x_k$	k	x_k	Δx_k	$\Delta^2 x_k$
1	0	-1	2	5	8	7	2
2	-1	1	2	6	15	9	
3	0	3	2	7	24		
4	3	5	2				

由表 4-1 可见,$\Delta x_l < 0$。因此,在 $l = 1$ 处数列是减小的。对 $l = 2 、3 、4 、5 、6$,$\Delta x_l > 0$,故在 $l = 2 、3 、4 、5 、6$ 处数列是增加的。又由 $\Delta x_1 < 0 , \Delta x_2 > 0$,故在第 2 项即 x_2 达到相对极小。又因 $\Delta^2 x_k = 2 > 0$,数列在各处均为下凸的。

4.2 差分方程的基本概念

一、差分方程及其分类

差分方程可以定义为从某一项开始,数列中的项用数列前若干项表示的一种规则。若这一规则表现为用数列的第 $k-1$ 项表示数列的第 k 项(表达中亦可能包含 k 本身),则称此差分方程为一阶差分方程。一旦给定此数列 $\{x_k\}$ 的第 1 项 x_1,差分方程就可以唯一决定数列的其余项。

x_1 的给定值称为初始条件,而得到的数列称为解。

例 1 $x_k = k(x_{k-1})^2 , k = 2 , 3 , \cdots$ 一个一阶差分方程,若给定初始条件 $x_1 = 1$,试决定解的前 5 项。

解 由差分方程,用 x_1 代入方程右端可得 x_2。同样,由 x_2 可得 x_3。这样可依次得 $x_k (k = 2 , 3 , 4 , 5)$:

$$x_2 = 2 , x_3 = 12 , x_4 = 576 , x_5 = 1\ 658\ 880$$

若差分方程是用数列的第 $k-1$ 项和第 $k-2$ 项表示数列的第 k 项,则称此差分方程是二阶差分方程。此时一旦 x_1 和 x_2 给定,由差分方程可以唯一的决定数列 $\{x_k\}$ 中其余各项。x_1 和 x_2 的给定值称为二阶差分方程的初始条件,斐波那契差分方程

$$x_k = x_{k-1} + x_{k-2} , k = 3 , 4 , 5 , \cdots$$

就是一个二阶差分方程。若给定初始条件 $x_1 = 1 , x_2 = 1$,我们就可得到此方程的解,即斐波那契数列。

类似地,我们可以定义三阶、四阶甚至更高阶的差分方程。

若差分方程是关于数列元素的线性表达式,则该差分方程是线性差分方程,否则差分方程是非线性的。例题中的差分方程是非线性的,而斐波那契差分方程是线性的。

若差分方程中数列元素的系数不随 k 而改变,则称此差分方程是常系数差分方程,否则就称为变系数差分方程。例题中的差分方程是变系数差分方程,而斐波那契差分方程是常系数差分方程。

若线性差分方程各项均包含未知数列的元素,则称它为齐次差分方程,否则差分方程称为非齐次差分方程。

二、差分方程的解

若已知差分方程及其初始条件,可以通过递推的方法依次求得未知数列的各项,这种方法称为迭代。但这一方法存在着明显的缺点,即计算量很大。有时从差分方程中可以设法求出未知数列的通项表达式,这种通项表达式就称为解析解或封闭形式的解。

例如,$x_k = \dfrac{1}{\sqrt{5}}\Big[\Big(\dfrac{1+\sqrt{5}}{2}\Big)^{k+1} - \Big(\dfrac{1-\sqrt{5}}{2}\Big)^{k+1}\Big], k = 1,2,\cdots$

就是差分方程

$$x_k = x_{k-1} + x_{k-2}, k = 3,4,5,\cdots$$

的解析解,将此通项表达式代入差分方程,将使它变成对任何 k 成立的恒等式。

差分方程的通解是包含任意常数的解,代入特定的初始条件后就得到对应于此初始条件的解,称为特解。

例 2　考察差分方程

$$x_k - 2x_{k+1} + x_{k+2} = 1, k = 1,2,\cdots$$

解　不难看出它就是 $\Delta^2 x_k = 1$,由 4.1 节命题 2 可知

$$x_k = \frac{1}{2}k^2 + dk + b$$

是它的解,其中 d 和 b 是任意常数。这个解是一个通解。若给定初始条件为 $x_1 = 2.5$, $x_2 = 5$,将其代入上式通解就得到

$$x_1 = \frac{1}{2} + d + b = 2.5$$
$$x_2 = 2 + 2d + b = 5$$

即 d 和 b 满足

$$d + b = 2$$
$$2d + b = 3$$

解得

$$d = b = 1$$

从而

$$x_k = \frac{1}{2}k^2 + k + 1$$

就是对应于上述初始条件的特解。

差分方程的常数解即与 k 无关的解称为平衡解。例如差分方程

$$x_{k+1} = x_k^2, k = 1,2,\cdots$$

若有常数解,即有形如

$$x_k = S, k = 1,2,\cdots$$

的解,代入差分方程得

$$S = S^2$$

因此,S 只能取值 $0,1$。

三、一阶常系数线性差分方程

一阶常系数线性差分方程的一般形式是

$$x_{k+1} = rx_k + b, k = 0,1,2,\cdots \tag{1}$$

其中 r、b 是与 k 无关的常数,它属于少数可以得到解析解的差分方程。为求出该方程的通解,先考察差分方程

$$x_{k+1} = rx_k, k = 0,1,2,\cdots \tag{2}$$

即方程(1)对应的齐次方程。

不难看出,齐次方程(2)的通解是

$$x_k = r^k C$$

其中 C 是一个任意常数。

再来考察非齐次方程的平衡解。设 $x_k = S$ 是一个平衡解,代入方程得

$$S = rS + b$$

当 $r \neq 1$ 时可解得

$$S = \frac{b}{1-r}$$

我们将齐次方程(2)的通解和上述平衡解求和,得到一个数列

$$x_k = r^k C + \frac{b}{1-r}, k = 0,1,2,\cdots$$

不难验证这一数列满足一阶常系数非齐次差分方程(1),亦即它是方程(1)的一个通解。

当 $r = 1$ 时,方程(1)通解是

$$x_k = C + kb$$

于是我们可以将式(1)的通解写成

$$x_k = x_{k+1} = \begin{cases} r^k C + \dfrac{b}{1-r}, & r \neq 1 \\ C + kb, & r = 1 \end{cases} \quad k = 0,1,2,\cdots$$

给定 x_0 的值作为初始条件,我们就可以决定 C,从而得到所求的特解。

四、斐波那契差分方程

我们已经给出了斐波那契差分方程

$$x_{k+2} = x_{k+1} + x_k, k = 1,2,\cdots$$

满足初始条件 $x_1 = x_2 = 1$ 的解析解的表达式,现在我们介绍它是如何导出的。

首先,我们试探求形如

$$x_k = a^k$$

的指数形式的解,将它代入方程后得

$$a^2 - a - 1 = 0$$

此方程有两个根

$$a_{1,2} = \frac{1 \pm \sqrt{5}}{2}$$

因此

$$\left(\frac{1+\sqrt{5}}{2} \right)^k, \left(\frac{1-\sqrt{5}}{2} \right)^k$$

都是斐波那契方程的解。令

$$x_k = C_1 \left(\frac{1+\sqrt{5}}{2} \right)^k + C_2 \left(\frac{1-\sqrt{5}}{2} \right)^k \tag{3}$$

它也是斐波那契差分方程的解，其中 C_1、C_2 是任意常数。这个结论实际上有一般性，即设 x_k、y_k 是同一个线性齐次差分方程的两个解，则对任意常数 C_1、C_2，$z_k = C_1 x_k + C_2 y_k$ 也是该差分方程的解。

将 $x_1 = x_2 = 1$ 代入式（3），得到关于 C_1、C_2 的线性代数方程组

$$\begin{cases} C_1 \left(\frac{1+\sqrt{5}}{2} \right) + C_2 \left(\frac{1-\sqrt{5}}{2} \right) = 1 \\ C_1 \left(\frac{3+\sqrt{5}}{2} \right) + C_2 \left(\frac{3-\sqrt{5}}{2} \right) = 1 \end{cases}$$

求得

$$C_1 = \frac{1}{\sqrt{5}}, C_2 = -\frac{1}{\sqrt{5}}$$

即 $x_k = \frac{1}{\sqrt{5}} \left[\left(\frac{1+\sqrt{5}}{2} \right)^k - \left(\frac{1-\sqrt{5}}{2} \right)^k \right]$。

4.3 一阶线性常系数差分方程模型

一、金融和经济模型

差分方程在金融和经济领域中有广泛的应用，下面给出几个例子。

例1 设某种货币 1 年期存款的利率为 r（年利率）。若存入 P 元，过 n 年取出，可得本利和为多少？

解 按照银行规定，1 年期的存款结算期为 1 年。存款到期后（满 1 年）即进行利息的结算。若不取出，银行自动将本息一起（即本利和）作为本金再转存 1 年。令 S_k 为第 k 年末的本利和，则 $k+1$ 年末的本利和 S_{k+1} 应满足

$$S_{k+1} = S_k + r S_k = S_k(1+r), k = 0, 1, 2, \cdots$$

这是一个一阶线性齐次常系数差分方程，其通解为

$$S_k = (1+r)^k C$$

其中 C 为任意常数。将初始条件

$$S_0 = P$$

代入通解，即得

$$S_0 = C = P$$

所以

$$S_k = P(1+r)^k$$

存款 n 年，本利和为

$$S_n = P(1+r)^n$$

这就是复利的本利和公式。

例2 同学小张的家中用住房公积金贷款购买三室一厅的新房，银行职员告诉小张的妈妈：1999 年 6 月起 10 年还清的公积金贷款的月利率为 3.6‰，如贷款 1 万元，在 10 年内每个月的月末都要还银行 102.77 元。小张不知道这是怎么计算出来的，就去请教数学老师。下面就是老师给小张的解答。

解 设 x_k 为 k 月末尚欠银行的金额，记 10 年期借款的月利率为 I，每月的还款额为 A，贷款额为 L。下一月末欠银行的金额应等于上月末尚欠银行的金额加上 1 个月的利息并减去当月的还款额，即

$$x_{k+1} = x_k + I \cdot x_k - A$$

或

$$x_{k+1} = x_k(1+I) - A, k = 1, 2, \cdots, 120$$

这是一个一阶线性差分方程。用上一节关于一阶线性差分方程解的表达式，应有

$$x_k = (1+I)^k \cdot C + A/I$$

其中 C 是待定常数。注意到 x_0 表示最初欠银行的钱，即

$$x_0 = L$$

代入解 x_k 的表达式中得

$$L = C + A/I$$

解得

$$C = L - A/I$$

所以

$$x_k = (1+I)^k \cdot (L - A/I) + A/I = L(1+I)^k + \frac{A}{I}[1 - (1+I)^k]$$

假设在 k 个月末全部还清贷款，即 $x_k = 0$ 成立，应有

$$L(1+I)^k + \frac{A}{I}[1 - (1+I)^k] = 0$$

因此

$$A = \frac{L \cdot I}{1 - (1+I)^{-k}}$$

这就是计算每月还款额的公式。对于小张家的公积金贷款，$L = 10\,000$ 元，$k = 120$ 月，$I = 0.003\,6$，将其代入上式得

$$A = \frac{10\,000 \times 0.003\,6}{1 - 1.003\,6^{-120}} \approx 102.77(元)$$

二、环保、犯罪学和考古模型

例 3　污水处理厂通过清除污水中的污染物获得清洁用水并生产肥料。该厂的污水处理装置每小时从处理池清除掉 12% 的污染残留物。一天后,还有百分之几的污染物残留在池中? 使污染物减半要多长时间? 要降到原来含污染物的水平的 10% 要多长时间?

解　设污水中污染物的初始含量为 S_0。又设 k 小时后残留在污水池中的污染物含量为 S_k,我们可以建立如下数学模型:

$$S_{k+1} = S_k - 0.12S_k = 0.88S_k$$

这是一个差分方程模型,这个差分方程的解为

$$S_k = 0.88^k S_0$$

一天后的污染物含量为 S_{24},于是

$$S_{24} = 0.88^{24} S_0 \approx 0.0465 S_0$$

所以,含污染物量降低了 95% 以上。

当污染物减半时,应使

$$S_k = 0.5 S_0 = 0.88^k S_0$$

成立,即

$$0.88^k = 0.5$$

解得

$$k = \frac{\lg 0.5}{\lg 0.88} \approx 5.42$$

即约经过 5.42 小时污染物减半。

要使污染物降低到原来的 10%,应使

$$0.88^k S_0 = 0.1 S_0$$

成立,解得

$$k = \frac{\lg 0.1}{\lg 0.88} \approx 18.0$$

即约需要 18 小时。

例 4　一活水湖上游有固定流量的水流入,同时水通过下游河道流出,湖水体积保持在 200 万立方米左右。由于受到污染,湖水中某种不能自然分解的污染物浓度达到 0.2 克/米³。目前上游的污染已得到治理,流入湖中的水已不含该污染物,但湖周围每天仍有 50 克这种污染物进入湖中,环保机构希望湖水水质达到含污染物不超过 0.05 克/米³ 的标准。若不采取其他治污措施,则需要多少时间湖水可以达标(上游污染停止 1 天后测得湖水中该污染物浓度为 0.199875 克/米³)?

解　设流入(出)的水量为 q(米³/天),湖水体积为 V(米³), C_k 为上游污染停止 k 天后湖中该污染物的浓度。我们有

$$VC_{k+1} - VC_k = 50 - qC_k$$

以及 $C_0 = 0.2$ 克/米³, $C_1 = 0.199875$ 克/米³,从而 C_k 满足以下差分方程:

$$\begin{cases} C_{k+1} = \left(1 - \dfrac{q}{V}\right)C_k + \dfrac{50}{V} \\ C_0 = 0.2 \end{cases}$$

由此可解得

$$C_k = \left(1 - \frac{q}{2 \times 10^6}\right)^k \left(0.2 - \frac{50}{q}\right) + \frac{50}{q}$$

用 $C_1 = 0.199\,875$ 代入上式,得 q 满足的方程

$$0.199\,875 = \left(1 - \frac{q}{2 \times 10^6}\right)\left(0.2 - \frac{50}{q}\right) + \frac{50}{q}$$

因此

$$q = \frac{2 \times 10^6}{0.2} \times \left(0.2 + \frac{50}{2 \times 10^6} - 0.199\,875\right) \approx 1\,500\,(\text{米}^3/\text{天})$$

代入 C_k 的表达式,得

$$C_k = 0.999\,25^k \times \frac{1}{6} + \frac{1}{30}$$

再由 $C_k = 0.05$,得到关于 k 的方程 $0.05 = 0.999\,25^k \times \dfrac{1}{6} + \dfrac{1}{30}$,得

$$0.1 = 0.999\,25^k$$

从而

$$k = \frac{\lg 0.1}{\lg 0.999\,25} \approx 3\,068.96$$

即约需 3 069 天湖水可以达标。

例5 物体温度下降服从牛顿定律:物体温度下降的速度正比于物体和外界的温差。设 t_k 表示物体第 k 分钟时的温度,牛顿传热定律可以写成:

$$t_{k+1} - t_k = -a(t_k - t_e)$$

式中:t_e 为外界温度;a 为比例系数,称为牛顿传热系数。有一罐 25 摄氏度的饮料放入冰箱的冷藏室内,若冷藏室的温度为 10 摄氏度,设牛顿传热系数 $a = 0.008\,1$,则需多长时间饮料可以下降至 18 摄氏度?

解 $t_e = 10$ 摄氏度,$t_0 = 25$ 摄氏度,由牛顿传热定律,有

$$t_{k+1} = 0.991\,9t_k + 0.081$$

此差分方程的通解为

$$t_k = 0.991\,9^k \cdot C + 10$$

利用初始条件

$$25 = C + 10$$

因此

$$t_k = 0.991\,9^k \cdot 15 + 10$$

由

$$18 = t_k = 0.991\,9^k \cdot 15 + 10$$

得

$$0.991\ 9^k = \frac{8}{15}$$

解得

$$k = \frac{\lg \dfrac{8}{15}}{\lg 0.991\ 9} \approx 77.29(\text{分钟})$$

即约需要 77.29 分钟才能冷却至 18 摄氏度。

4.4　一阶非线性差分方程和差分方程组

一、一阶非线性差分方程模型

在研究生物群体总数的变化时,在生物群体赖以生存的资源没有限制时,生物总数的增长速度是与当时生物总数成正比的。令 x_k 表示经过 k 个单位时间后生物的总数,那么就应该有

$$x_{k+1} - x_k = rx_k$$

或

$$x_{k+1} = (1+r)x_k$$

这是一个一阶齐次线性差分方程,称为马尔萨斯模型。它的解是

$$x_k = x_0 (1+r)^k, k = 1,2,\cdots$$

然而,当生物群体赖以生存的空间和资源有限制时,上述模型就失效了。例如,我们考察实验室中酵母菌的总重量随时间而增加的情况(参见表 4－2 和图 4－3)。

表 4－2　酵母菌总量与时间变化

时间/小时	观察酵母生物量 x_n	生物量变化 $(x_n - x_{n-1})$	时间/小时	观察酵母生物量 x_n	生物量变化 $(x_n - x_{n-1})$
0	9.6		10	513.3	72.3
1	18.3	8.7	11	559.7	46.4
2	29.0	10.7	12	594.8	35.1
3	47.2	18.2	13	629.4	34.6
4	71.1	23.9	14	640.8	11.4
5	119.1	48.0	15	651.1	10.3
6	174.6	55.5	16	655.9	4.8
7	257.3	82.7	17	659.6	3.7
8	350.7	93.4	18	661.8	2.2
9	441.0	90.3			

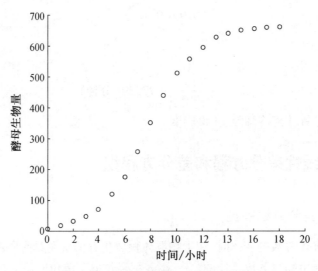

图 4-3　酵母生物量与时间关系离散图

从表 4-2 和图 4-3 可见,酵母菌的总重量大约不超过 665 个单位。若还用前述生物总量的增加速度正比于当时的生物总量作为数学模型,则比例系数 r 必须随酵母总重量的变化而变化,即应有

$$x_{k+1} - x_k = r(x_k)x_k$$

$r(x_k)$ 应满足这样的条件:当 x_k 增加时,$r(x_k)$ 减小;当 $x_k = 665$ 时,$r(x_k) = 0$。这种函数的最简单形式是 $r(x_k) = r_0(655 - x_k)$,即数学模型为

$$x_{k+1} - x_k = r_0(655 - x_k)x_k$$

为验证这一点,我们用表 4-3 和图 4-4 表示观测到的 $x_{k+1} - x_k$ 与 $(655 - x_k)x_k$ 之间的关系。

表 4-3　$x_{k+1} - x_k$ 与 $(655 - x_k)x_k$ 关系表

$x_{k+1} - x_k$	$(655 - x_k)x_k$	$x_{k+1} - x_k$	$(655 - x_k)x_k$
8.7	6 291.84	72.3	98 784.00
10.7	11 834.61	46.4	77 867.61
18.7	18 444.00	35.1	58 936.41
23.9	29 160.16	34.6	41 754.96
48	42 226.29	11.4	2 406.64
55.5	65 016.69	10.3	15 507.36
82.7	85 623.84	4.8	9 050.29
93.4	104 901.21	3.7	5 968.69
90.3	110 225.01	2.2	3 651.84

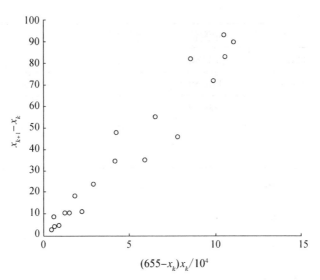

图4－4　$x_{k+1}-x_k$ 与 $(655-x_k)x_k$ 关系图

可以发现,图4－4中各点分布在一条过原点的直线的周围,这说明 $x_{k+1}-x_k$ 和 $(655-x_k)x_k$ 成比例关系。上述直线的斜率为0.000 82。这样,数学模型就成为

$$x_{k+1}-x_k=0.000\ 82(655-x_k)x_k$$

为验证此模型是否正确,我们用初始时刻的观察值9.6作为初始值,即 $x_0=9.6$,然后将上述差分方程模型化为

$$x_{k+1}=x_k+0.000\ 82(665-x_k)x_k$$

将 $x_0=9.6$ 代入上式右边,得

$$\begin{aligned}x_1&=x_0+0.000\ 82(655-x_0)x_0\\&=9.6+0.000\ 82\times(655-9.6)\times9.6\\&\approx14.76\end{aligned}$$

再用 x_1 以同样方法求出 x_2,……将得到的结果与观察的结果列在表4－4上,并画在图4－5中。不难看出,数值模拟结果与观察值不仅变化趋势吻合,数值误差也是较小的,这说明这样建立的差分方程模型是合理的。

表4－4　观测值与预测值

时间/小时	观察值	预测值	时间/小时	观察值	预测值
0	9.6 9.6		10 10	513.3 513.3	441.6 441.6
1	18.3	14.76	11	559.7	497.13
2	29.0	22.63	12	594.8	565.56
3	47.2	34.55	13	629.4	611.68
4	71.1	52.74	14	640.8	638.42

时间/小时	观察值	预测值	时间/小时	观察值	预测值
5	119.1	78.74	15	651.1	652.34
6	1 746	116.59	16	655.9	659.11
7	257.3	169.02	17	659.6	662.29
8	350.7	237.76	18	661.8	663.76
9	141.1	321.67			

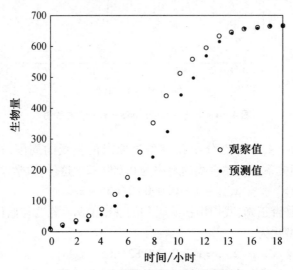

图 4-5　生物量的观测值与预测值

二、非线性差分方程的求解（迭代法）

在上一段中我们以酵母菌为例，建立了描述在有限资源的情况下，生物总数满足的差分方程为

$$x_{k+1} - x_k = r_0(b - x_k)x_k$$

这个数学模型称为逻辑斯蒂方程，展开后为

$$x_{k+1} = x_k + r_0 b x_k - r_0 x_k^2 \tag{4}$$

显然，这是一个非线性差分方程。这样的差分方程一般是得不到解析解的，通常我们用迭代法来求解，即利用初始条件 x_0 代入 $k=0$ 时差分方程（4）的右端求得 x_1，再将 x_1 代入 $k=1$ 时差分方程（4）的右端求得 x_2，……依次类推，对任意给定的 k，通过 k 次迭代就可以求得 x_k。

例1　设有一生长资源有限制的生物种群，其总数满足 $r_0 = 0.000\ 1$、$b = 10\ 000$ 的逻辑斯蒂方程，即

$$x_{k+1} = 2x_k - 0.000\ 1 x_k^2$$

分别设 $x_0 = 50$、$x_0 = 12\ 000$，试求该生物种群总数的变化规律。

解　以 $x_0 = 50$ 开始迭代，得到数列

$$\{x_k\} = \{50, 99.75, 198.5, 393, 770, 1\,482, 2\,744, 4735, 7\,228, \cdots\}$$

其图形如图 4-6 所示。类似地,从 $x_0 = 12\,000$ 开始迭代,可得另一数列 $\{x_k\}$,其图形如图 4-7 所示。

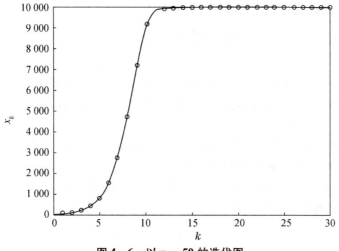

图 4-6　以 $x_0 = 50$ 的迭代图

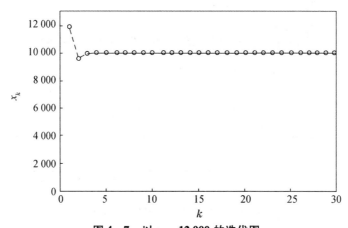

图 4-7　以 $x_0 = 12\,000$ 的迭代图

不难发现,虽然这两种情形的初始条件不同,但两个解数列的极限均为 10 000。

对某些问题,如生物种群中的生物总数问题,我们更关心的是生物种群总数的变化趋势,而不是某个具体时刻生物总数的具体数值。这就是需要了解当 $k \to \infty$ 时,差分方程的解数列 $\{x_k\}$ 的极限形态。若逻辑斯蒂方程的解数列 $\{x_k\}$ 有极限 A,即

$$\lim_{k \to \infty} x_k = A$$

成立,我们来看 A 应满足什么样的条件。为逻辑斯蒂方程两边取极限得

$$A = A + r_0 bA - r_0 A^2$$

说明 A 是该差分方程的平衡解(与 k 无关的解),即 A 满足

$$r_0 (b - A) A = 0$$

这个方程有两个解:$A_1 = b, A_2 = 0$。

当 $b = 10\,000$，我们已经看到

$$\lim_{k \to \infty} x_k = 10\,000$$

所以，平衡解 $10\,000$ 是 $\{x_k\}$ 当 k 趋于无穷大时的极限，而另一平衡解 0 不是 $\{x_k\}$ 的极限。受这一事实启发，我们给出如下定义。

定义 若关于 $\{x_k\}$ 的差分方程有平衡解 A，且

$$\lim_{k \to \infty} x_k = A$$

成立，就称 A 为差分方程的一个稳定平衡解，否则 A 就是不稳定的平衡解。

差分方程解的极限形态与差分方程的系数有紧密联系，我们用以下例子揭示这一事实。

例2 设差分方程 $x_{k+1} = (1+r)(x_k - x_k^2)$ 的初始条件为 $x_0 = 0.2$。试分别对 $r = 1.9$、$r = 2.4$、$r = 2.55$、$r = 2.7$ 讨论解的极限形态。

解 对 4 个不同的 r 值分别进行 40 次迭代，分别画出它们的图像，并将邻近两点用直线连接，分别如图 4-8 至 4-11 所示。

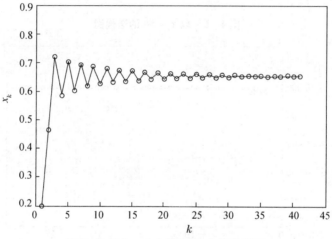

图 4-8　以 $r = 1.9$ 迭代 40 次的结果图

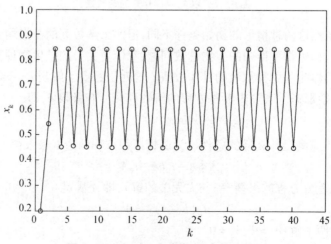

图 4-9　以 $r = 2.4$ 迭代 40 次的结果图

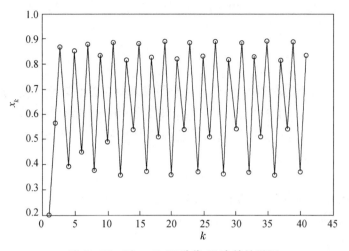

图 4-10　以 $r = 2.55$ 迭代 40 次的结果图

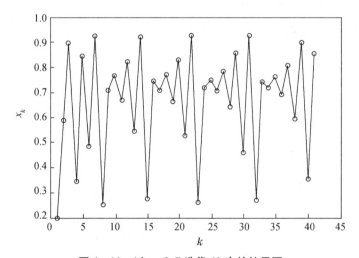

图 4-11　以 $r = 2.7$ 迭代 40 次的结果图

注意到此差分方程的平衡解满足 $A = (1 + r)(A - A^2)$，解得

$$A_1 = \frac{r}{1 + r}, A_2 = 0$$

对 $r = 1.9, A_1 \approx 0.65$。由图 4-8 可见，解数列越来越趋于该平衡解。对 $r = 2.4$，从图 4-9 看出，经过几次迭代，$\{x_k\}$ 的值在两个近似为 0.42 和 0.82 的值之间上下振荡，这种振荡称为周期 2 循环。而当 $r = 2.55$ 时，从图 4-10 可以看出，经过几次迭代后，x_k 的值在 4 个值之间周期变化振荡，这种振荡称为周期 4 循环。

当 r 变化时，x_k 从有单个稳定平衡点到周期 2 振荡，再从周期 2 振荡到周期 4 振荡，这种现象称为分歧或分叉。

对上述几种情形，即使有周期性的振荡，但解的形态仍然是可以预测的。而当 $r = 2.7$ 时，从图 4-11 中已经无法发现解的规律和模式了，即使进行了更多次的迭代，仍然如此。这时,我们说差分方程的解出现了混沌的状态,这种现象是非线性问题特有的现象,是目前数学家研究的一个热点。

三、蛛网图

上一段我们用画迭代所得的数列 $\{x_k\}$ 的图像来刻画迭代求解差分方程的过程。另外,还有一种图解法能更清楚地看出迭代过程和差分方程的解数列如何趋近于平衡解的过程,因为画出的图形形状像蜘蛛网,故称这种图为蛛网图。我们先给出一个例子。

例3 对差分方程

$$C_{k+1} = -0.5C_k + 4, C_0 = -4$$

迭代过程从 C_k 得到 C_{k+1} 的过程可以看作通过函数方程

$$y = -0.5x + 4$$

由 x 得到 y 的过程。

解 建立直角坐标系 xoy,在其上画出 $y = -0.5x + 4$ 和 $y = x$ 的图像,从初值即 x 轴上 $x = C_0 = -4$ 这一点画一条垂直线与直线 $y = -0.5x + 4$ 交于一点,坐标为 $(-4, C_1)$。从这一点作水平线与 $y = x$ 交于一点,这点的坐标为 (C_1, C_1);再从这一点作垂直线与 $y = -0.5x + 4$ 交于一点,其高度为 C_2;这样继续下去,就得到如图 4-12 所示的蛛网图。

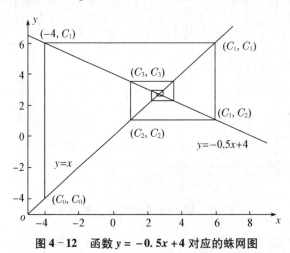

图 4-12 函数 $y = -0.5x + 4$ 对应的蛛网图

一般一阶差分方程可以写作

$$x_{k+1} = g(x_k)$$

其中 g 是一个已知函数,可以按以下步骤作它的蛛网图。

(1) 在同一坐标系中画出 $y = g(x)$ 和 $y = x$ 的图像;

(2) 从 x 轴上的初值作垂直线与 $y = g(x)$ 交于一点;

(3) 从这一交点作水平线与 $y = x$ 交于一点;

(4) 再从这一点作垂直线与 $y = g(x)$ 交于一点;

(5) 重复第(3)和第(4)的步骤直到获得足够密的蛛网图。

从蛛网图可以看出迭代数列是否趋于平衡解。平衡解实际上就是 $y = x$ 和 $y = g(x)$

的交点。

例4　对差分方程

$$x_{k+1} = (1+r)(x_k - x_k^2), x_0 = 0.2$$

画出 r 分别等于 1.9、2.4、2.55、2.7 时的蛛网图。

解　图 4-13 至 4-16 分别为对应于 $r=1.9$、$r=2.4$、$r=2.55$、$r=2.7$ 的蛛网图。

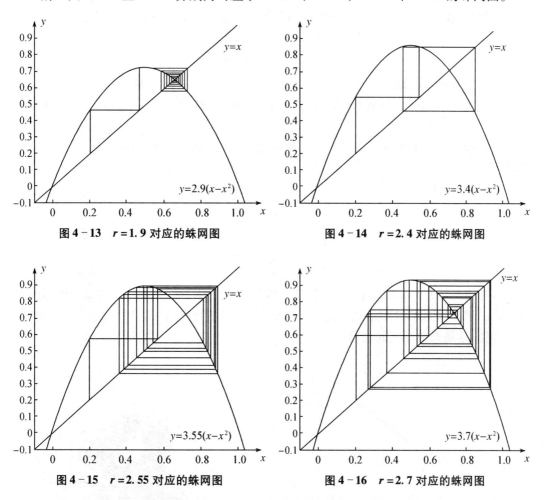

图 4-13　$r=1.9$ 对应的蛛网图　　　　图 4-14　$r=2.4$ 对应的蛛网图

图 4-15　$r=2.55$ 对应的蛛网图　　　图 4-16　$r=2.7$ 对应的蛛网图

从图 4-13 可以看出,当 $r=1.9$ 时,蛛网趋向于平衡解对应的点 $(0.65,0.65)$;当 $r=2.4$ 时,应有周期 2 循环的解,从图 4-14 可以看出,蛛网在 $(0.42,0.42)$,$(0.82,0.82)$ 两点为顶点的正方形上无限重叠;当 $r=2.55$ 时,从图 4-15 可见,蛛网在两个正方形上重叠无限次;当 $r=2.7$ 时,从图 4-16 可以发现有混沌现象,倍周期现象已不复存在。

四、差分方程组

有时我们需要研究两个数列之间的关系。例如,在同一地域有同一种动物的两个种群,分别用 x_k 和 y_k 表示第 k 个月末两种群的动物总数。由于两种群争夺资源,因此描述这两个种群动物总数变化的数学模型是

$$\begin{cases} x_{k+1} - x_k = (k_1 - k_3 y_k)x_k = k_1 x_k - k_3 x_k y_k \\ y_{k+1} - y_k = (k_2 - k_4 x_k)y_k = k_2 y_k - k_4 x_k y_k \end{cases}$$

这就是一个差分方程组。

若已知初始条件 x_0 和 y_0，我们可以用迭代的方法求出解数列 $\{x_k\}$ 和 $\{y_k\}$。有时也可以消去其中一个数列，化为单个差分方程来求解。

类似地，我们也可以定义平衡解，即与 k 无关的解 $x_k = X$、$y_k = Y$，它们满足

$$\begin{cases} (k_1 - k_3 Y)X = 0 \\ (k_2 - k_4 X)Y = 0 \end{cases}$$

这组方程有 4 组解：

$(X_1, Y_1) = (k_2/k_4, k_1/k_3)$，$(X_2, Y_2) = (k_2/k_4, 0)$，$(X_3, Y_3) = (0, k_1/k_3)$，$(X_4, Y_4) = (0, 0)$。

它们分别对应于两种群共存、第二种群灭绝、第一种群灭绝和两种群都灭绝 4 种情况。

对差分方程组：

$$\begin{cases} x_{k+1} = \dfrac{1}{3}x_k - \dfrac{\sqrt{3}}{3}y_k \\ y_{k+1} = \dfrac{\sqrt{3}}{3}x_k + \dfrac{1}{3}y_k \end{cases}$$

取初值 $x_0 = 0$、$y_0 = 2$ 进行迭代。将迭代得到的 (x_n, y_n)，$n = 1, 2, \cdots$ 作为直角坐标系中的点画出来。如图 4-17 所示这个图形和从气象问题中导出的"奇异吸引子"（图 4-18）十分相似，这是非常有趣的现象。

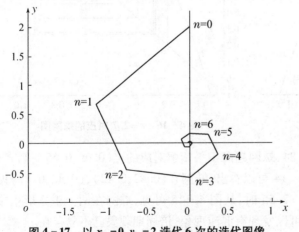

图 4-17　以 $x_0 = 0$、$y_0 = 2$ 迭代 6 次的迭代图像

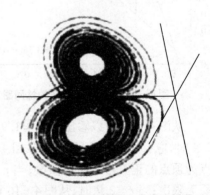

图 4-18　气象问题中奇异吸引子

实例1　减肥计划——节食与运动

您的体重正常吗？不妨用联合国世界卫生组织颁布的所谓体重指数（简记 BMI）衡量一下。BMI 定义为体重（单位：kg）除以身高（单位：m）的平方，规定 BMI 在 18.5 至 25

为正常,大于 25 为超重,超过 30 则为肥胖。据悉,我国有关机构针对东方人的特点,拟将上述规定中的 25 改为 24,30 改为 29。

在国人初步过上小康生活以后,不少自感肥胖的人纷纷奔向减肥食品的柜台。但大量事实说明,多数减肥食品达不到减肥的目的,或者即使能减肥一时,也难以维持下去。许多医生和专家的意见是,只有通过控制饮食和适当的运动,才能在不伤害身体的条件下达到减轻体重并维持下去的目的。本节要建立一个简单的体重变化规律的模型,并由此通过节食与运动制订合理、有效的减肥计划。

模型分析

通常,当体内能量守恒被破坏时就会引起体重的变化。人们通过饮食吸收热量,转化为脂肪等,导致体重增加;又由于代谢和运动消耗热量,引起体重减少。只要做适当的简化假设就可得到体重变化的关系。

减肥计划应以不伤害身体为前提,这可以用吸收热量不要过少、减少体重不要过快来表达。当然,增加运动量是加速减肥的有效手段,也要在模型中加以考虑。

通常,制订减肥计划以周为时间单位比较方便,所以这里用离散时间模型——差分方程模型来讨论。

模型假设

根据上述分析,参考有关生理数据,做出以下简化假设:

(1) 体重增加正比于吸收的热量,平均每 8 000 kcal(kcal 为非国际单位制单位,1 kcal = 4.2 kJ)增加体重 1 kg。

(2) 正常代谢引起的体重减少正比于体重,每周每千克体重消耗热量一般在 200 kcal 至 320 kcal 之间且因人而异,这相当于体重 70 kg 的人每天消耗 2 000 kcal 至 3 200 kcal。

(3) 运动引起的体重减少正比于体重,且与运动形式有关。

(4) 为了安全与健康,每周体重减少不宜超过 1.5 kg,每周吸收热量不要小于 10 000 kcal。

基本模型

记第 k 周末体重为 $w(k)$,第 k 周吸收热量为 $c(k)$,热量转换系数 $\alpha = 1/8\,000$ kg/kcal,代谢消耗系数 β(因人而异)。则在不考虑运动情况下体重变化的基本方程为

$$w(k+1) = w(k) + \alpha c(k+1) - \beta w(k), \quad k = 0,1,2,\cdots \tag{1}$$

增加运动时,只需将 β 改为 $\beta + \beta_1$,β_1 由运动形式和时间决定。

减肥计划的提出通过制订一个具体的减肥计划讨论模型(1)的应用。

某甲身高 1.7 m,体重 100 kg,BMI 高达 34.6。自述目前每周吸收 20 000 kcal 热量,体重长期不变。试为他按照以下方式制订减肥计划,使其体重减至 75 kg 并维持下去。

(1) 在基本上不运动的情况下安排一个两阶段计划,第一阶段:每周减肥 1 kg,每周吸收热量逐渐减少,直至达到安全的下限(10 000 kcal);第二阶段:每周吸收热量保持下限,减肥达到目标。

（2）若要加快进程，第二阶段增加运动，重新安排第二阶段计划。

（3）给出达到目标后维持体重的方案。

减肥计划的制订：

（1）首先应确定某甲的代谢消耗系数 β。根据他每周吸收 $c = 20\,000$ kcal 热量，体重 $w = 100$ kg 不变，由式（1）得

$$w = w + \alpha c - \beta w, \beta = \alpha c / w = 20\,000 / 8\,000 / 100 = 0.025$$

相当于每周每千克体重消耗热量 $20\,000 / 100 = 200$ kcal。从假设（2）可以知道，某甲属于代谢消耗相当弱的人。他又吃得那么多，难怪如此之胖。

第一阶段要求体重每周减少 $b = 1$ kg，吸收热量减至下限 $c_{\min} = 10\,000$ kcal，即

$$w(k) - w(k+1) = b, w(k) = w(0) - bk$$

由式（1）可得

$$c(k+1) = \frac{1}{\alpha}[\beta w(k) - b] = \frac{\beta}{\alpha} w(0) - \frac{b}{\alpha}(1 + \beta k)$$

将 α、β、b 的数值代入，并考虑下限 $c_{\min}$，有

$$c(k+1) = 12\,000 - 200k \geqslant c_{\min} = 10\,000$$

得 $k \leqslant 10$，即第一阶段共 10 周，按照

$$c(k+1) = 12\,000 - 200k, k = 0, 1, \cdots, 9 \tag{2}$$

吸收热量，可使得体重每周减少 1 kg，至第 10 周末达到 90 kg。

第二阶段要求每周吸收热量保持下限 $c_{\min}$。由式（1）可得

$$w(k+1) = (1 - \beta)w(k) + \alpha c_{\min} \tag{3}$$

为了得到体重减至 75 kg 所需的周数，将式（3）递推可得

$$w(k+n) = (1-\beta)^n w(k) + \alpha c_{\min}[1 + (1-\beta) + \cdots + (1-\beta)^{n-1}] \tag{4}$$

$$= (1-\beta)^n [w(k) - \alpha c_{\min} / \beta] + \alpha c_{\min} / \beta$$

已知 $w(k) = 90$，要求 $w(k+n) = 75$，再以 α、β、$c_{\min}$ 的数值代入式（4），有

$$75 = 0.975^n (90 - 50) + 50 \tag{5}$$

得到 $n = 19$，即每周吸收热量保持下限 $10\,000$ kcal；再有 19 周体重可减至 75 kg。

（2）为加快进程，第二阶段增加运动。通过调查资料得到以下各项运动每小时每千克体重消耗的热量（表 4-5）。

表 4-5　各项运动消耗热量

运动	跑步	跳舞	乒乓球	自行车（中速）	游泳（50 m/min）
热量消耗/kcal	7.0	3.0	4.4	2.5	7.9

记表中热量消耗 γ，每周运动时间 t，为利用式（1），只需将 β 改为 $\beta + \alpha \gamma t$，即

$$w(k+1) = w(k) + \alpha c(k+1) - (\beta + \alpha \gamma t)w(k) \tag{6}$$

试取 $\alpha \gamma t = 0.003$，即 $\gamma t = 24$，则式（4）中的 $\beta = 0.025$ 应改成 $\beta + \alpha \gamma t = 0.028$，式（5）为

$$75 = 0.972^n (90 - 44.6) + 44.6 \tag{7}$$

得到 $n = 14$，即若增加 $\gamma t = 24$ 的运动（如每周跳舞 8 h 或骑自行车 10 h），就可将第二阶段的时间缩短为 14 周。

（3）最简单的维持体重 75 kg 的方案，是寻求每周吸收热量保持某常数 c，使 $w(k)$ 不变。由式（6）得

$$w = w + \alpha c - (\beta + \alpha\gamma t)w$$
$$c = (\beta + \alpha\gamma t)w/\alpha \tag{8}$$

若不运动，容易算出 $c = 15\,000$ kcal；若运动（内容同上），则 $c = 16\,800$ kcal。

评注

人体体重的变化是有规律可循的，减肥也应科学化、定量化。这个模型虽然只考虑一个非常简单的情况，但是对专门从事减肥这项活动（甚至作为一项事业）的人来说也不无参考价值。

体重的变化与每个人特殊的生理条件有关，特别是代谢消耗系数 β，不仅因人而异，而且即使同一个人在不同环境下也会有所改变。从上面的计算中我们看到，当 β 由 0.025 增加到 0.028 时（变化约 12%），减肥所需时间就从 19 周减少到 14 周（变化约 26%），所以运用这个模型时需对 β 做仔细的核对。

实例 2　市场经济中的物价波动

在自由贸易市场上你注意过这样的现象吗？一个时期以来某种消费品如猪肉的上市量远大于需求，由于销售不畅等导致价格下降，生产者发现养猪赔钱，于是转而经营其他农副业；过一段时间猪肉上市量就会大减，供不应求将导致价格上涨；生产者看到有利可图，又重操旧业，这样下一个时期会重现供大于求、价格下降的局面。在没有外界干预的情况下，这种现象将如此循环下去。

在完全自由竞争的市场经济中，上述现象通常是不可避免的。因为商品的价格是由消费者的需求关系决定的，商品数量越多价格越低，而下一时期商品的量由生产者的供应关系决定，商品价格越低，生产的数量就越少。这样的需求和供应关系决定了市场经济中商品的价格和数量必然是振荡的。在现实世界里这样的振荡会出现不同的形式，有的振幅渐小，趋向平稳，有的振幅则越来越大，如果没有外界如政府的干预，将导致经济崩溃。

本例先用图形方法建立所谓"蛛网模型"，对上述现象进行分析，给出市场经济趋于稳定的条件；再用差分方程建模，对结果进行解释，并讨论当市场经济不稳定时政府可以采取什么样的干预措施；最后对上述模型做适当推广。

模型假设

研究对象是市场上某种商品的数量和价格随着时间的变化规律。时间离散化为时段，1 个时段相当于 1 个生产周期，对肉、禽等指的是牲畜饲养周期，对蔬菜、水果等指的是种植周期。记第 k 时段的商品数量为 x_k，价格为 y_k。模型假设如下：

（1）当商品的供求关系处于平衡状态时，其数量为 x_0，价格为 y_0，均保持不变。

（2）按照经济规律，第 k 时段的商品价格 y_k 由消费者的需求关系决定，当商品数量 $x_k > x_0$ 时，供过于求导致价格下跌，即 $y_k < y_0$。商品数量 x_{k+1} 由生产者的供应关系决定，当价格 $y_k < y_0$ 时，低价格导致产量下降，即第 $k+1$ 时段商品数量将下降（$x_{k+1} < x_0$）。

（3）在 x_k、y_k 偏离其平衡值 x_0、y_0 都不太大的范围内，y_k 的偏离 $y_k - y_0$ 与 x_k 的偏离

$x_k - x_0$ 成正比, x_{k+1} 的偏离 $x_{k+1} - x_0$ 与 y_k 的偏离 $y_k - y_0$ 成正比。

蛛网模型

记第 k 时段商品的数量为 x_k, 价格为 y_k, $k = 1, 2, \cdots$ 这里把时间离散化为时段, 1 个时段相当于商品的 1 个生产周期, 如蔬菜、水果是一个种植周期, 肉类是牲畜的饲养周期。

同一时段商品的价格 y_k 取决于数量 x_k, 设

$$y_k = f(x_k) \tag{9}$$

它反映消费者对这种商品的需求关系, 称需求函数。因为商品的数量越多价格越低, 所以在图 4-19 中用一条下降曲线 f 表示它, f 称需求曲线。

下一时段商品的数量 x_{k+1} 由上一时段价格 y_k 决定, 设

$$x_{k+1} = h(y_k) \quad \text{or} \quad y_{k+1} = g(x_{k+1}) \tag{10}$$

其中 g 是 h 的反函数。h 或 g 反映生产者的供应关系, 称供应函数。因为价格越高生产量越大, 所以在图 4-19 中供应曲线 g 是一条上升曲线。

图中两条曲线相交于 $P_0(x_0, y_0)$ 点。P_0 是平衡点, 其意义是, 一旦在某一时段 k 有 $x_k = x_0$, 则由式(9)或(10)可知 $y_k = y_0$, $x_{k+1} = x_0$, $y_{k+1} = y_0$, $\cdots$ 即 k 以后各时段商品的数量和价格将永远保持在 $P_0(x_0, y_0)$ 点。但是实际生活中的种种干扰使得数量和价格不可能停止在 P_0 点, 不妨设 x_1 偏离 x_0(图 4-19)。我们分析随着 k 的增加, x_k 和 y_k 的变化。

商品数量 x_1 给定后, 价格 y_1 由曲线 f 上的 P_1 点决定, 下一时段的数量 x_2 由曲线 g 上的 P_2 点决定, y_2 又由 f 上的 P_3 点决定, 这样得到一系列的点 $P_1(x_1, y_1)$、$P_2(x_2, y_1)$、$P_3(x_2, y_2)$、$P_4(x_3, y_2)$ $\cdots$ 在图上这些点将按箭头所示方向趋向 $P_0(x_0, y_0)$, 表明 P_0 是稳定的平衡点, 意味着市场经济(商品的数量和价格)将趋向稳定。

但是, 如果需求函数和供应函数由图 4-20 的曲线所示, 则类似的分析发现, 市场经济将按照 P_1、P_2、P_3、P_4、$\cdots$ 的规律变化而远离 P_0, 即 P_0 是不稳定的平衡点, 意味着商品数量和价格将出现越来越大的振荡。

图 4-19 和图 4-20 中折线 P_1、P_2、P_3、P_4 $\cdots$ 形似蛛网, 所以这种用需求曲线和供应曲线分析市场经济稳定性的图示法在经济学中称蛛网模型。实际上, 需求曲线 f 和供应曲线 g 的具体形式通常是根据各个时段商品的数量和价格的一系列统计资料得到的。一般地, f 取决于消费者对这种商品的需要程度和他们的消费水平, g 则与生产者的生产能力、经营水平等因素有关。比如当消费者收入增加时, f 会向上移动; 当生产能力提高时, g 将向右移动。

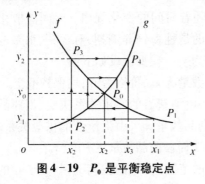

图 4-19 P_0 是平衡稳定点

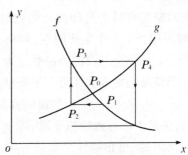

图 4-20 P_0 不是平衡稳定点

一旦需求曲线和供应曲线被确定下来,商品数量和价格是否趋向稳定,就完全由这两条曲线在平衡点 P_0 附近的形状决定。只要分析一下图 4-19 和图 4-20 的不同之处就会发现,在 P_0 附近,图 4-19 的 f 比 g 平缓,而图 4-20 的 f 比 g 陡峭。记 f 在 P_0 点的斜率的绝对值为 K_f, g 在 P_0 点的斜率为 K_g,图形的直观告诉我们,当

$$K_f < K_g \tag{11}$$

时, P_0 点是稳定的(图 4-19);当

$$K_f > K_g \tag{12}$$

时, P_0 点是不稳定的(图 4-20)。由此可见,需求曲线越平,供应曲线越陡,越有利于经济稳定。为了进一步分析这种现象,下面给出蛛网模型的另一种表达形式——差分方程。

差分方程模型在 P_0 点附近可以用直线来近似曲线 f 和 h,设式(9)和式(10)分别近似为

$$y_k - y_0 = -\alpha(x_k - x_0), \alpha > 0 \tag{13}$$
$$x_{k+1} - x_0 = \beta(y_k - y_0), \beta > 0 \tag{14}$$

从两式中消去 y_k,可得

$$x_{k+1} - x_0 = -\alpha\beta(x_k - x_0), k = 1, 2, \cdots \tag{15}$$

式(15)是一阶线性常系数差分方程。对 k 递推,不难得到

$$x_{k+1} - x_0 = (-\alpha\beta)^k (x_1 - x_0) \tag{16}$$

容易看出,当 $k \to \infty$ 时 $x_k \to x_0$,即 P_0 点稳定的条件是

$$\alpha\beta < 1 \text{ 或 } \alpha < \frac{1}{\beta} \tag{17}$$

而 $k \to \infty$, $x_k \to \infty$,即 P_0 点不稳定的条件是

$$\alpha\beta > 1 \text{ 或 } \alpha > \frac{1}{\beta} \tag{18}$$

注意到式(13)和式(14)中 α 和 β 的定义,有 $K_f = \alpha$, $K_g = 1/\beta$,所以条件(17)和(18)与蛛网模型中的直观结果式(11)和(12)是一致的。

模型解释

首先考察参数 α、β 的含义。由式(13)可知, α 表示商品供应量减少 1 个单位时价格的上涨幅度;由式(14)可知, β 表示价格上涨 1 个单位时(下一时期)商品供应的增加量。所以, α 的数值反映消费者对商品需求的敏感程度。如果这种商品是生活必需品,消费者处于持币待状态,商品数量稍缺,人们立即蜂拥抢购,那么 α 会比较大;反之,若这种商品非必需品,消费者购物心理稳定,或者消费水平低下,则 α 较小。 β 的数值反映生产经营者对商品价格的敏感程度。如果他们目光短浅,热衷于追逐一时的高利润,价格稍有上涨就大量增加生产,那么 β 会比较大;反之,若他们素质较高,有长远的计划,则 β 较小。

根据 α 和 β 的意义,很容易对市场经济稳定与否的条件(17)和(18)做出解释。当供应函数 g 即 β 固定时, α 越小,需求曲线越平,表明消费者对商品需求的敏感程度越小,式(17)越容易成立,有利于经济稳定。当需求函数 f 即 α 固定时, β 越小,供应曲线越陡,表明生产者对价格的敏感程度越小,式(17)也容易成立,有利于经济稳定。反之,当 α 和 β 较大,表明消费者对商品的需求和生产者对商品的价格都很敏感,则会导致式(18)成立,经济

不稳定。

应该指出，α 和 β 都是有量纲的，它们的大小都应在同一量纲单位下比较。同时，α 和 β 的量纲互为倒数，所以 $\alpha\beta$ 是无量纲量，就可以与 1 比较大小了。

经济不稳定时的干预办法：基于上述分析我们还可以看到，当市场经济趋向不稳定时，政府有两种干预办法。

一种办法是使 α 尽量小。不妨考察极端情况 $\alpha=0$，即需求曲线水平（图4-21），这时不论供应曲线如何（即不管 β 多大），式(17)总成立，经济总是稳定的。实际上这种办法相当于政府控制物价，无论商品数量多少，命令价格不得改变。

另一种办法是使 β 尽量小，极端情况是 $\beta=0$，即供应曲线竖直（图4-22），于是不论需求曲线如何（不管 α 多大），也总是稳定的。实际上这相当于控制市场上的商品数量，当供应量少于需求时，从外地收购或调拨，投入市场；当供过于求时，收购过剩部分，维持商品上市量不变。显然，这种办法需要政府具有相当强的经济实力。

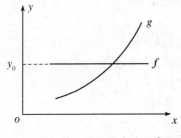
图4-21　第一种干预方法示意图
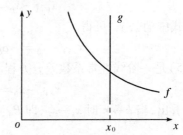
图4-22　第二种干预方法示意图

模型推广

如果生产者的管理水平和素质更高一些，他们在决定商品生产数量 x_{k+1} 时，不是仅仅根据前一时期的价格 y_k，而是根据前两个时期的价格 y_k 和 y_{k-1}。为简单起见，不妨设为两者的平均值 $(y_k+y_{k-1})/2$，于是供应函数式(10)表为

$$x_{k+1}=g\left(\frac{y_k+y_{k-1}}{2}\right) \tag{19}$$

相应地，式(10)的线性近似表达式(14)修改为

$$x_{k+1}-x_0=\frac{\beta}{2}(y_k+y_{k-1}-2y_0) \tag{20}$$

其中 β 是平均价格上涨 1 个单位时 x_{k+1} 的增量。又设需求函数仍由式(9)和(13)表示，则由式(13)和式(20)得到

$$2k_{k+1}+\alpha\beta x_{k+1}+\alpha\beta x_k=(1+\alpha\beta)x_0,k=1,2,\cdots \tag{21}$$

式(21)是二阶线性常系数差分方程。为寻求 $k\to\infty$ 时 $x_k\to x_0$，即 P_0 点稳定的条件，不必解方程(21)，只需利用判断稳定的条件——方程特征根均在单位圆内。

由方程(21)的特征方程

$$2\lambda^2+\alpha\beta\lambda+\alpha\beta=0$$

容易算出其特征根为

$$\lambda_{1,2} = \frac{-\alpha\beta \pm \sqrt{(\alpha\beta)^2 - 8\alpha\beta}}{4} \tag{22}$$

当 $\alpha\beta > 8$ 时,显然有

$$\lambda_2 = \frac{-\alpha\beta - \sqrt{(\alpha\beta)^2 - 8\alpha\beta}}{4} < -\frac{\alpha\beta}{4}$$

从而 $|\lambda_2| > 2$,λ_2 在单位圆外。

下面设 $\alpha\beta < 8$,由式(22)可以算出

$$|\lambda_{1,2}| = \sqrt{\frac{\alpha\beta}{2}}$$

要使特征根均在单位圆内,即 $|\lambda_{1,2}| < 1$,必须有

$$\alpha\beta < 2$$

这就是 P_0 点稳定的条件。与原有模型中 P_0 点稳定的条件(17)相比。参数 α、β 的范围放大了。可以想到,这是因为生产者的管理水平和素质提高,对市场经济的稳定起着有利影响的必然结果。

习 题 四

1. 求差分方程 $x_{k+1} = 1 + x_k + 2\sqrt{1 + x_k}$($x_0 = 0, k = 1, 2, \cdots$)的解。

2. 求以下差分方程的平衡解:

(1) $x_{k+1} = 2x_k$;

(2) $x_{k+1} = 2x_k + 1$;

(3) $x_{k+1} = \frac{1}{2}(x_k^2 - 3)$。

3. 求下列差分方程的通解:

(1) $x_{k+1} = 3x_k + 10$;

(2) $x_{k+1} = x_k + 10$。

4. 求差分方程 $y_{k+1} = 3y_k + 2$,$y_0 = 1$ 的解。

5. 邻居老夫妇有一份 5 万元的月利率为 0.5% 的储蓄,他们准备每月取出同样数额的钱贴补退休生活,准备 10 年用完,每月应取多少?

6. 假设某寄宿中学宿舍中有 400 名学生,其中有 2 名学生感染了流感,假设流感传热的速度和患者人数与尚未得病的人数的乘积成正比。若第 2 天患者人数达到 10 人,试建立流感传播的数学模型;若不采取隔离措施,需多长时间,全体学生都被感染?

7. 对以下差分方程迭代 10 次并作图:

(1) $x_{k+1} = 2.5x_k - 0.25x_k^2$,$x_0 = 9$;

(2) $y_{k+1} = y_k^3 - 3y_k^2 - 4y_k$,$y_0 = 3$。

8. 对差分方程 $x_{k+1} = (1 + r)(x_k - x_k^2)$ 用实验的方法求 r,使对应的解有周期 8。

9. 公鸡 5 元 1 只,母鸡 3 元 1 只,小鸡 3 只 1 元。100 元可买 100 只鸡。问:可买公鸡、母鸡和小鸡各多少只?

10. （上海市 1993 年初赛）5 种商品价格如表 1 所示，现在用 60 元恰好选购 10 件商品。试问：有哪几种选购方式？

表 1

品种	A	B	C	D	E
价格/元	2.9	4.70	7.20	10.60	14.9

11. 箱子里装有 3 种规格的轴承共 50 只，已知每只轴承的质量分别是 0.9 千克、1.3 千克、1.4 千克，50 只轴承的总质量为 50 千克。试问：3 种规格的轴承各多少只？

12. 生产甲、乙、丙 3 种产品需要消耗 A、B 两种原料，假设单件产品的原料消耗量由表 2 给出，现库存已有 A 原料 30 千克、B 原料 40 千克。试问：如何安排生产，恰好将库存原料用完？

表 2

原料\产品	甲	乙	丙
A	1	2	3
B	2	1	5

13. 箱子里装有供练习用的 3 种规格的铅球共 24 只，总质量为 114.8 千克。假定每种铅球的质量分别为 4 千克、5.2 千克、6.3 千克。试问：3 种规格的铅球各有多少只？

14. 工厂里生产一种机械，需要用到长度分别为 15 厘米、18 厘米和 22 厘米的同规格钢管。这些钢管从每根长度为 1.8 米的原料截取，如果不计切割时的损耗，要求切割后不留下余料，请问：有哪几种切割方案？如果生产一套这种机械，需要用 3 种长度的钢管的数量分别为 38 根、30 根和 15 根，现在要生产两套机械，则应当如何采用前述的切割方案，才能使原料消耗的数量达到最小？

15. 商店里单价为 2.5 元、3.5 元、4.2 元、4.6 元的小商品共售出 20 件，收入 74 元。问：这几种小商品分别售出多少件？

16. 班级举行联欢活动，共花 30 元买来单价分别为 3.6 元、2.5 元、2.4 元、2 元的小商品 12 件作为小奖品。你知道这几种奖品各有多少吗？

第5章 微分方程模型

微分方程是包含连续变化的自变量、未知函数及其变化率的方程式,当我们的研究对象涉及某个过程或物体随时间连续变化的规律时,通常会建立微分方程模型。微分方程建模是数学建模的重要方法,因为许多实际问题的数学描述将导致求解微分方程的定解问题。把形形色色的实际问题化成微分方程的定解问题,大体上可以按以下几步:

(1)根据实际要求确定要研究的量(自变量、未知函数、必要的参数等)并确定坐标系。

(2)找出这些量所满足的基本规律(物理的、几何的、化学或生物学的等)。

(3)运用这些规律列出方程和定解条件。

5.1 人口模型

据考古学家论证,地球上出现生命距今已有 20 亿年,而人类的出现距今却不足 200 万年。纵观人类人口总数的增长情况我们发现,1 000 年前人口总数为 2.75 亿。经过漫长的过程到 1830 年,人口总数达 10 亿;又经过 100 年,即 1930 年,人口总数达 20 亿;30 年之后,即 1960 年,人口总数为 30 亿;又经过 15 年,即 1975 年的人口总数是 40 亿;12 年之后,即 1987 年,人口已达 50 亿。

我们自然会产生这样一个问题:人类人口增长的规律是什么? 如何在数学上描述这一规律。

Malthus 模型

1789 年,英国神父 Malthus 在分析了一百多年人口统计资料之后,提出了 Malthus 模型。

模型假设

(1)设 $x(t)$ 表示 t 时刻的人口数,且 $x(t)$ 连续可微。

(2)人口的增长率 r 是常数(增长率 = 出生率 – 死亡率)。

(3)人口数量的变化是封闭的,即人口数量的增加与减少只取决于人口中个体的生育和死亡,且每一个体都具有同样的生育能力与死亡率。

建模与求解

由假设,t 时刻到 $t + \Delta t$ 时刻人口的增量为

$$x(t + \Delta t) - x(t) = rx(t)\Delta t$$

于是得

$$\begin{cases} \dfrac{\mathrm{d}x}{\mathrm{d}t} = rx \\ x(0) = x_0 \end{cases} \tag{1}$$

其解为

$$x(t) = x_0 \mathrm{e}^{rt} \tag{2}$$

模型评价

考虑 200 多年来人口增长的实际情况,1961 年世界人口总数为 3.06×10^9,在 1961—1970 年这段时间内,每年平均的人口自然增长率为 2% ,则式(2)可写为

$$x(t) = 3.06 \times 10^9 \cdot \mathrm{e}^{0.02(t-1\,961)} \tag{3}$$

根据 1700—1961 年间世界人口统计数据,我们发现这些数据与式(3)的计算结果相当符合。因为在这期间地球上人口大约每 35 年增加 1 倍,而式(3)算出每 34.6 年增加 1 倍。

但是,当人们用式(2)对 1790 年以来的美国人口进行检验,发现有很大差异。

利用式(2)对世界人口进行预测,也会得出惊异的结论:当 $t = 2\,670$ 年时, $x(t) = 4.4 \times 10^{15}$,即 4 400 万亿,这相当于地球上每平方米要容纳至少 20 人。

显然,用这一模型进行预测的结果远高于实际人口增长,误差的原因是对增长率 r 的估计过高。由此,可以对 r 是常数的假设提出疑问。

Logistic 模型

如何对增长率 r 进行修正呢? 我们知道,地球上的资源是有限的,它只能提供一定数量的生命生存所需的条件。随着人口数量的增加,自然资源、环境条件等对人口再增长的限制作用将越来越显著。如果在人口较少时,我们可以把增长率 r 看成常数,那么当人口增加到一定数量之后,就应当视 r 为一个随着人口的增加而减小的量,即将增长率 r 表示为人口 $x(t)$ 的函数 $r(x)$,且 $r(x)$ 为 x 的减函数。

模型假设

(1) 设 $r(x)$ 为 x 的线性函数, $r(x) = r - sx$。(工程师原则,首先用线性)

(2) 自然资源与环境条件所能容纳的最大人口数为 x_{m},即当 $x = x_{\mathrm{m}}$ 时,增长率 $r(x_{\mathrm{m}}) = 0$。

建模与求解

由假设(1)和(2),可得 $r(x) = r\left(1 - \dfrac{x}{x_{\mathrm{m}}}\right)$,则有

$$\begin{cases} \dfrac{\mathrm{d}x}{\mathrm{d}t} = r\left(1 - \dfrac{x}{x_{\mathrm{m}}}\right)x \\ x(t_0) = x_0 \end{cases} \tag{4}$$

式(4)是一个可分离变量的方程,其解为

$$x(t) = \dfrac{x_{\mathrm{m}}}{1 + \left(\dfrac{x_{\mathrm{m}}}{x_0} - 1\right)\mathrm{e}^{-r(t-t_0)}} \tag{5}$$

模型检验

由式(4),计算可得

$$\frac{\mathrm{d}^2x}{\mathrm{d}t^2} = r^2\left(1-\frac{x}{x_{\mathrm{m}}}\right)\left(1-\frac{2x}{x_{\mathrm{m}}}\right)x \tag{6}$$

人口总数 $x(t)$ 有如下规律:

(1) $\lim_{t\to+\infty}x(t)=x_{\mathrm{m}}$ 时,即无论人口初值 x_0 如何,人口总数以 x_{m} 为极限。

(2) $\frac{\mathrm{d}x}{\mathrm{d}t}=r\left(1-\frac{x}{x_{\mathrm{m}}}\right)x>0$,这说明 $x(t)$ 是单调增加的。又由式(6)知:当 $x<\frac{x_{\mathrm{m}}}{2}$ 时,

$\frac{\mathrm{d}^2x}{\mathrm{d}t^2}>0, x=x(t)$ 为凹;当 $x>\frac{x_{\mathrm{m}}}{2}$ 时,$\frac{\mathrm{d}^2x}{\mathrm{d}t^2}<0, x=x(t)$ 为凸。

(3) 人口变化率 $\frac{\mathrm{d}x}{\mathrm{d}t}$ 在 $x=\frac{x_{\mathrm{m}}}{2}$ 时取极大值,即人口总数达到极限值一半以前是加速生长时期,经过这一点之后,生长速率会逐渐变小,最终达到零。

与 Malthus 模型一样,代入一些实际数据进行验算,若取 1830 年为 $t=t_0=0, x_0=10\times10^8, x_{\mathrm{m}}=25\times10^8, r=0.02$,可以看出,直到 1930 年,计算结果与实际数据都能较好地吻合,在 1930 年之后,计算与实际偏差较大。原因之一是 20 世纪 60 年代的实际人口已经突破了假设的极限人口 x_{m}。由此可知,本模型的缺点之一就是不易确定 x_{m}。

模型推广

可以从另一个角度导出阻滞增长模型,在 Malthus 模型上增加一个竞争项 $-bx^2(b>0)$,它的作用是使纯增长率减少。如果一个国家工业化程度较高,食品供应较充足,能够提供更多的人生存,此时 b 较小;反之 b 较大。故建立方程

$$\begin{cases}\frac{\mathrm{d}x}{\mathrm{d}t}=x(a-bx) & (a,b>0)\\ x(t_0)=x_0\end{cases} \tag{7}$$

其解为

$$x(t)=\frac{ax_0}{bx_0+(a-bx_0)\mathrm{e}^{-a(t-t_0)}} \tag{8}$$

由式(8),得

$$\frac{\mathrm{d}^2x}{\mathrm{d}t^2}=(a-2bx)(a-b) \tag{9}$$

对式(7)—(9)进行分析,有

(1) 对任意 $t>t_0$,有 $x(t)>0$,且 $\lim_{t\to+\infty}x(t)=\frac{a}{b}$。

(2) 当 $0<x<\frac{a}{b}$ 时,$x'(t)>0, x(t)$ 递增;当 $x=\frac{a}{b}$ 时,$x'(t)=0$;当 $x>\frac{a}{b}$ 时,$x'(t)<0, x(t)$ 递减。

(3) 当 $0<x<\frac{a}{2b}$ 时,$x'(t)>0, x(t)$ 为凹;当 $\frac{a}{2b}<x<\frac{a}{b}$ 时,$x'(t)<0, x(t)$ 为凸。

令式(7)第一个方程的右边为0,得 $x_1 = 0, x_2 = \dfrac{a}{b}$,称它们是微分方程(7)的平衡解。

易知 $\lim\limits_{t \to +\infty} x(t) = \dfrac{a}{b}$,故又称 $\dfrac{a}{b}$ 是式(7)的稳定平衡解。可预测:不论人口开始的数量 x_0 为多少,经过相当长的时间后,人口总数将稳定在 $\dfrac{a}{b}$。

参数 a 和 b 可以通过已知数据,利用 MATLAB 中的非线性回归命令 nlinfit 求得。

5.2　捕鱼模型

在渔场中捕鱼,捕的鱼越多,所获得的经济效益越大。但捕捞的鱼过多,会造成鱼量急剧下降,势必影响日后的鱼的总量。因此,我们希望在鱼的总量保持稳定的前提下,达到最大的捕获量或最优的经济效益。

模型建立

设时刻 t 渔场中的鱼量为 $x(t)$,渔场资源条件所限制的 x 的最大值为 x_m。类似人口模型中的 Logistic 模型,我们得到在无捕捞情况下 $x(t)$ 的关于的微分方程

$$\frac{\mathrm{d}x}{\mathrm{d}t} = rx\left(1 - \frac{x}{x_m}\right) \tag{1}$$

式中 r 为鱼量的自然增长率。假设单位时间内捕捞量与渔场的鱼量成正比,捕捞率为 K,则在有捕捞的情况下,$x(t)$ 应满足

$$\frac{\mathrm{d}x}{\mathrm{d}t} = rx\left(1 - \frac{x}{x_m}\right) - Kx \tag{2}$$

我们并不去解方程(2)以了解 $x(t)$ 的性质。下面我们介绍一种办法,可以利用方程(2)得到 $x(t)$ 的平衡点,从而研究其稳定性。

对于方程

$$\frac{\mathrm{d}x}{\mathrm{d}t} = f(x) \tag{3}$$

我们把代数方程

$$f(x) = 0 \tag{4}$$

的实根 x_0 称作方程(3)的平衡点。显然,$x = x_0$ 是方程(3)的一个解。另外,在点 x_0 附近

$$f(x) = f'(x_0)(x - x_0) + o(x - x_0) \tag{5}$$

所以,若 $f'(x_0) < 0$,则 $\dfrac{\mathrm{d}x}{\mathrm{d}t}$ 与 $(x - x_0)$ 异号。故当 $x > x_0$ 时,$\dfrac{\mathrm{d}x}{\mathrm{d}t} < 0$,从而当 t 增加时,x 向 x_0 点方向减少;当 $x < x_0$ 时,$\dfrac{\mathrm{d}x}{\mathrm{d}t} > 0$,从而当 t 增加时,x 向 x_0 点方向增大。这样,随着 t 的增加,有 $x(t) \to x_0$,故 x_0 是稳定平衡点。反之,若 $f'(x_0) > 0$,则 x_0 是不稳定平衡点。

我们不难求出方程(2)的平衡点

$$x_0 = \frac{r - K}{r}x_0 \tag{6}$$

对于方程(2),令

$$f(x) = rx\left(1 - \frac{x}{x_{\mathrm{m}}}\right) - Kx$$

则易求得

$$f'(x_0) = K - r \tag{7}$$

根据上面平衡点的稳定性的讨论易知,当 $k < r$ 时,式(7)的 x_0 点即是稳定平衡点。换句话说,只要不是"竭泽而渔", $K < r$ 就是渔业生产必须遵守的条件。

模型分析

下面我们用图解法讨论在保持鱼量稳定的前提下,如何选取捕捞率 K,使捕捞量最大。

设 $f_1(x) = rx\left(1 - \dfrac{x}{x_{\mathrm{m}}}\right)$, $f_2(x) = Kx$,其图形如图 5-1 所示,易求得 $f_1(x)$ 在原点处的切线为 $y = rx$,从而,当 $k < r$ 时,曲线 $f_1(x)$ 与 $f_2(x)$ 必相交,其交点的横坐标即为 x_0,也就是说,使渔场内鱼量保持稳定($K < r$)即意味着曲线 $f_1(x)$ 与 $f_2(x)$ 必相交。由图 5-1 不难看出,在所有与抛物线 $f_1(x)$ 相交的直线中,选择过抛物线的顶点 P^* 的直线将得到最大的捕捞量 y_{m},此时,稳定平衡点 $x_0 = \dfrac{x_{\mathrm{m}}}{2}$,代入式(7)即得到

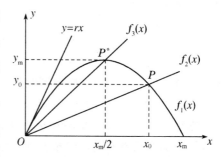

图 5-1　最大持续产量图解法

$$K = \frac{r}{2}, \quad y_{\mathrm{m}} = Kx_0 = \frac{rx_{\mathrm{m}}}{4}$$

故我们得到结论:控制捕捞率 $K = \dfrac{r}{2}$,或者说,控制 K 使渔场内鱼量保持在最大量 x_{m} 的一半时,就可在保持鱼量稳定的条件下使捕捞量最大。

下面我们还是在保持渔场鱼量稳定的前提下进一步分析,如何捕捞使经济利润最大。设鱼的单价为 p,设开支与捕捞率成正比,比例系数为 c,则在保证鱼量稳定的条件下单位时间的捕捞利润是

$$Z = pKx_0 - cK \tag{8}$$

注意,式(6)表示在 $K < r$ 条件下渔场的稳定鱼量。从中可解出

$$K = r\left(1 - \frac{x_0}{x_{\mathrm{m}}}\right)$$

代入式(8),得

$$Z(x_0) = r(px_0 - c)\left(1 - \frac{x_0}{x_{\mathrm{m}}}\right) \tag{9}$$

令 $Z'(x_0) = 0$,易求得使 $Z(x_0)$ 最大的 x_0 为

$$x_0 = \frac{x_0}{2} + \frac{c}{2p}$$

此时捕捞量为

$$y = Kx_0 = r\left(1 - \frac{x_0}{x_\mathrm{m}}\right)x_0$$

$$= \frac{rx_\mathrm{m}}{4} - \frac{rc^2}{4p^3x_\mathrm{m}} \tag{10}$$

从式(10)易看出,为使经济利润最大,捕鱼量比最大捕捞量 $y_\mathrm{m} = \frac{rx_\mathrm{m}}{4}$ 小,少捕的鱼量 $\frac{r_0^2}{4p^3x_\mathrm{m}}$ 与成本的平方成正比,与鱼价的平方成反比。

5.3 战争模型

早在第一次世界大战期间,F. W. Lanchester 就提出了几个预测战争结局的数学模型,其中包括作战双方均为正规部队;作战双方均为游击队;作战的一方为正规部队,另一方为游击队。后来人们对这些模型做了改进和进一步的解释,用以分析历史上一些著名的战争,如二次世界大战中的美日硫黄岛之战和 1975 年的越南战争。

影响战争胜负的因素有很多,兵力的多少和战斗力的强弱是两个主要的因素。士兵的数量会随着战争的进行而减少,这种减少可能是因为阵亡、负伤与被俘,也可能是因为疾病与开小差,分别称之为战斗减员与非战斗减员。士兵的数量也可随着增援部队的到来而增加。从某种意义上来说,当战争结束时,如果一方的士兵人数为零,那么另一方就取得了胜利。如何定量地描述战争中相关因素之间的关系呢? 比如,如何描述增加士兵数量与提高士兵素质之间的关系?

一、正规战模型

模型假设

(1) 双方士兵公开活动。x 方士兵的战斗减员仅与 y 方士兵人数有关。记双方士兵人数分别为 $x(t)$、$y(t)$,则 x 方士兵战斗减员率为 $ay(t)$,a 表示 y 方每个士兵的杀伤率。可知 $a = r_y p_y$,r_y 为 y 方士兵的射击率(每个士兵单位时间的射击次数),p_y 为每次射击的命中率。同理,用 b 表示 x 方士兵对 y 方士兵的杀伤率,即 $b = r_x p_x$。

(2) 双方的非战斗减员率仅与本方兵力成正比。减员率系数分别为 α,β。

(3) 设双方的兵力增援率为 $u(t)$ 和 $v(t)$。

建模与求解

由假设可知

$$\begin{cases} \dfrac{\mathrm{d}x}{\mathrm{d}t} = -ay - \alpha xy + u(t) \\ \dfrac{\mathrm{d}y}{\mathrm{d}t} = -bx - \beta y + v(t) \end{cases} \tag{1}$$

我们对式(1)中的一种理想的情况进行求解,即双方均没有增援与非战斗减员。则

式(1)化为

$$\begin{cases} \dfrac{\mathrm{d}x}{\mathrm{d}t} = -ay \\[2mm] \dfrac{\mathrm{d}y}{\mathrm{d}t} = -bx \\[2mm] x(0) = x_0, y(0) = y_0 \end{cases} \tag{2}$$

式中 x_0、y_0 为双方战前的兵力。

由式(2)的前两式相除,得

$$\frac{\mathrm{d}y}{\mathrm{d}x} = \frac{bx}{ay}$$

分离变量并积分得

$$ay^2 - bx^2 = ay_0^2 - bx_0^2$$

若令 $k = ay_0^2 - bx_0^2$,则有

$$ay^2 - bx = k \tag{3}$$

当 $k = 0$ 时,双方打成平局;当 $k > 0$ 时,y 方获胜;当 $k < 0$ 时,x 方获胜。这样,y 方要想取得战斗胜利,就要使 $k > 0$,即

$$ay_0^2 - bx_0^2 > 0$$

考虑到假设(1),上式可写为

$$\left(\frac{y_0}{x_0}\right)^2 > \left(\frac{r_x}{r_y}\right)\left(\frac{p_x}{p_y}\right) \tag{4}$$

式(4)是 y 方占优势的条件。若交战双方都训练有素,且都处于良好的作战状态,则 r_x 与 r_y、p_x 与 p_y 相差不大,式(4)右边近似为 1。式(4)左边表明,初始兵力比例被平方地放大了,即双方初始兵力之比 $\dfrac{y_0}{x_0}$,以平方的关系影响着战争的结局。比如说,如果 y 方的兵力增加到原来的 2 倍,x 方兵力不变,则影响着战争的结局的能力将增加 4 倍。此时,x 方要想与 y 方抗衡,须把其士兵的射击率 r_x 增加到原来的 4 倍(p_x,r_y 和 p_y 均不变)。

以上是研究双方之间兵力的变化关系。下面将讨论每一方的兵力随时间的变化关系。

对式(2)两边对 t 求导,得

$$\frac{\mathrm{d}^2 x}{\mathrm{d}t^2} = -a\frac{\mathrm{d}y}{\mathrm{d}t} = abx$$

即

$$\frac{\mathrm{d}^2 x}{\mathrm{d}t^2} - abx = 0 \tag{5}$$

初始条件为

$$x(0) = x_0, \frac{\mathrm{d}x}{\mathrm{d}t}\bigg|_{t=0} = -ay_0$$

解之,得

$$x(t) = x_0 \mathrm{ch}(\sqrt{ab}\, t) - \sqrt{\frac{a}{b}} y_0 \mathrm{sh}(\sqrt{ab}\, t)$$

同理，可求得 $y(t)$ 的表达式为

$$y(t) = y_0 \mathrm{ch}(\sqrt{ab}\,t) - \sqrt{\frac{b}{a}}\,x_0 \mathrm{sh}(\sqrt{ab}\,t)$$

二、游击战模型

模型假设

（1） x 方与 y 方都是游击队，双方士兵都不公开活动。y 方士兵看不见 x 方士兵，x 方士兵在某个面积为 S_x 的区域内活动。y 方士兵不是向 x 方士兵射击，而是向该区域射击。此时，x 方士兵的战斗减员不仅与 y 方兵力有关，而且随着 x 方兵力增加而增加。因为在一个有限区域内，士兵人数越多，被杀伤的可能性越大。可设 x 方的战斗减员率为 cxy，其中 c 为 y 方战斗效果系数，$c = r_y p_y = r_y \dfrac{S_{ry}}{S_x}$，这儿 r_y 仍为射击率，命中率 p_y 为 y 方一次射击的有效面积（S_{ry}）与 x 方活动面积（S_x）之比。类似地，可以计算 x 方的战斗效果系数。

假设（2）和（3）同正规战模型的假设（2）和（3）。

建模与求解

由假设，可得方程

$$\begin{cases} \dfrac{dx}{dt} = -cxy - \alpha x + u(t) \\ \dfrac{dy}{dt} = -dxy - \beta y + v(t) \end{cases} \tag{6}$$

式中 $d = r_x p_x = r_x \dfrac{S_{rx}}{S_y}$，为 x 方的战斗效果系数。

为了使式（6）容易求解，可以做一些简化：设交战双方在作战中均无非战斗减员和增援。此时，有

$$\begin{cases} \dfrac{dx}{dt} = -cxy \\ \dfrac{dy}{dt} = -dxy \end{cases} \tag{7}$$

两式相除，得

$$\frac{dy}{dx} = \frac{d}{c}$$

其轨线为

$$c(y - y_0) = d(x - x_0)$$

令 $l = cy_0 - dx_0$，上式可化为

$$cy - dx = l \tag{8}$$

当 $l = 0$，双方打成平局；当 $l > 0$ 时，y 方获胜；当 $l < 0$ 时，x 方获胜。

y 方获胜的条件可以表示为

$$\frac{y_0}{x_0} > \frac{d}{c} = \frac{r_x S_{rx} S_x}{r_y S_{ry} S_y}$$

即初始兵力之比$\frac{y_0}{x_0}$以线性关系影响战斗的结局。当双方的射击率r_x和r_y与有效射击面积S_{r_x}和S_{r_y}一定时,增加活动面积S_y与增加初始兵力y_0起着同样的作用。

三、混合战模型

模型假设

(1)x方为游击队,y方为正规部队。
(2)交战双方均无战斗减员与增援。

建模与求解

借鉴正规战和游击战模型的思想,可得

$$\begin{cases} \dfrac{\mathrm{d}x}{\mathrm{d}t} = -cxy \\ \dfrac{\mathrm{d}y}{\mathrm{d}t} = -bx \\ x(0) = x_0, y(0) = y_0 \end{cases} \tag{9}$$

其轨线为

$$cy^2 - 2bx = m \tag{10}$$

其中$m = cy_0^2 - 2bx_0$。

经验表明,只有当兵力$\frac{y_0}{x_0}$远远大于 1 时,正规部队y才能战胜游击队。当$m > 0$时,y方胜,此时

$$\left(\frac{y_0}{x_0}\right)^2 > \frac{2b}{cx_0} = \frac{2r_x p_x S_x}{r_y S_{r_y} x_0} \tag{11}$$

一般来说,正规部队以火力强而见长,游击队以活动灵活、活动范围大而见长。这可以通过一些具体数据进行计算。

不妨设$x_0 = 100$,命中率$p_x = 0.1$,$\frac{r_x}{r_y} = \frac{1}{2}$,活动区域的面积$S_x = 0.1 \text{ km}^2$,$y$方有效射击面积$S_{r_y} = 1 \text{ m}^2$。则由式(11),$y$方取胜的条件为

$$\left(\frac{y_0}{x_0}\right)^2 > \frac{2 \times 0.1 \times 0.1 \times 10^6}{2 \times 1 \times 100} = 100$$

$y_0 > 10x_0$,即y方的兵力是x方的 10 倍。

美国人曾用这个模型分析越南战争。根据类似于上面的计算以及 20 世纪四五十年代发生在马来西亚、菲律宾、印尼、老挝等地的混合战争的实际情况估计出,正规部队一方要想取胜,必须至少投入游击部队一方 8 倍的兵力,而美国至多只能派出越南 6 倍的兵力。越南战争的结局是美国不得不接受和谈并撤军,越南人民取得最后的胜利。

四、战争实例模型

J. H. Engel 用二次大战末期美日硫黄岛战役中的美军战地记录,对正规战争模型进

行了验证,发现模型结果与实际数据吻合得很好。

硫黄岛位于东京以南 660 英里的海面上,是日军的重要空军基地。美军在 1945 年 2 月开始进攻,激烈的战斗持续了一个月,双方伤亡惨重,日方守军 21 500 人全部阵亡或被俘,美方投入兵力 73 000 人,伤亡 20 265 人,战争进行到 28 天时美军宣布占领该岛,实际战斗到 36 天才停止。美军的战地记录有按天统计的战斗减员和增援情况。日军没有后援,战地记录则全部遗失。

用 $A(t)$ 和 $J(t)$ 表示美军和日军第 t 天的人数,忽略双方的非战斗减员,则

$$\begin{cases} \dfrac{\mathrm{d}A}{\mathrm{d}t} = -aJ + u(t) \\[2mm] \dfrac{\mathrm{d}J}{\mathrm{d}t} = -bA \\[2mm] A(0) = 0, J(0) = 21\,500 \end{cases} \tag{12}$$

美军战地记录给出增援 $u(t)$ 为

$$u(t) = \begin{cases} 54\,000, & 0 \leqslant t < 1 \\ 6\,000, & 2 \leqslant t < 3 \\ 13\,000, & 5 \leqslant t < 6 \\ 0, & \text{其他} \end{cases}$$

并可由每天伤亡人数算出 $A(t)$,$t = 1, 2, \cdots, 36$。下面要利用这些实际数据代入式(12),算出 $A(t)$ 的理论值,并与实际值比较。

利用给出的数据,对参数 a 和 b 进行估计。对式(12)前两式两边积分,并用求和来近似代替积分,有

$$A(t) - A(0) = -a \sum_{\tau=1}^{t} J(\tau) + \sum_{\tau=1}^{t} u(\tau) \tag{13}$$

$$J(t) - J(0) = -b \sum_{\tau=1}^{t} A(\tau) \tag{14}$$

为估计 b,在式(14)中取 $t = 36$。因为 $J(36) = 0$,且由 $A(t)$ 的实际数据可得

$$\sum_{t=1}^{36} A(t) = 2\,037\,000$$

于是从式(14)估计出 $b = 0.010\,6$。再把这个值代入式(14)即可算出 $J(t)$,$t = 1$,$2, \cdots, 36$。

然后从式(13)估计 a。令 $t = 36$,得

$$a = \frac{\displaystyle\sum_{\tau=1}^{36} u(\tau) - A(\tau)}{\displaystyle\sum_{\tau=1}^{36} J(\tau)} \tag{15}$$

其中分子是美军的总伤亡人数,为 20 265 人,分母可由已经算出的 $J(t)$ 得到,为 372 500 人,于是由式(15)有 $a = 0.054\,4$。把这个值代入式(13)得

$$A(t) = -0.054\,4 \sum_{\tau=1}^{t} J(\tau) + \sum_{\tau=1}^{t} u(\tau) \tag{16}$$

由式(16)就能够算出美军人数 $A(t)$ 的理论值,与实际数据吻合得很好。

5.4 广告模型

在当今这个信息社会中,广告在商品推销中起着极其重要的作用。当生产者生产出一批产品后,下一步便去思考如何更快更多地卖出产品。由于广告的大众性和快捷性,其在促销活动中大受经营者的青睐。当然,经营者在利用广告这一手段时自然要关心:广告与促销到底有何关系,广告在不同时期的效果如何?

模型 A   独家销售的广告模型

我们做如下假设:

(1)商品的销售速度会因做广告而增加,但当商品在市场上趋于饱和时,销售速度将趋于极限值,这时销售速度将开始下降。

(2)自然衰减是销售速度的一种性质,商品销售速度的变化率随商品的销售率的增加而减少。

(3)设 $S(t)$ 为 t 时刻商品的销售速度,M 表示销售速度的上限;$\lambda > 0$ 为衰减因子常数,即广告作用随时间增加而自然衰减的速度;$A(t)$ 为 t 时刻的广告水平(以费用表示)。

根据上面的假设,我们建立模型

$$\frac{\mathrm{d}S}{\mathrm{d}t} = PA(t)\left[1 - \frac{S(t)}{m}\right] - \lambda S(t) \tag{1}$$

式中 P 为响应系数,即 $A(t)$ 对 $S(t)$ 的影响力,P 为常数。

由假设(1),当销售进行到某个时刻时,无论怎样做广告,都无法阻止销售速度的下降,故选择如下广告策略:

$$A(t) = \begin{cases} A, & 0 \leqslant t \leqslant r \\ 0, & t > r \end{cases}$$

式中 A 为常数。

在 $[0,r]$ 时间内,设用于广告的花费为 a。则 $A = \dfrac{a}{r}$,代入式(1),有

$$\frac{\mathrm{d}S}{\mathrm{d}t} + \left(\lambda + \frac{M}{P} \cdot \frac{a}{r}\right)S = P \cdot \frac{a}{r}$$

令

$$b = \lambda + \frac{M}{P} \cdot \frac{a}{r}, c = \frac{Pa}{r}$$

则有

$$\frac{\mathrm{d}S}{\mathrm{d}t} + bS = c \tag{2}$$

解式(2),得

$$S(t) = k\mathrm{e}^{-bt} + \frac{c}{b} \tag{3}$$

式中 k 为任意常数。给定初始值 $S(0) = S_0$,则式(3)成为

$$S(t) = \frac{c}{b}(1 - e^{-bt}) + S_0 e^{-bt} \tag{4}$$

当 $t > r$ 时，由 $A(t)$ 的表达式，则式(3)变为

$$\frac{\mathrm{d}S}{\mathrm{d}t} = -\lambda S \tag{5}$$

其解为

$$S(t) = k e^{\lambda(r-t)} \tag{6}$$

k 仍为任意常数。为保证销售速度 $S(t)$ 不间断，我们在式(6)中取 $t = \tau$ 而得到 $S(\tau)$。将其作为式(5)的初始值，故式(6)解为

$$S(t) = S(\tau) e^{\lambda(r-t)} \tag{7}$$

这样，联合式(4)与式(7)，得到

$$S(t) = \begin{cases} \frac{c}{b}(1 - e^{-bt}) + S_0 e^{-bt}, & 0 \leq t \leq \tau \\ S(\tau) e^{\lambda(r-t)}, & t > \tau \end{cases}$$

其图形如图 5-2 所示。

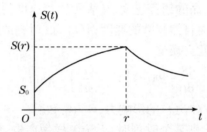

图 5-2 销售速度 $S(t)$ 变化趋势图

模型 B 竞争销售的广告模型

我们做如下假设：

(1) 两家公司销售同一商品，而市场容量有限。

(2) 每一公司增加它的销售量是与可获得的市场成正比的，比例系数为 $C_i, i = 1, 2$。

(3) 设 $S_i(t)$ 是销售量，$i = 1, 2$；$N(t)$ 是可获得的市场。显然，有

$$N(t) = M(t) - S_1(t) - S_2(t)$$

由假设(2)，有

$$\frac{\mathrm{d}S_1}{\mathrm{d}t} = C_1 N \tag{8}$$

$$\frac{\mathrm{d}S_2}{\mathrm{d}t} = C_2 N \tag{9}$$

将上述两式相除，易得

$$\frac{\mathrm{d}S_2}{\mathrm{d}t} = C_3 \frac{\mathrm{d}S_1}{\mathrm{d}t} \tag{10}$$

其中 $C_3 = \frac{C_2}{C_1}$，为常数。对式(10)积分，得

$$S_2(t) = C_3 S_1(t) + C_4 \tag{11}$$

式中 C_4 为积分常数。假设市场容量 $M(t) = \alpha(1 - e^{-\beta t})$，$\alpha$ 和 β 为常量，则

$$N(t) = \alpha(1 - e^{-\beta t}) - (1 + C_3)S_1(t) - C_4 \tag{12}$$

再将式(12)代入式(10)，得

$$\frac{dS}{dt} = -A S_1 + B e^{-\beta t} + C \tag{13}$$

其中

$$A = C_1(1 + C_3), B = -C_1\alpha, C = C_1(\alpha - C_4)$$

解方程(13)，易得

$$S_1(t) = k_1 e^{-At} + k_2 e^{-\beta t} + k_3$$

代入式(11)，得

$$S_2(t) = m_1 e^{-At} + m_2 e^{-\beta t} + m_3 \tag{14}$$

式中 k_i 及 $m_i(i=1,2,3)$ 皆为常数。

5.5 传染病模型

随着卫生设施的改善、医疗水平的提高以及人类文明的不断发展，诸如霍乱、天花等曾经肆虐全球的传染性疾病已经得到有效的控制。但是一些新的、不断变异着的传染病毒却悄悄向人类袭来。20 世纪 80 年代，十分险恶的艾滋病毒开始肆虐全球，至今仍在蔓延；2003 年春，来历不明的 SARS 病毒以及 2019 年底的新型冠状病毒突袭人间，给人们的生命财产带来极大的危害。长期以来，建立传染病的数学模型来描述传染病的传播过程、分析受感染人数的变化规律、探索制止传染病蔓延的手段等，一直是各国有关专家和官员关注的课题。

一、SI 模型

假设条件

（1）在疾病传播期内所考察地区的总人数 N 不变，既不考虑生死，也不考虑迁移。人群分为易感染者和已感染者两类，以下简称健康者和病人。时刻 t 这两类人在总人数中所占的比例分别记作 $s(t)$ 和 $i(t)$。

（2）每个病人每天有效接触的平均人数是常数 λ，λ 称为日接触率。当病人与健康者有效接触时，使健康者受感染变为病人。

根据假设，每个病人每天可使 $\lambda s(t)$ 个健康者变为病人，因为病人数为 $Ni(t)$，所以每天共有 $\lambda N S(t) i(t)$ 个健康者被感染，于是 $\lambda N S i$ 就是病人数 Ni 的增加率，即有

$$N\frac{d\varepsilon}{dt} = \lambda N S i \tag{1}$$

又因为

$$S(t) + i(t) = 1 \tag{2}$$

再记初始时刻($t = 0$)病人的比例为 i_0，则

$$\frac{\mathrm{d}i}{\mathrm{d}t} = \lambda i(1-i), i(0) = i_0 \tag{3}$$

方程(3)是 Logistic 模型,它的解为

$$i(t) = \frac{1}{1 + \left(\frac{1}{i_0} - 1\right)e^{-\lambda t}} \tag{4}$$

$i(t) - t$ 和 $\frac{\mathrm{d}i}{\mathrm{d}t} - i$ 的图形如图 5-3 和图 5-4 所示。

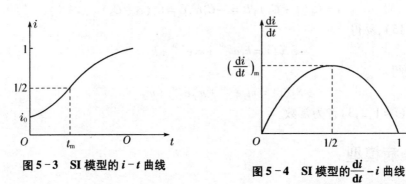

图 5-3   SI 模型的 $i-t$ 曲线   图 5-4   SI 模型的 $\frac{\mathrm{d}i}{\mathrm{d}t} - i$ 曲线

由式(3)和式(4)及图 5-3 和图 5-4 可知,第一,当 $i = 1/2$ 时 $\frac{\mathrm{d}i}{\mathrm{d}t}$ 达到最大值 $\left(\frac{\mathrm{d}i}{\mathrm{d}t}\right)_m$,这个时刻为 $t_m = \lambda^{-1}\ln\left(\frac{1}{i_0} - 1\right)$,这时病人增加得最快,可以认为是医院的门诊量最大的一天,预示着传染病高潮的到来,是医疗卫生部门关注的时刻。t_m 与 λ 成反比,因为日接触率 λ 表示该地区的卫生水平,λ 越小卫生水平越高,所以改善保健设施、提高卫生水平,可以推迟传染病高潮的到来。第二,当 $t \to \infty$ 时 $i \to 1$,即所有人终将被传染,全变为病人,这显然不符合实际情况,其原因是模型中没有考虑病人可以治愈,人群中的健康者只能变成病人,病人不会再变成健康者。

为了修正上述结果,必须重新考虑模型的假设。下面的模型我们讨论病人可以治愈的情况。

二、SIS 模型

有些传染病如伤风、痢疾等愈后免疫力很低,可以假定无免疫性,于是病人被治愈后变成健康者,健康者还可以被感染再变成病人,所以这个模型称 SIS 模型。

SIS 模型的假设条件(1)和(2)与 SI 模型相同,增加的条件为

(3)每天被治愈的病人数占病人总数的比例为常数 μ,称为日治愈率。病人治愈后成为仍可被感染的健康者。显然,$1/\mu$ 是这种传染病的平均传染期。

不难看出,考虑假设(3),SI 模型的式(1)应修正为

$$N\frac{\mathrm{d}\varepsilon}{\mathrm{d}t} = \lambda NSi - \mu Ni \tag{5}$$

式(2)不变,于是式(3)应改为

$$\frac{\mathrm{d}\varepsilon}{\mathrm{d}t} = \lambda i(1-i) - \mu i, i(0) = i_0 \tag{6}$$

我们不去求解方程(6)(虽然它的解可以解析地表出),而是通过图形分析 $i(t)$ 的变化规律,定义

$$\sigma = \frac{\lambda}{\mu} \tag{7}$$

注意到 λ 和 $1/\mu$ 的含义,可知 σ 是整个传染期内每个病人有效接触的平均人数,称为接触数。

利用 σ,方程(7)可以改写作

$$\frac{\mathrm{d}i}{\mathrm{d}t} = -\lambda i\left[i - \left(1 - \frac{1}{\sigma}\right)\right] \tag{8}$$

由方程(9)容易先画出 $\dfrac{\mathrm{d}i}{\mathrm{d}t} - i$ 的图形(图 5-5 和图 5-7),再画出 $i-t$ 的图形(图 5-6 和图 5-8)。

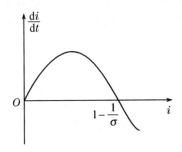

图 5-5　SIS 模型的 $\dfrac{\mathrm{d}i}{\mathrm{d}t} - i$ 曲线($\sigma > 1$)

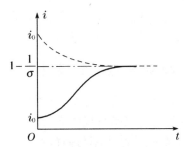

图 5-6　SIS 模型的 $i-t$ 曲线($\sigma > 1$),其中虚线是 $i_0 > 1 - \dfrac{1}{\sigma}$ 的情况

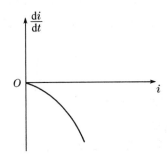

图 5-7　SIS 模型的 $\dfrac{\mathrm{d}i}{\mathrm{d}t} - i$ 曲线($\sigma \leqslant 1$)

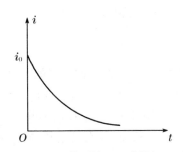

图 5-8　SIS 模型的 $i-t$ 曲线($\sigma \leqslant 1$)

不难看出,接触数 $\sigma = 1$ 是一个阈值。当 $\sigma > 1$ 时的 $i(t)$ 增减性取决于 i_0 的大小(见图 5-6),但其极限值 $i(\infty) = 1 - \dfrac{1}{\sigma}$ 随 σ 的增加而增加(试从 σ 的含义给予解释);当 $\sigma \leqslant 1$ 时病人比例 $i(t)$ 越来越小,最终趋于 0,这是由于传染期内经有效接触从而使健康者变成的病人数不超过原来病人数的缘故。

5.6 食饵-捕食者模型

自然界中不同种群之间存在着一种非常有趣的既有依存又有制约的生存方式,种群甲靠丰富的自然资源生长,种群乙靠捕食种群甲为生,食用鱼和鲨鱼、美洲兔和山猫、落叶松和蚜虫等都是这种生存方式的典型。生态学上称种群甲为食饵,种群乙为捕食者,两者共处组成食饵-捕食者系统,近百年来许多数学家和生态学家对这一系统进行了深入研究,建立了一系列数学模型。本节着重介绍 p－p 系统最初的、最简单的一个模型,它的由来还有一段历史背景。

意大利生物学家 D'Ancona 曾致力于鱼类各种群间相互依存、相互制约关系的研究,从第一次世界大战期间地中海各港口捕获的几种鱼类占总捕获量百分比的资料中,发现鲨鱼(捕食者)的比例有明显的增加,他知道,捕获的各种鱼的比例基本上代表了地中海渔场中各种鱼的比例。战争中捕获量大幅度下降,应该使渔场中食用鱼(食饵)和以此为生的鲨鱼同时增加,但是,捕获量的下降为什么会使鲨鱼的比例增加,即对捕食者更加有利呢?他无法解释这种现象,于是求助他的朋友、著名的意大利数学家 Volterra。Volterra 建立了一个简单的数学模型,回答了 D'Ancona 的问题。

Volterra 食饵-捕食者模型

食饵和捕食者在时刻 t 的数量分别记作 $x(t)$、$y(t)$。因为大海中资源丰富,假设当食饵独立生存时以指数规律增长,(相对)增长率为 r,即 $\dot{x} = rx$。而捕食者的存在使食饵的增长率减少,设减少率与捕食者数量成正比,于是 $\dot{x}(t)$ 满足方程

$$\dot{x}(t) = x(r - ay) = rx - axy \tag{1}$$

比例系数 a 反应捕食者掠食食饵的能力。

捕食者离开食饵无法生存,设它独自存在时死亡率为 d,即 $\dot{y} = -dy$,而食饵的存在为捕食者提供了食物,相当于使捕食者的死亡率降低,且促使其增长。设增长率与食饵的数量成正比,于是 $\dot{y}(t)$ 满足

$$\dot{y}(t) = y(-d + bx) = -dy \tag{2}$$

比例系数 b 反应食饵对捕食者的供养能力。

方程(1)和(2)是在自然环境中食饵和捕食者之间依存和制约的关系,这里没有考虑种群自身的阻滞增长作用,是 Volterra 提出的最简单的模型。

方程(1)和(2)没有解析解,我们分两步对这个模型所描述的现象进行分析。

1. 数值解

记食饵和捕食者的初始数量分别为

$$x(0) = x_0, y(0) = y_0 \tag{3}$$

为求微分方程(1)和(2)满足初始条件(3)的数值解 $x(t)$、$y(t)$ 及相轨线 $y(x)$,设 $r=1$, $d=0.5, a=0.1, b=0.02, x_0=25, y_0=2$,用 MATLAB 软件编程计算,可得 $x(t)$、$y(t)$ 及相轨线 $y(x)$。可以猜测 $x(t)$ 和 $y(t)$ 是周期函数,与此相应地,相轨线 $y(x)$ 是封闭曲线。从数值解近似地定出周期为 10.7,x 的最大、最小值分别为 99.3 和 2.0,y 的最大、最小值分

别为 28.4 和 2.0,并且用数值积分容易算出 $x(t)$、$y(t)$ 在一个周期的平均值分别为 $\bar{x} = 25$、$\bar{y} = 10$。

2. 平衡点

首先求得方程(1)和(2)的两个平衡点为

$$P\left(\frac{d}{b},\frac{r}{a}\right),P'(0,0) \tag{4}$$

计算它们的 p、q 发现,对于 P^*,$q < 0$,P^* 不稳定;对于 P,$p = 0$,$q > 0$,处于临界状态,不能用判断线性方程平衡点稳定性的准则研究非线性方程(1)和(2)的平衡点 P 的情况。下面用分析相轨线的方法解决这个问题。

从方程(1)和(2)消去 $\mathrm{d}t$ 后得到

$$\frac{\mathrm{d}x}{\mathrm{d}y} = \frac{x(r - ay)}{y(-d + bx)} \tag{5}$$

这是可分离变量方程,写作

$$\frac{-d + bx}{x}\mathrm{d}x = \frac{v - ay}{y}\mathrm{d}y \tag{6}$$

两边积分得到方程(5)的解,即方程(1)和(2)的相轨线为

$$(x^d \mathrm{e}^{-bx})(y^r \mathrm{e}^{-ay}) = c \tag{7}$$

式中常数 c 由初始条件确定。

为了从理论上证明相轨线(7)是封闭曲线,记

$$f(x) = x^d \mathrm{e}^{-bx},g(y) = y^r \mathrm{e}^{-ay} \tag{8}$$

将它们的极值点记为 x_0、y_0,极大值记为 f_m、g_m,则不难知道 x_0、y_0 满足

$$f(x_0) = f_\mathrm{m},x_0 = \frac{d}{b}$$

$$g(y_0) = g_\mathrm{m},y_0 = \frac{r}{a} \tag{9}$$

与式(4)相比可知,x_0、y_0 恰好是平衡点 P。

当 $c = f_\mathrm{m}g_\mathrm{m}$ 时,$x = x_0$,$y = y_0$,相轨线退化为平衡点 P。

3. $x(t)$、$y(t)$ 在一个周期内的平均值

在数值解中我们看到,$x(t)$、$y(t)$ 一个周期的平均值为 $\bar{x} = 25$、$\bar{y} = 10$,这个数值与平衡点 $x_0 = d/b = 0.5/0.02$,$y_0 = r/a = 0.1$ 刚好相等。实际上,可以用解析的方法求出它们在一个周期的平均值 $\bar{x}$、$\bar{y}$。

将方程(2)改写作

$$x(t) = \frac{1}{b}\left(\frac{\dot{y}}{y} + d\right) \tag{10}$$

式(10)两边在一个周期内积分,注意到 $y(T) = y(0)$,容易算出平均值为

$$\bar{x} = \frac{1}{T}\int_0^T x(t)\mathrm{d}t = \frac{1}{T}\left[\frac{\ln y(T) - \ln y(0)}{b} + \frac{dT}{b}\right] = \frac{d}{b} \tag{11}$$

类似地可得

$$\bar{y} = \frac{r}{a} \tag{12}$$

将式(11)和式(12)与式(9)比较可知

$$\bar{x} = x_0, \bar{y} = y_0 \tag{13}$$

即 $x(t)$、$y(t)$ 的平均值正是相轨线中心 P 点的坐标。

模型解释

注意到 r、d、a、b 在生态学上的意义，上述结果表明，捕食者的数量(用一个周期的平均值 $\bar{y}$ 代表)与食饵增长率 r 成正比，与它掠取食饵的能力 a 成反比；食饵的数量(用一个周期的平均值 $\bar{x}$ 代表)与捕食者死亡率 d 成正比，与它供养捕食者的能力 b 成反比。这就是说：在弱肉强食情况下，降低食饵的繁殖率，可使捕食者减少，而降低捕食者的掠取能力却会使之增加；捕食者的死亡率上升导致食饵增加，食饵供养捕食者的能力增强会使食饵减少。

Volterra 用这个模型来解释生物学家 D'Ancona 提出的问题：战争期间捕获量下降为什么会使鲨鱼(捕食者)的比例有明显的增加。

上面的结果是在自然环境下得到的，为了考虑人为捕获的影响，可以引入表示捕获能力的系数 e，相当于食饵增长率由 r 下降为 $r-e$，而捕食者死亡率由 d 上升为 $d+e$，用 $\bar{x}_1$、$\bar{y}_1$ 表示这种情况下食用鱼(食饵)和鲨鱼(捕食者)的(平均)数量，由式(11)和式(12)可知

$$\bar{x}_1 = \frac{d+e}{b}, \bar{y}_1 = \frac{r-e}{a} \tag{14}$$

显然，$\bar{x}_1 > \bar{x}$，$\bar{y}_1 < \bar{y}$。

战争期间捕获量下降，即捕获系数为 $e'(<e)$，于是食用鱼和鲨鱼的数量变为

$$\bar{x}_2 = \frac{d+e'}{b}, \bar{y}_2 = \frac{r-e'}{a} \tag{15}$$

显然，$\bar{x}_2 < \bar{x}_1$，$\bar{y}_2 < \bar{y}_1$。这正说明战争期间鲨鱼的比例会有明显的增加。

用 Volterra 模型还可以对某些杀虫剂的影响做出似乎出人意料的解释。自然界中不少吃农作物的害虫都有它的天敌——益虫，以害虫为食饵的益虫是捕食者，于是构成了一个食饵–捕食者系统。如果一些杀虫剂既杀死害虫又杀死益虫，那么使用这种杀虫剂就相当于前面讨论的人为捕获的影响，即有 $\bar{x}_1 > \bar{x}$，$\bar{y}_1 < \bar{y}$。这说明，从长期效果看(即平均意义下)，用这种杀虫剂将使害虫增加，而益虫减少，与使用者的愿望正好相反。

尽管 Volterra 模型可以解释一些现象，但它作为近似反映现实对象的一个数学模型，必然存在不少局限性。

第一，许多生态学家指出，多数食饵——捕食者系统都观察不到 Volterra 模型显示的那种周期振荡，而是趋向某种平衡状态，即系统存在稳定平衡点。实际上，只要在 Volterra 模型中加入考虑自身阻滞作用的 Logistic 项，用方程

$$\dot{x}_1(t) = r_1 x_1 \left(1 - \frac{x_1}{N_1} - \sigma_1 \frac{x_2}{N_2}\right) \tag{16}$$

$$\dot{x}_2(t) = r_2 x_2 \left(1 - \sigma_2 \frac{x_1}{N_1} - \frac{x_2}{N_2}\right) \tag{17}$$

就可以描述这种现象,其中各个参数的含义可以参看更多案例。

第二,一些生态学家认为,自然界里长期存在的呈周期变化的生态平衡系统应该是结构稳定的,即系统受到不可避免的干扰而偏离原来的周期轨道后,其内部制约作用会使系统自动恢复原状,如恢复原有的周期和振幅。而 Volterra 模型描述的周期变化状态却不是结构稳定的,因为根据图 5－7,一旦离开某一条闭轨线,就进入另一条闭轨线(其周期和振幅都会改变),不可能恢复原状。为了得到能反映周期变化的结构稳定的模型,要用到极限环的概念,这超出了本书的范畴。

习 题 五

1. 为治理湖水的污染,引入一条较清洁的河水,河水与湖水混合后又以同样的流量由另一条河排出。设湖水容积为 V,河水单位时间流量为 Q,河水的污染浓度为常数 c_h,湖水的初始污染浓度为 c_0。建立湖水污染浓度 c 随时间 t 变化的微分方程,并求解。

2. 有高为 1 m 的半球形容器,水从它的底部小孔流出。小孔横截面积为 1 cm^2。开始时容器内盛满了水,求水从小孔流出过程中容器里水面的高度 h(水面与孔口中心的距离)随时间 t 变化的规律。

3. 在交通十字路口都会设置红绿灯。为了让那些正行驶在交叉路口或离交叉路口太近而无法停下的车辆通过路口,红绿灯转换中间还要亮起一段时间的黄灯。对于一位驶近交叉路口的驾驶员来说,万万不可处于这样的进退两难的境地:要安全停车则离路口太近;要想在红灯亮之前通过路口又觉太远。那么,黄灯应亮多长时间才为合理呢?

4. 根据经验,当一种新商品投入市场后,随着人们对它的拥有量的增加,其销售量 $s(t)$ 下降的速度与 $s(t)$ 成正比。广告宣传可给销量添加一个增长速度,它与广告费 $a(t)$ 成正比,但广告只能影响这种商品在市场上尚未饱和的部分(设饱和量为 M)。建立一个销售量 $s(t)$ 的模型:若广告宣传只进行有限时间 τ,且广告费为常数 a。问: $s(t)$ 如何变化?

5. 一个岛屿上栖居着食肉爬行动物和哺乳动物,又长着茂盛的植物,爬行动物以哺乳动物为食,哺乳动物又依赖植物生存。在适当的假设下建立三者之间关系的模型,求平衡点。

6. 人体注射葡萄糖溶液时,血液中葡萄糖浓度 $g(t)$ 的增长率与注射速率 r 成正比,与人体血液容积 V 称反比,而由于人体组织的吸收作用, $g(t)$ 的减少率与 $g(t)$ 本身成正比。当 V 随着注入溶液而增加时建立模型,并讨论稳定情况。

第 6 章   科学决策模型

我们经常面对一些实际问题,其基本出发点是,在决策时遵循最大化原则,抉择最优方案,谋求最大效益。作为决策的主体,始终坚持理性化活动。除了前面介绍的优化模型外,本章再介绍层次分析法模型、马尔可夫链模型、图论模型,对从个人到社会不同层面的问题进行决策或预测。

6.1   层次分析法

层次分析法(Analytic Hierarchy Process,AHP)是对一些较为复杂、较为模糊的问题做出决策的简易方法,它特别适用于那些难以完全定量分析的问题。它是美国运筹学家 T. L. Saaty 教授于 20 世纪 70 年代初期提出的一种简便、灵活而又实用的多准则决策方法。

一、层次分析法的基本原理与步骤

人们在进行社会的、经济的以及科学管理领域问题的系统分析中,面临的常常是一个由相互关联、相互制约的众多因素构成的复杂而往往缺少定量数据的系统。层次分析法为这类问题的决策和排序提供了一种新的、简洁而实用的建模方法。

运用层次分析法建模,大体上可按下面 4 个步骤进行:

(1) 建立递阶层次结构模型;

(2) 构造出各层次中的所有判断矩阵;

(3) 层次单排序及一致性检验;

(4) 层次总排序及一致性检验。

下面分别说明这 4 个步骤的实现过程。

递阶层次结构的建立与特点

应用 AHP 分析决策问题时,首先要把问题条理化、层次化,构造出一个有层次的结构模型。在这个模型下,复杂问题被分解为元素的组成部分。这些元素又按其属性及关系形成若干层次。上一层次的元素作为准则对下一层有关元素起支配作用。这些层次可以分为 3 类:

最高层:这一层次中只有一个元素,一般它是分析问题的预定目标或理想结果,因此也称为目标层。

中间层:这一层次中包含了为实现目标所涉及的中间环节,它可以由若干个层次组成,包括所需考虑的准则、子准则,因此也称为准则层。

最底层:这一层次包括了为实现目标可供选择的各种措施、决策方案等,因此也称为措施层或方案层。

递阶层次结构中的层次数与问题的复杂程度及需要分析的详尽程度有关,一般地,层次数不受限制。每一层次中各元素所支配的元素一般不要超过 9 个,这是因为支配的元素过多会给两两比较判断带来困难。

下面结合一个实例来说明递阶层次结构的建立。

例 1　假期旅游有 P_1、P_2、P_3 三个旅游胜地供你选择,试确定一个最佳地点。在此问题中,你会根据诸如景色、费用、居住、饮食和旅途条件等一些准则去反复比较这 3 个候选地点,可以建立如图 6-1 所示的层次结构模型。

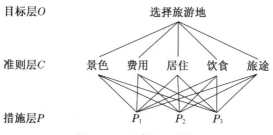

图 6-1　层次结构模型

构造判断矩阵

层次结构反映了因素之间的关系,但准则层中的各准则在目标衡量中所占的比重并不一定相同,在决策者的心目中,它们各占有一定的比例。

在确定影响某因素的诸因子在该因素中所占的比重时,遇到的主要困难是这些比重常常不易定量化。此外,当影响某因素的因子较多时,直接考虑各因子对该因素有多大程度的影响时,常常会因考虑不周全、顾此失彼而使决策者提出与他实际认为的重要性程度不相一致的数据,甚至有可能提出一组隐含矛盾的数据。为看清这一点,可做如下假设:将一块质量为 1 千克的石块砸成 n 小块,你可以精确称出它们的质量,设为 $m_1, m_2, \cdots, m_n$。现在请人估计这 n 小块的质量占总质量的比例(不能让他知道各小石块的质量)。此人不仅很难给出精确的比值,而且完全可能因顾此失彼而提供彼此矛盾的数据。

设现在要比较 n 个因子 $X = \{x_1, x_2, \cdots, x_n\}$ 对某因素 Z 的影响大小,怎样比较才能提供可信的数据呢?Saaty 等人建议可以采取对因子进行两两比较建立成对比较矩阵的办法,即每次取两个因子 x_i 和 x_j,以 a_{ij} 表示 x_i 和 x_j 对 Z 的影响大小之比,全部比较结果用矩阵 $A = (a_{ij})_{n \times n}$ 表示,称 A 为 $Z-X$ 之间的成对比较判断矩阵(简称判断矩阵)。容易看出,若 x_i 与 x_j 对 Z 的影响之比为 a_{ij},则 x_j 与 x_i 对 Z 的影响之比应为 $a_{ji} = \dfrac{1}{a_{ij}}$。

定义 1　若矩阵 $A = (a_{ij})_{n \times n}$ 满足:

$$(\mathrm{i}) \, a_{ij} > 0, (\mathrm{ii}) \, a_{ji} = \frac{1}{a_{ij}} (i, j = 1, 2, \cdots, n)$$

则称之为正互反矩阵(易见 $a_{ii} = 1, i = 1, 2, \cdots, n$)。

关于如何确定 a_{ij} 的值,Saaty 等建议引用数字 1—9 及其倒数作为标度。表 6-1 列出了 1—9 标度的含义。

表 6-1 标度的含义

标度	含义
1	表示两个因素相比,具有相同重要性
3	表示两个因素相比,前者比后者稍重要
5	表示两个因素相比,前者比后者明显重要
7	表示两个因素相比,前者比后者强烈重要
9	表示两个因素相比,前者比后者极端重要
2,4,6,8	表示上述相邻判断的中间值
倒数	若因素 i 与因素 j 的重要性之比为 a_{ij},那么因素 j 与因素 i 的重要性之比为 $a_{ji} = \dfrac{1}{a_{ij}}$

从心理学观点来看,分级太多会超越人们的判断能力,既增加了做判断的难度,又容易因此而提供虚假数据。Saaty 等人还用实验方法比较了在各种不同标度下人们判断结果的正确性,实验结果也表明,采用 1—9 标度最为合适。

最后,应该指出,一般地,做 $\dfrac{n(n-1)}{2}$ 次两两判断是必要的。有人认为把所有元素都和某个元素比较,即只做 $n-1$ 次比较就可以了。这种做法的弊病在于,任何一个判断的失误均可导致不合理的排序,而个别判断的失误对于难以定量的系统往往是很难避免的。进行 $\dfrac{n(n-1)}{2}$ 次,从而导出一个合理的排序。

层次单排序及一致性检验

判断 A 矩阵对应于最大特征值 $\lambda_{\max}$ 的特征向量 W,经归一化后即为同一层次相应因素对于上一层次某因素相对重要性的排序权值,这一过程称为层次单排序。上述构造成对比较判断矩阵的办法虽能减少其他因素的干扰,较客观地反映出一对因子影响力的差别,但综合全部比较结果时,其中难免包含一定程度的非一致性。如果比较结果前后完全一致,则矩阵 A 的元素还应当满足:

$$a_{ij} \cdot a_{jk} = a_{ik}, \forall i,j,k = 1,\cdots,n \tag{1}$$

定义 2 满足关系式(1)的正互反矩阵称为一致矩阵。

需要检验构造出来的(正互反)判断矩阵 A 是否严重地非一致,以便确定是否接受 A。

定理 1 正互反矩阵 A 的最大特征根 $\lambda_{\max}$ 必为正实数,其对应特征向量的所有分量均为正实数。A 的其余特征值的模均严格小于 $\lambda_{\max}$。

定理 2 若 A 为一致矩阵,则:

(1)A 必为正互反矩阵;

(2)A 的转置矩阵 A^{T} 也是一致矩阵;

(3)A 的任意两行成比例,比例因子大于零,从而 $\mathrm{rank}(A) = 1$(同样,A 的任意两列也成比例);

(4)A 的最大特征值 $\lambda_{\max} = n$,其中 n 为矩阵 A 的阶,A 的其余特征根均为零;

（5）若 A 的最大特征值 $\lambda_{\max}$ 对应的特征向量为 $W = (w_1, \cdots, w_n)^{\mathrm{T}}$，则

$$a_{ij} = \frac{w_i}{w_j}, \ \forall\, i,j = 1,2,\cdots,n$$

即

$$A = \begin{bmatrix} \dfrac{w_1}{w_1} & \dfrac{w_1}{w_2} & \cdots & \dfrac{w_1}{w_n} \\[2mm] \dfrac{w_2}{w_1} & \dfrac{w_2}{w_2} & \cdots & \dfrac{w_2}{w_n} \\[2mm] \cdots & \cdots & \ddots & \cdots \\[2mm] \dfrac{w_n}{w_1} & \dfrac{w_n}{w_2} & \cdots & \dfrac{w_n}{w_n} \end{bmatrix}$$

定理 3　n 阶正互反矩阵 A 为一致矩阵当且仅当其最大特征根 $\lambda_{\max} = n$，且当正互反矩阵 A 非一致时，必有 $\lambda_{\max} > n$。

根据定理 3，我们可以由 $\lambda_{\max}$ 是否等于 n 来检验判断矩阵 A 是否为一致矩阵。由于特征根连续地依赖于 a_{ij}，故 $\lambda_{\max}$ 比 n 大得越多，A 的非一致性程度也就越严重，$\lambda_{\max}$ 对应的标准化特征向量也就越不能真实地反映出 $X = \{x_1, \cdots, x_n\}$ 在对因素 Z 的影响中所占的比重。

因此，对决策者提供的判断矩阵有必要做一次一致性检验，以决定是否能接受它。

对判断矩阵的一致性检验的步骤如下：

（1）计算一致性指标 CI

$$CI = \frac{\lambda_{\max} - n}{n - 1}$$

（2）查找相应的平均随机一致性指标 RI。对 $n = 1, \cdots, 9$，Saaty 给出了 RI 的值，如表 6−2 所示。

表 6−2　RI 的值

n	1	2	3	4	5	6	7	8	9
RI	0	0	0.58	0.90	1.12	1.24	1.32	1.41	1.45

RI 的值是这样得到的，用随机方法构造 500 个样本矩阵，随机地从 1—9 及其倒数中抽取数字构造正互反矩阵，求得最大特征根的平均值 $\lambda'_{\max}$，并定义

$$RI = \frac{\lambda'_{\max} - n}{n - 1}$$

（3）计算一致性比例 CR

$$CR = \frac{CI}{RI}$$

当 $CR < 0.10$ 时，认为判断矩阵的一致性是可以接受的，否则应对判断矩阵做适当修正。

层次总排序及一致性检验

上面我们得到的是一组元素对其上一层中某元素的权重向量。我们最终要得到各元

素,特别是最低层中各方案对于目标的排序权重,从而进行方案选择。总排序权重要自上而下地将单准则下的权重进行合成。

设上一层次(A 层)包含 $A_1, \cdots, A_m$ 共 m 个因素,它们的层次总排序权重分别为 $a_1, \cdots, a_m$。又设其后的下一层次(B 层)包含 n 个因素 $B_1, \cdots, B_n$,它们关于 A_j 的层次单排序权重分别为 $b_{1j}, \cdots, b_{nj}$(当 B_i 与 A_j 无关联时,$b_{ij} = 0$)。现求 B 层中各因素关于总目标的权重,即求 B 层各因素的层次总排序权重 $b_1, \cdots, b_n$,计算按 6-3 所示方式进行,即

$$b_i = \sum_{j=1}^{m} b_{ij} a_j, i = 1, \cdots, n$$

表 6-3　层次总排序合成表

B 层	A 层				B 层总排序权植
	A_1 a_1	A_2 a_2	$\cdots$	A_m a_m	
B_1	b_{11}	b_{12}	$\cdots$	b_{1m}	$\sum_{j=1}^{m} b_{1j} a_j$
B_2	b_{21}	b_{22}	$\cdots$	b_{2m}	$\sum_{j=1}^{m} b_{2j} a_j$
$\vdots$	$\cdots$	$\cdots$	$\cdots$	$\cdots$	$\vdots$
B_n	b_{n1}	b_{n2}	$\cdots$	b_{nm}	$\sum_{j=1}^{m} b_{nj} a_j$

对层次总排序也需做一致性检验,检验仍像层次总排序那样由高层到低层逐层进行。这是因为虽然各层次均已经过层次单排序的一致性检验,各成对比较判断矩阵都已具有较为满意的一致性,但当综合考察时,各层次的非一致性仍有可能积累起来,引起最终分析结果较严重的非一致性。

设 B 层中与 A_j 相关的因素的成对比较判断矩阵在单排序中经一致性检验,求得单排序一致性指标为 $CI(j)(j = 1, \cdots, m$;相应的平均随机一致性指标为 $RI(j)$、$CI(j)$、$RI(j)$ 已在层次单排序时求得),则 B 层总排序随机一致性比例为

$$CR = \frac{\sum\limits_{j=1}^{m} CI(j) a_j}{\sum\limits_{j=1}^{m} RI(j) a_j}$$

当 $CR < 0.10$ 时,认为层次总排序结果具有较满意的一致性并接受该分析结果。

层次分析法的应用

在应用层次分析法研究问题时,遇到的主要困难有两个:① 如何根据实际情况抽象出较为贴切的层次结构;② 如何将某些定性的量做比较接近实际定量化处理。层次分析法对人们的思维过程进行了加工整理,提出了一套系统分析问题的方法,为科学管理和决策提供了较有说服力的依据。但层次分析法也有其局限性,主要表现在:① 它在很大程度上依赖于人们的经验,主观因素的影响很大,它最多只能排除思维过程中的严重非一致

性,却无法排除决策者个人可能存在的严重片面性。② 比较、判断过程较为粗糙,不能用于精度要求较高的决策问题。AHP 最多只能算是一种半定量(或定性与定量结合)的方法。

在应用层次分析法时,建立层次结构模型是十分关键的一步。现再分析一个实例,以便说明如何从实际问题中抽象出相应的层次结构。

例 2　挑选合适的工作。经双方恳谈,已有 3 个单位表示愿意录用某毕业生。该生根据已有信息建立了一个层次结构模型,如图 6-2 所示。

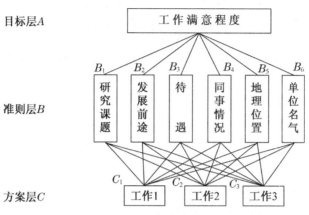

图 6-2　层次结构模型

准则层的判断矩阵如表 6-4 所示。

表 6-4　准则层的判断矩阵

A	B_1	B_2	B_3	B_4	B_5	B_6
B_1	1	1	1	4	1	1/2
B_2	1	1	2	4	1	1/2
B_3	1	1/2	1	5	3	1/2
B_4	1/4	1/4	1/5	1	1/3	1/3
B_5	1	1	1/3	3	1	1
B_6	2	2	2	3	3	1

方案层的判断矩阵如表 6-5 所示。

表 6-5　方案层的判断矩阵

B_1	C_1	C_2	C_3	B_2	C_1	C_2	C_3	B_3	C_1	C_2	C_3
C_1	1	1/4	1/2	C_1	1	1/4	1/5	C_1	1	3	1/3
C_2	4	1	3	C_2	4	1	1/2	C_2	1/3	1	1/7
C_3	2	1/3	1	C_3	5	2	1	C_3	3	1	1
B_4	C_1	C_2	C_3	B_5	C_1	C_2	C_3	B_6	C_1	C_2	C_3
C_1	1	1/3	5	C_1	1	1	7	C_1	1	7	9
C_2	3	1	7	C_2	1	1	7	C_2	1/7	1	1
C_3	1/5	1/7	1	C_3	1/7	1/7	1	C_3	1/9	1	1

层次总排序的结果如表 6 - 6 所示。

表 6 - 6 层次总排序

准则		研究课题	发展前途	待遇	同事情况	地理位置	单位名气	总排序权值
准则层权值		0. 150 7	0. 179 2	0. 188 6	0. 047 2	0. 146 4	0. 287 9	
方案层	工作 1	0. 136 5	0. 097 4	0. 242 6	0. 279 0	0. 466 7	0. 798 6	0. 395 2
单排序	工作 2	0. 625 0	0. 333 1	0. 087 9	0. 649 1	0. 466 7	0. 104 9	0. 299 6
权值	工作 3	0. 238 5	0. 569 5	0. 669 4	0. 071 9	0. 066 7	0. 096 5	0. 305 2

根据层次总排序权值,该生最满意的工作为工作 1。计算的 MATLAB 程序如下:

```
clc,clear
fid = fopen('txt3. txt','r');
n1 = 6;n2 = 3;
a = [];
for i = 1:n1
    tmp = str2num(fgetl(fid));
    a = [a;tmp]; %读准则层判断矩阵
end
for i = 1:n1
    str1 = char(['b',int2str(i),'= [];']);
    str2 = char(['b',int2str(i),'= [b',int2str(i),';tmp];']);
    eval(str1);
    for j = 1:n2
        tmp = str2num(fgetl(fid));
        eval(str2); %读方案层的判断矩阵
    end
end
    ri = [0,0,0. 58,0. 90,1. 12,1. 24,1. 32,1. 41,1. 45]; %一致性指标
    [x,y] = eig(a);
    lamda = max(diag(y));
    num = find(diag(y) = = lamda);
    w0 = x(:,num)/sum(x(:,num));
    cr0 = (lamda-n1)/(n1 - 1)/ri(n1)
    for i = 1:n1
        [x,y] = eig(eval(char(['b',int2str(i)])));
        lamda = max(diag(y)); num = find(diag(y) = = lamda);
        w1(:,i) = x(:,num)/sum(x(:,num));
        cr1(i) = (lamda - n2)/(n2 - 1)/ri(n2);
```

end

　　cr1，ts = w1 * w0，cr = cr1 * w0

纯文本文件 txt3. txt 中的数据格式如下：

1	1	1	4	1	1/2
1	1	2	4	1	1/2
1	1/2	1	5	3	1/2
1/4	1/4	1/5	1	1/3	1/3
1	1	1/3	3	1	1
2	2	2	3	3	1
1	1/4	1/2			
4	1	3			
2	1/3	1			
1	1/4	1/5			
4	1	1/2			
5	2	1			
1	3	1/3			
1/3	1	1/7			
3	7	1			
1	1/3	5			
3	1	7			
1/5	1/7	1			
1	1	7			
1	1	7			
1/7	1/7	1			
1	7	9			
1/7	1	1			
1/9	1	1			

6.2　马氏链模型

一、随机过程的概念

　　一个随机试验的结果有多种可能性,在数学上用一个随机变量(或随机向量)来描述。在许多情况下,人们不仅需要对随机现象进行一次观测,而且要进行多次,甚至接连不断地观测它的变化过程。这就要研究无限多个,即一族随机变量。随机过程理论就是研究随机现象变化过程的概率规律性。

　　定义 1　设 $\{\xi_t, t \in T\}$ 是一族随机变量,T 是一个实数集合,若对任意实数 $t \in T, \xi_t$ 是一个随机变量,则称 $\{\xi_t, t \in T\}$ 为随机过程。

T 称为参数集合,参数 t 可以看作时间。ξ_t 的每一个可能取值称为随机过程的一个状态,其全体可能取值所构成的集合称为状态空间,记作 E。当参数集合 T 为非负整数集时,随机过程又称随机序列。本章要介绍的马尔可夫链就是一类特殊的随机序列。

例 1 在一条自动生产线上检验产品质量,每次取一个,"废品"记为 1,"合格品"记为 0。以 ξ_n 表示第 n 次检验结果,则 ξ_n 是一个随机变量。不断检验,得到一列随机变量 $\xi_1,\xi_2,\cdots$,记为 $\{\xi_n,n=1,2,\cdots\}$。它是一个随机序列,其状态空间 $E=\{0,1\}$。

例 2 在 m 个商店联营出租照相机的业务中(顾客从其中一个商店租出,可以到 m 个商店中的任意一个归还),规定一天为一个时间单位,"$\xi_t=j$"表示"第 t 天开始营业时照相机在第 j 个商店",$j=1,2,\cdots,m$。则 $\{\xi_n,n=1,2,\cdots\}$ 是一个随机序列,其状态空间 $E=\{1,2,\cdots,m\}$。

例 3 统计某种商品在 t 时刻的库存量,对于不同的 t,得到一族随机变量,$\{\xi_t,t\in[0,+\infty]\}$ 是一个随机过程,状态空间 $E=[0,R]$,其中 R 为最大库存量。

我们用一族分布函数来描述随机过程的统计规律。一般地,一个随机过程 $\{\xi_t,t\in T\}$,对于任意正整数 n 及 T 中任意 n 个元素 $t_1,\cdots,t_n$,相应的随机变量 $\xi_{t_1},\cdots,\xi_{t_n}$ 的联合分布函数记为

$$F_{t_1\cdots t_n}(x_1,\cdots,x_n)=P\{\xi_{t_1}\le x_1,\cdots,\xi_{t_n}\le x_n\} \tag{1}$$

由于 n 及 $t_i(i=1,2,\cdots,n)$ 的任意性,式(1)给出了一族分布函数,记为

$$\{F_{t_1\cdots t_n}(x_1,\cdots,x_n),t_i\in T,i=1,2,\cdots,n;n=1,2,\cdots\}$$

称它为随机过程 $\{\xi_t,t\in T\}$ 的有穷维分布函数族。它完整地描述了这一随机过程的统计规律性。

二、马尔可夫链

1. 马尔可夫链的定义

现实世界中有很多这样的现象:某一系统在已知现在情况的条件下,系统未来时刻的情况只与现在有关,而与过去的历史无直接关系。比如,研究一个商店的累计销售额,如果现在时刻的累计销售额已知,则未来某一时刻的累计销售额与现在时刻以前的任一时刻累计销售额无关。上节中的几个例子均属此类。描述这类随机现象的数学模型称为马氏模型。

定义 2 设 $\{\xi_n,n=1,2,\cdots\}$ 是一个随机序列,状态空间 E 为有限或可列集,对于任意的正整数 m,n,若

$$P\{\xi_{n+m}=j|\xi_n=i,\xi_{n-1}=i_{n-1},\cdots,\xi_1=i_1\}=P\{\xi_{n+m}=j|\xi_n=i\} \tag{2}$$

则称 $\{\xi_n,n=1,2,\cdots\}$ 为一个马尔可夫链(简称马氏链),式(2)称为马氏性。

事实上,可以证明若等式(2)对于 $m=1$ 成立,则它对于任意的正整数 m 也成立。因此,只要当 $m=1$ 时式(2)成立,就可以称随机序列 $\{\xi_n,n=1,2,\cdots\}$ 具有马氏性,即 $\{\xi_n,n=1,2,\cdots\}$ 是一个马尔可夫链。

定义 3 设 $\{\xi_n,n=1,2,\cdots\}$ 是一个马氏链。如果等式(2)右边的条件概率与 n 无关,即

$$P\{\xi_{n+m}=j|\xi_n=i\}=P_{ij}(m) \tag{3}$$

则称 $\{\xi_n,n=1,2,\cdots\}$ 为时齐的马氏链;称 $P_{ij}(m)$ 为系统由状态 i 经过 m 个时间间隔(或 m 步)转移到状态 j 的转移概率。式(3)称为时齐性,它的含义是:系统由状态 i 到状态 j 的转移概率只依赖于时间间隔的长短,与起始的时刻无关。本章介绍的马氏链假定都是时齐的,因此省略"时齐"二字。

2. 转移概率矩阵及柯尔莫哥洛夫定理

对于一个马尔可夫链 $\{\xi_n,n=1,2,\cdots\}$,称以 m 步转移概率 $P_{ij}(m)$ 为元素的矩阵 $P(m)$ 为马尔可夫链的 m 步转移矩阵。当 $m=1$ 时,记 $P(1)=P$ 称为马尔可夫链的一步转移矩阵,或简称转移矩阵。它们具有下列 3 个基本性质:

(1) 对一切 $i,j\in E,0\leqslant P_{ij}(m)\leqslant 1$;

(2) 对一切 $i\in E,\sum\limits_{j\in E}P_{ij}(m)=1$;

(3) 对一切 $i,j\in E,P_{ij}(0)=\delta_{ij}=\begin{cases}1,i=j,\\0,i\neq j。\end{cases}$

当实际问题可以用马尔可夫链来描述时,首先要确定它的状态空间及参数集合,然后确定它的一步转移概率。关于这一概率的确定,可以由问题的内在规律得到,也可以由过去经验给出,还可以根据观测数据来估计。

例 4 某计算机机房的一台计算机经常出故障,研究者每隔 15 分钟观察一次计算机的运行状态,收集了 24 小时的数据(共做 97 次观察)。用 1 表示正常状态,用 0 表示不正常状态,所得的数据序列如下:

1110010011111100111101111100111111110001101101
1110110110101111011101110111111001101111100111

解 设 $X_n(n=1,2,\cdots,97)$ 为第 n 个时段的计算机状态,可以认为它是一个时齐马氏链,状态空间 $E=\{0,1\}$,编写如下 MATLAB 程序:

```
a1 = '1110010011111100111101111100111111110001101101';
a2 = '1110110110101111011101110111111001101111100111';
    a = [a1 a2];
f00 = length(findstr('00',a))
f01 = length(findstr('01',a))
f10 = length(findstr('10',a))
f11 = length(findstr('11',a))
```

或者把上述数据序列保存到纯文本文件 data1.txt 中,存放在 MATLAB 下的 work 子目录中,编写程序如下:

```
clc,clea
format rat fid = fopen('data1.txt','r'); a = [];
while (~feof(fid)) a = [a fgetl(fid)];
        end
for i = 0:1
```

```
for j = 0:1
s = [int2str(i),int2str(j)]; f(i + 1,j + 1) = length(findstr(s,a));
end
end
fs = sum(f');
for i = 1:2
f(i,:) = f(i,:)/fs(i);
end
```

求得 96 次状态转移的情况是:

0   0,8 次;

1   0,18 次;

0   1,18 次;

1   1,52 次

因此,一步转移概率可用频率近似地表示为

$$P_{00} = P\{X_{n+1} = 0 | X_n = 0\} \approx \frac{8}{8 + 18} = \frac{4}{13}$$

$$P_{01} = P\{X_{n+1} = 0 | x_n = 0\} \approx \frac{18}{8 + 18} = \frac{9}{13}$$

$$P_{10} = P\{X_{n+1} = 0 | x_n = 0\} \approx \frac{18}{18 + 52} = \frac{9}{35}$$

$$P_{11} = P\{X_{n+1} = 0 | x_n = 0\} \approx \frac{52}{18 + 52} = \frac{26}{35}$$

例 5 设一随机系统状态空间 $E = \{1,2,3,4\}$,记录观测系统所处状态如下:

```
4    3    2    1    4    3    1    1    2    3
2    1    2    3    4    4    3    3    1    1
1    3    3    2    1    2    2    2    4    4
2    3    2    3    1    1    2    4    3    1
```

若该系统可用马氏模型描述,估计转移概率 P_{ij}。

解 首先将不同类型的转移数 n_{ij} 统计出来分类记入表 6-7 中。

表 6-7 $i \rightarrow j$ 转移数 n_{ij}

	1	2	3	4	行和 n_i
1	4	4	1	1	10
2	3	2	4	2	11
3	4	4	2	1	11
4	0	1	4	2	7

n_{ij} 是由状态 i 到状态 j 的转移次数,各类转移总和 $\sum_i \sum_j n_{ij}$ 等于观测数据中马氏链处于各种状态次数总和减1,而行和 n_i 是系统从状态 i 转移到其他状态的次数,则 P_{ij} 的估

计值 $P_{ij} = \dfrac{n_{ij}}{n_i}$。计算得

$$\hat{P} = \begin{bmatrix} 2/5 & 2/5 & 1/10 & 1/10 \\ 3/11 & 2/11 & 4/11 & 2/11 \\ 4/11 & 4/11 & 2/11 & 1/11 \\ 0 & 1/7 & 4/7 & 2/7 \end{bmatrix}$$

MATLAB 计算程序如下:

```
format rat clc,clear
    a = [4 3 2 1 4 3 11 23 …
        2 1 2 3 44 33 11 …
        1 3 3 2 12 22 44 …
        2 3 2 3 11 24 31];
for i = 1:4 for j = 1:4
        f(i,j) = length(findstr([i j],a));
    end
        end
ni = sum(f')
for i = 1:4
        P(i,:) = f(i,:)/ni(i);
end P
```

例 6　(带有反射壁的随机徘徊)如果在原点右边距离原点一个单位及距原点 $s(s > 1)$ 个单位处各立一个弹性壁。一个质点在数轴右半部从距原点两个单位处开始随机徘徊。每次分别以概率 $p(0 < p < 1)$ 和 $q(q = 1 - p)$ 向右和向左移动一个单位;若在 $+1$ 处,则以概率 p 反射到 2,以概率 q 停在原处;在 s 处,则以概率 q 反射到 $s - 1$,以概率 p 停在原处。设 ξ_n 表示徘徊 n 步后的质点位置。$\{\xi_n, n = 1, 2, \cdots\}$ 是一个马尔可夫链,其状态空间 $E = \{1, 2, \cdots, s\}$,写出转移矩阵 $\boldsymbol{P}$。

解
$$P\{\xi_n = i\} = \begin{cases} 1, i = 2 \\ 0, i \neq 2 \end{cases}$$

$$P_{1j} = \begin{cases} q, j = 1 \\ p, j = 2 \\ 0, 其他 \end{cases}$$

$$P_{sj} = \begin{cases} p, j = s \\ q, j = s - 1 \\ 0, 其他 \end{cases}$$

$$P_{ij} = \begin{cases} p, j - i = 1 \\ q, j - i = -1 (i = 2, 3, \cdots, s - 1) \\ 0, 其他 \end{cases}$$

因此,$\boldsymbol{P}$ 为一个 s 阶方阵,即

$$P = \begin{bmatrix} q & p & 0 & \cdots & 0 & 0 \\ q & 0 & p & \cdots & 0 & 0 \\ 0 & q & 0 & \cdots & 0 & 0 \\ \cdots & \cdots & \cdots & \ddots & \cdots & \cdots \\ 0 & 0 & 0 & q & 0 & p \\ 0 & 0 & 0 & 0 & q & p \end{bmatrix}$$

定理1 （柯尔莫哥洛夫-开普曼定理）设 $\{\xi_n, n=1,2,\cdots\}$ 是一个马尔可夫链,其状态空间 $E=\{1,2,\cdots\}$,则对任意正整数 m 和 n,有

$$P_{ij}(n+m) = \sum_{k \in E} P_{ik}(n) P_{kj}(m)$$

其中 $i,j \in E$。

定理2 设 P 是一个马氏链转移矩阵(P 的行向量是概率向量),$P^{(0)}$ 是初始分布行向量,则第 n 步的概率分布为

$$P^{(n)} = P^{(0)} P^n$$

例7 若顾客的购买是无记忆的,即已知现在顾客购买情况,未来顾客的购买情况不受过去购买历史的影响,而只与现在购买情况有关。现在市场上供应 $A、B、C$ 三个不同厂家生产的 50 克袋装味精,用"$\xi_n=1$""$\xi_n=2$""$\xi_n=3$"分别表示"顾客第 n 次购买 $A、B、C$ 厂的味精"。显然,$\{\xi_n, n=1,2,\cdots\}$ 是一个马氏链。若已知第一次顾客购买三个厂味精的概率依次为 0.2、0.4、0.4。又知道一般顾客购买的倾向由表 6-8 给出。求顾客第四次购买各家味精的概率。

表 6-8 顾客购买状态概率转移

上次购买	下次购买		
	A	B	C
A	0.8	0.1	0.1
B	0.5	0.1	0.4
C	0.5	0.3	0.2

解 第一次购买的概率分布为

$$P^{(1)} = [0.2 \quad 0.4 \quad 0.4]$$

$$\text{转移矩阵} \ P = \begin{bmatrix} 0.8 & 0.1 & 0.1 \\ 0.5 & 0.1 & 0.4 \\ 0.5 & 0.3 & 0.2 \end{bmatrix}$$

则顾客第四次购买各家味精的概率为

$$P^{(4)} = P^{(1)} P^3 = [0.700\,4 \quad 0.136 \quad 0.163\,6]$$

3. 转移概率的渐近性质——极限概率分布

现在我们考虑,随 n 的增大,P^n 是否会趋于某一固定向量? 先考虑一个简单例子:

转移矩阵:$P = \begin{bmatrix} 0.5 & 0.5 \\ 0.7 & 0.4 \end{bmatrix}$,当 $n \to +\infty$ 时,有

$$P^n = \begin{bmatrix} \dfrac{7}{12} & \dfrac{5}{12} \\[2mm] \dfrac{7}{12} & \dfrac{5}{12} \end{bmatrix}$$

又若取 $u = \begin{bmatrix} \dfrac{7}{12} & \dfrac{5}{12} \end{bmatrix}$，则 $uP = u, u^{\mathrm{T}}$ 为矩阵 P^{T} 的对应于特征值 $\lambda = 1$ 的特征（概率）向量，u 也称为 P 的不动点向量。哪些转移矩阵具有不动点向量？为此我们给出正则矩阵的概念。

定义 4   一个马氏链的转移矩阵 P 是正则的，当且仅当存在正整数 k，使 P^k 的每一元素都是正数。

定理 3   若 P 是一个马氏链的正则阵，那么：

（1）P 有唯一的不动点向量 W，W 的每个分量为正。

（2）P 的 n 次幂 P^n（n 为正整数）随 n 的增加趋于矩阵 $\bar{W}$，$\bar{W}$ 的每一行向量均等于不动点向量 W。

例 8   信息的传播。一条新闻在 a_1、a_2、$\cdots$、$a_n \cdots$ 中间传播，传播的方式是 a_1 传给 a_2，a_2 传给 a_3，$\cdots\cdots$ 如此继续下去，每次传播都是由 a_i 传给 a_{i+1}。每次传播消息的失真概率是 $p, 0 < p < 1$，即 a_i 将消息传给 a_{i+1} 时，传错的概率是 P，这样经过长时间传播，第 n 个人得知消息时，消息的真实程度如何？

设整个传播过程为随机转移过程，消息经过一次传播失真的概率为 p，转移矩阵

$$P = \begin{array}{c} \\ \text{假} \\ \text{真} \end{array} \overset{\begin{array}{cc} \text{假} & \text{真} \end{array}}{\begin{bmatrix} 1-p & p \\ p & 1-p \end{bmatrix}}$$

P 是正则矩阵。又设 V 是初始分布，则消息经过 n 次传播后，其可靠程度的概率分布为 $V \cdot P^n$。

一般地，设时齐马氏链的状态空间为 E，如果对于所有 $i, j \in E$，转移概率 $P_{ij}(n)$ 存在极限，即

$$\lim_{n \to \infty} P_{ij}(n) = \pi_j \text{（不依赖于 } i\text{）}$$

或

$$P(n) = P^n \xrightarrow[(n \to \infty)]{} \begin{bmatrix} \pi_1 & \pi_2 & \cdots & \pi_j & \cdots \\ \pi_1 & \pi_2 & \cdots & \pi_j & \cdots \\ \cdots & \cdots & \cdots & \cdots & \cdots \\ \pi_1 & \pi_2 & \cdots & \pi_j & \cdots \\ \cdots & \cdots & \cdots & \cdots & \cdots \end{bmatrix}$$

则称此链具有遍历性。又若 $\sum\limits_j \pi_j = 1$，则同时称 $\boldsymbol{\pi} = (\pi_1, \pi_2, \cdots)$ 为链的极限分布。

下面就有限链的遍历性给出一个充分条件。

定理 4   设时齐（齐次）马氏链 $\{\xi_n, n = 1, 2, \cdots\}$ 的状态空间为 $E = \{a_1, \cdots, a_n\}$，$P = (p_{ij})$ 是它的一步转移概率矩阵。如果存在正整数 m，使对任意的 $a_i, a_j \in E$，都有

数学建模基础与应用

$$P_{ij}(m) > 0, i,j = 1,2,\cdots,N$$

则此链具有遍历性,且有极限分布 $\boldsymbol{\pi} = (\pi_1,\cdots,\pi_N)$,它是方程组

$$\boldsymbol{\pi} = \boldsymbol{\pi}\boldsymbol{P} \text{ 或 } \pi_j = \sum_{i=1}^{N} \pi_i P_{ij}, j = 1,2,\cdots,N$$

的满足条件

$$\pi_j > 0, \sum_{j=1}^{N} \pi_j = 1$$

的唯一解。

例9 根据例 7 中给出的一般顾客购买 3 种味精倾向的转移矩阵,预测经过长期的多次购买之后,顾客的购买倾向如何?

解 这个马氏链的转移矩阵满足定理 4 的条件,可以求出其极限概率分布。为此,解下列方程组:

$$\begin{cases} p_1 = 0.8p_1 + 0.5p_2 + 0.5p_3 \\ p_2 = 0.1p_1 + 0.1p_2 + 0.3p_3 \\ p_3 = 0.1p_1 + 0.4p_2 + 0.2p_3 \end{cases}$$

编写如下的 MATLAB 程序:

```
format rat
p = [0.8 0.1 0.1;0.5 0.1 0.4;0.5 0.3 0.2];
a = [p'-eye(3);ones(1,3)]; b = [zeros(3,1);1]; p_limit = a\b
```

或者利用求转移矩阵 $\boldsymbol{P}$ 的转置矩阵 $\boldsymbol{P}^T$ 的特征值 1 对应的特征(概率)向量,求得极限概率。编写程序如下:

```
clc,clear
p = [0.8 0.1 0.1;0.5 0.1 0.4;0.5 0.3 0.2];
p = sym(p');
[x,y] = eig(p)
y = diag(y);y = double(y);
ind = find(y == max(y));
p = x(:,ind)/sum(x(:,ind))
```

求得 $\bar{P}_1 = \dfrac{5}{7}, \bar{P}_2 = \dfrac{11}{84}, \bar{P}_3 = \dfrac{13}{84}$。

这说明,无论第一次顾客购买的情况如何,经过长期的多次购买之后,A 厂产的味精占有市场的 $\dfrac{5}{7}$,B、C 两厂的产品分别占有市场的 $\dfrac{11}{84}$、$\dfrac{13}{84}$。

4. 吸收链

马氏链还有一种重要类型——吸收链。若马氏链的转移矩阵为

$$P = \begin{array}{c} \\ 1 \\ 2 \\ 3 \\ 4 \end{array} \begin{array}{cccc} 1 & 2 & 3 & 4 \\ \left[\begin{array}{cccc} 0.3 & 0.3 & 0 & 0.4 \\ 0.2 & 0.3 & 0.2 & 0.3 \\ 0 & 0.3 & 0.3 & 0.4 \\ 0 & 0 & 0 & 1 \end{array} \right] \end{array}$$

P 的最后一行表示的是,当转移到状态 4 时,将停留在状态 4,状态 4 称为吸收状态。

如果马氏链至少含有一个吸收状态,并且从每一个非吸收状态出发,都可以到达某个吸收状态,那么这个马氏链被称为吸收链。

具有 r 个吸收状态,$s(s=n-r)$ 个非吸收状态的吸收链,它的 $n \times n$ 转移矩阵的标准形式为

$$P = \begin{bmatrix} I_r & 0 \\ R & S \end{bmatrix} \tag{4}$$

式中:I_r 为 r 阶单位阵,0 为 $r \times s$ 零阵,R 为 $s \times r$ 矩阵,S 为 $s \times s$ 矩阵。从式(4)得

$$P^n = \begin{bmatrix} I_r & 0 \\ Q & S^n \end{bmatrix} \tag{5}$$

式中的子阵 S^n 表示以任何非吸收状态作为初始状态,经过 n 步转移后,处于 s 个非吸收状态的概率。

在吸收链中,令 $F = (1-S)^{-1}$,则 F 称为基矩阵。

对于具有标准形式[即式(4)]转移矩阵的吸收链,可以证明以下定理:

定理 5　吸收链的基矩阵 F 中的每个元素,表示从一个非吸收状态出发,过程到达每个非吸收状态的平均转移次数。

定理 6　设 $N = FC$,F 为吸收链的基矩阵,$C = \begin{bmatrix} 1 & 1 & \cdots & 1 \end{bmatrix}^T$,则 N 的每个元素表示从非吸收状态出发,到达某个吸收状态被吸收之前的平均转移次数。

定理 7　设 $B = FR = (b_{ij})$,其中 F 为吸收链的基矩阵,R 为式(4)中的子阵,则 b_{ij} 表示从非吸收状态 i 出发,被吸收状态 j 吸收的概率。

例 10　智力竞赛问题,甲、乙两队进行智力竞赛。竞赛规则规定:竞赛开始时,甲、乙两队各记 2 分,在抢答问题时,如果甲队赢得 1 分,那么甲队的总分将增加 1 分,同时乙队总分将减少 1 分。当甲(或乙)队总分达到 4 分时,竞赛结束,甲(或乙)获胜。根据队员的智力水平,知道甲队赢得 1 分的概率为 p,失去 1 分的概率为 $1-p$。求:(1)甲队获胜的概率。(2)竞赛从开始到结束,分数转移的平均次数。(3)甲队获得 1、2、3 分的平均次数。

解　甲队得分有 5 种可能,即 0、1、2、3、4,分别记为状态 a_0、a_1、a_2、a_3、a_4,其中 a_0 和 a_4 是吸收状态,a_1、a_2 和 a_3 是非吸收状态。过程是以 a_2 作为初始状态。根据甲队赢得 1 分的概率为 p,建立转移矩阵:

$$
\begin{array}{c}
\quad\quad a_0 \quad\;\; a_1 \quad\;\; a_2 \quad\;\; a_3 \quad\;\; a_4 \\
P = \begin{array}{c} a_0 \\ a_1 \\ a_2 \\ a_3 \\ a_4 \end{array}
\begin{bmatrix}
1 & 0 & 0 & 0 & 0 \\
1-p & 0 & p & 0 & 0 \\
0 & 1-p & 0 & p & 0 \\
0 & 0 & 1-p & 0 & p \\
0 & 0 & 0 & 0 & 1
\end{bmatrix}
\end{array}
$$

将上式改记为标准形式：

$$
P = \begin{bmatrix} I_2 & \mathbf{0} \\ R & S \end{bmatrix}
$$

其中

$$
R = \begin{bmatrix} 1-p & 0 \\ 0 & 0 \\ 0 & p \end{bmatrix}, S = \begin{bmatrix} 0 & p & 0 \\ 1-p & 0 & p \\ 0 & 1-p & 0 \end{bmatrix}
$$

计算

$$
F = (I_3 - S)^{-1} = \frac{1}{1-2pq}\begin{bmatrix} 1-pq & p & p^2 \\ q & 1 & p \\ q^2 & q & 1-pq \end{bmatrix}
$$

其中 $q = 1 - p$。

因为 a_2 是初始状态，根据定理 5，甲队获得 1、2、3 分的平均次数为

$$
\frac{q}{1-2pq}, \frac{1}{1-2pq}, \frac{p}{1-2pq}
$$

又

$$
N = FC = \frac{1}{1-2pq}\begin{bmatrix} 1-pq & p & p^2 \\ q & 1 & p \\ q^2 & q & 1-pq \end{bmatrix}\begin{bmatrix} 1 \\ 1 \\ 1 \end{bmatrix}
$$

$$
= \frac{1}{1-2pq}\begin{bmatrix} 1+2p^2 & 2 & 1+2p^2 \end{bmatrix}^{\mathrm{T}}
$$

根据定理 6，以 a_2 为初始状态，竞赛从开始到结束分数转移的平均次数为 $\dfrac{2}{1-2pq}$。

又因为

$$
B = FR = \frac{1}{1-2pq}\begin{bmatrix} (1-pq)p & p^3 \\ q^2 & p^2 \\ q^3 & (1-pq)p \end{bmatrix}
$$

根据定理 7，甲队最后获胜的概率 $b_{22} = \dfrac{p^2}{1-2pq}$。

MATLAB 程序如下：

```
syms p q
r = [q,0;0,0;0,p];
```

$s = [0,p,0;q,0,p;0,q,0]$;
$f = (eye(3)-s)^{(-1)};f = simple(f)$
$n = f*ones(3,1);n = simple(n)$
$b = f*r;b = simple(b)$

三、马尔可夫链的应用

运用马尔可夫链的计算方法进行马尔可夫分析,主要目的是根据某些变量现在的情况及其变动趋势,来预测它在未来某特定区间可能产生的变动,作为提供某种决策的依据。

例 11　(服务网点的设置问题)为适应日益扩大的旅游事业的需要,某城市的甲、乙、丙 3 个照相馆组成一个联营部,联合经营出租相机的业务。游客可由甲、乙、丙 3 处任何一处租出相机,用完后,还在 3 处中任意一处即可。估计其转移概率如表 6-9 所示。

表 6-9　甲、乙、丙 3 个照相馆转移概率表

租相机处	还相机处		
	甲	乙	丙
甲	0.2	0.8	0.1
乙	0.8	0	0.3
丙	0	0.2	0.6

今欲选择其中之一附设相机维修点,问:该点设在哪一个照相馆为最好?

解　由于游客还相机的情况只与该次租机地点有关,而与相机以前所在的店址无关,所以可用 X_n 表示相机第 n 次被租时所在的店址;"$X_n=1$""$X_n=2$""$X_n=3$"分别表示相机第 n 次被租用时在甲、乙、丙馆。则 $\{X_n,n=1,2,\cdots\}$ 是一个马尔可夫链,其转移矩阵 P 由表 6-9 给出。考虑维修点的设置地点问题,实际上要计算这一马尔可夫链的极限概率分布。

转移矩阵满足定理 4 的条件,极限概率存在。解方程组:
$$\begin{cases} p_1 = 0.2p_1 + 0.8p_2 + 0.1p_3 \\ p_2 = 0.8p_1 + 0.3p_3 \\ p_3 = 0.2p_2 + 0.6p_3 \\ p_1 + p_2 + p_3 = 1 \end{cases}$$

得极限概率 $p_1 = \frac{17}{41}, p_2 = \frac{16}{41}, p_3 = \frac{8}{41}$。

由计算看出,经过长期经营后,该联营部的每架照相机还到甲、乙、丙照相馆的概率分别为 $\frac{17}{41}$、$\frac{16}{41}$、$\frac{8}{41}$。由于还到甲馆的照相机较多,因此维修点设在甲馆较好。但由于还到乙馆的相机与还到甲馆的相机差不多,若乙有其他因素更为有利,比如,交通较甲方便、便于零配件的运输、电力供应稳定等,则维修点亦可考虑设在乙馆。

四、钢琴的销售存储策略

像钢琴这样的奢修品销售量很小,商店里一般不会有很多的库存。一家商店根据以往的经验,平均每周售出 1 架钢琴,现在经理制定的策略是,每周周末检查库存量,当库存量为 0 或 1 时,使下周的库存量达到 3 架;否则不订购。建立马氏链模型,计算稳态下失去销售机会的概率和每周的平均销售量订购。

问题分析

对于钢琴这种商品的销售,顾客的到来是相互独立的,在服务体系中通常认为需求量近似地服从泊松分布,其参数值可以由均值为每周销售 1 架钢琴得到,由此可以推算出不同需求量的概率。周末的库存量可能是 0、1、2、3(架),而周初的库存量只能是 2 和 3 这两种状态,每周不同的需求量将导致周初库存的变化,于是可以用马氏链模型来描述这个过程,当需求量超过库存量的时候就会失去销售机会,可以计算这种情况下发生的概率。在动态过程中,这个概率每周是不同的,每周的销售量也是不同的,通常采用的办法是在时间充分长以后,按稳定态情况进行分析和计算失去销售机会的概率与每周的平均销售量。

模型假设

(1) 钢琴每周的需求量服从泊松分布,均值为 1 架。

(2) 存储策略:当周末库存量为 0 或 1 时订购,使下周库存达到 3 架,周初到货;否则,不订购。

(3) 以每个周期的不存量作为状态变量,状态转移具有无后性。

(4) 在稳态情况下计算该存储策略失去销售机会的概率和每周的平均销售量。

符号说明

D_n:第 n 周的需求量;

S_n:第 n 周初的库存量;

$\boldsymbol{P}$:状态转移矩阵;

$a_i(n)$:状态概率;

ω:稳态概率分布;

R_n:第 n 周的平均销售量。

模型建立

根据钢琴每周的需求量服从泊松分布,均值为 1 架,即 D_n 服从均值为 1 的泊松分布,则

$$P(D_n = k) = \mathrm{e}^{-\lambda}\frac{\lambda^k}{k!} = \frac{\mathrm{e}^{-1}}{k!}, k = 0,1,2,\cdots$$

分别令 $k=0$、$k=1$、$k=2$、$k=3$,求出相应的概率 $P(D_n = k)$

$$P(D_n = 0) = \frac{\mathrm{e}^{-1}}{0!} = 0.367\,9 \quad P(D_n = 1) = \frac{\mathrm{e}^{-1}}{1!} = 0.367\,9$$

$$P(D_n=2)=\frac{e^{-1}}{2!}=0.183\ 9 \quad P(D_n=3)=\frac{e^{-1}}{3!}=0.061\ 3$$

$$P(D_n>3)=0.019\ 0$$

第 n 周初的库存量 S_n，$S_n\in\{2,3\}$ 是这个系统的状态变量。存储策略：当周末库存量为 0 或 1 时订购，使下周库存达到 3 架，周初到货；否则，不订购，则状态转移规律为

$$S_{n+1}=\begin{cases}S_n-D_n, & D_n+1<S_n \\ 3, & D_n+1\geqslant S_n\end{cases}$$

由此计算状态转移矩阵

$$p_{11}=P(S_{n+1}=2\mid S_n=2)=P(D_n=0)=0.367\ 9$$

$$p_{12}=P(S_{n+1}=3\mid S_n=2)=P(D_n\geqslant1)=0.632\ 1$$

$$p_{21}=P(S_{n+1}=2\mid S_n=3)=P(D_n=1)=0.367\ 9$$

$$p_{22}=P(S_{n+1}=3\mid S_n=3)=P(D_n\geqslant2)+P(D_n=0)=0.632\ 1$$

状态转移矩阵 $\boldsymbol{P}=\begin{pmatrix}p_{11}&p_{12}\\p_{21}&p_{22}\end{pmatrix}=\begin{pmatrix}0.367\ 9&0.632\ 1\\0.367\ 9&0.632\ 1\end{pmatrix}$。

根据定理，若马氏链的转移矩阵为 $\boldsymbol{P}$，则它是正则链的充要条件是，存在正整数 N，使得 $P^N>0$，即 P^N 中的每一个元素都大于 0。对于矩阵 $\boldsymbol{P}=\begin{pmatrix}0.367\ 9&0.632\ 1\\0.367\ 9&0.632\ 1\end{pmatrix}$，这是一个正则链，具有稳态概率分布，则稳态概率分布 $\boldsymbol{\omega}$ 满足 $\boldsymbol{\omega}=\omega\boldsymbol{P}$。将其代入得到

$$\begin{cases}\omega_1=0.367\ 9\omega_1+0.367\ 9\omega_2\\\omega_2=0.632\ 1\omega_1+0.632\ 1\omega_2\\\omega_1+\omega_2=1\end{cases}$$

解方程组，得到

$$\begin{cases}\omega_1=0.367\ 9\\\omega_2=0.632\ 1\end{cases}$$

进而 $\boldsymbol{\omega}=(\omega_1\quad\omega_2)=(0.367\ 9\quad0.632\ 1)$。

$n\to\infty$，状态概率 $a(n)=P(S_n=i)=(0.367\ 9\quad0.632\ 1)$。

该存储策略（第 n 周）失去机会的概率为 $P(D_n>S_n)$，按照全概率公式有

$$P(D_n>S_n)=\sum_{i=2}^{3}P(D_n<i\mid S_n=i)P(S_n=i)$$

其中：$i=2$ 时，$P(D_n>2\mid S_n=2)=0.080\ 3$；$i=3$ 时，$P(D_n>3\mid S_n=3)=0.019\ 0$。

故 $P(D_n>S_n)=0.080\ 3\times0.367\ 9+0.019\ 0\times0.632\ 1=0.041\ 6$，即从长期来看，失去销售机会的可能性大约为 10%。

在计算该存储策略（第 n 周）的平均销售量 R_n 时，应该注意到当需求超过存储量时只能销售掉存量，于是

$$R_n=\sum_{i=2}^{3}\left[\sum_{j=1}^{i-1}jP(D_n=j\mid S_n=i)+iP(D_n\geqslant i\mid S_n=i)\right]P(S_n=i)$$

当 $i=2$ 时，有

$$1\times P(D_n=1\mid S_n=2)+2\times P(D_n\geqslant2\mid S_n=2)=0.896\ 3$$

当 $i = 3$ 时,有

$1 \times P(D_n = 1 | S_n = 3) + 2 \times P(D_n = 2 | S_n = 3) + 3 \times P(D_n) \geqslant 3 | S_n = 3) = 0.9766$

故

$$R_n = 0.8963 \times 0.3679 + 0.9766 \times 0.6321 = 0.9471$$

因此,从长期来看,每周的平均销售量为 0.9741 架。

敏感性分析

这个模型用到的唯一一个原始数据是平均每天售出 1 架钢琴,根据上面求出的结果,发现这个数值会有波动。为了计算当平均需求值在 1 附近波动时,最终结果有多大变化,设 D_n 服从均值为 λ 的泊松分布,即有

$$P(D_n = k) = e^{-\lambda}\frac{\lambda^k}{k!}, k = 0, 1, 2, \cdots$$

由此得到的状态矩阵为

$$\boldsymbol{P} = \begin{pmatrix} e^{-\lambda} & 1 - e^{-\lambda} \\ e^{-\lambda} & 1 - e^{-\lambda} \\ e^{-\lambda} & 1 - e^{-\lambda} \end{pmatrix}$$

$$\boldsymbol{\omega} = (e^{-\lambda} \quad 1 - e^{-\lambda})$$

$$P(D_n > S_n) = \sum_{i=2}^{3} P(D_n > i | S_n = i)P(S_n = i)$$

$$= 1 - e^{-\lambda}\left(1 + \lambda + \frac{1}{2}\lambda^2 + \frac{1}{6}\lambda^3\right) + \frac{1}{6}e^{-2\lambda}$$

对于不同的需求值 λ(在 1 附近波动),按照上面的计算过程,可以得到下面的结果:

λ	0.8	0.9	1.0	1.1	1.2
$P(D_n > S_n)$	0.0427	0.0410	0.0416	0.0442	0.0489

当平均需求增长(或减少)10% 时,失去销售的机会的概率将增加(或减少)约 1.46%。因此,在这个范围内变化还是可以接受的。

6.3　图与网络模型及方法

一、概论

图论起源于 18 世纪,第一篇图论论文是瑞士数学家欧拉于 1736 年发表的"哥尼斯堡的七座桥"。1847 年,克希霍夫为了给出电网络方程而引进了"树"的概念。1857 年,凯莱在计数烷 C_nH_{2n+2} 的同分异构物时,也发现了"树"。哈密尔顿于 1859 年提出"周游世界"游戏,用图论的术语,就是如何找出一个连通图中的生成圈。近几十年来,由于计算机技术和科学的飞速发展,大大地促进了图论研究和应用,图论的理论和方法已经渗透到物理、化学、通讯科学、建筑学、运筹学、生物遗传学、心理学、经济学、社会学等学科中。

　　图论中所谓的"图"是指某类具体事物和这些事物之间的联系。如果我们用点表示这些具体事物,用连接两点的线段(直的或曲的)表示两个事物的特定的联系,就得到了描述这个"图"的几何形象。图论为任何一个包含了一种二元关系的离散系统提供了一个数学模型,借助于图论的概念、理论和方法,可以对该模型求解。哥尼斯堡七桥问题就是一个典型的例子。如图6-3所示,在哥尼斯堡有七座桥将普莱格尔河中的两个岛及岛与河岸联结起来,问题是要从这四块陆地中的任何一块开始通过每一座桥正好一次,再回到起点。

　　下面首先简要介绍图与网络的一些基本概念。

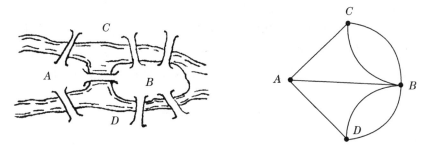

图6-3　哥尼斯堡七桥问题

二、图与网络的基本概念

1. 无向图

　　一个无向图(undirected graph)G是由一个非空有限集合$V(G)$和$V(G)$中某些元素的无序对集合$E(G)$构成的二元组,记为$G=(V(G),E(G))$,其中$V(G)=\{v_1,v_2,\cdots,v_n\}$称为图$G$的顶点集(vertex set)或节点集(node set),$V(G)$中的每一个元素$v_i(i=1,2,\cdots,n)$称为该图的一个顶点(vertex)或节点(node);$E(G)=\{e_1,e_2,\cdots,e_m\}$称为图$G$的边集(edge set),$E(G)$中的每一个元素$e_k$(即$V(G)$中某两个元素$v_i$和$v_j$的无序对)记为$e_k=(v_i,v_j)$或$e_k=v_iv_j=v_jv_i(k=1,2,\cdots,n)$,被称为该图的一条从$v_i$到$v_j$的边(edge)。

　　当边$e_k=v_iv_j$时,称v_i和v_j为边e_k的端点,并称v_j与v_i相邻(adjacent);边e_k称为与顶点v_i和v_j关联(incident)。如果某两条边至少有一个公共端点,则称这两条边在图G中相邻。

　　边上赋权的无向图称为赋权无向图或无向网络(undirected network)。我们对图和网络不做严格区分,因为任何图总是可以赋权的。

　　如果一个图的顶点集和边集都有限,则称该图为有限图。图G的顶点数用符号$|V|$或$v(G)$表示,边数用$|E|$或$\varepsilon(G)$表示。

　　当讨论的图只有一个时,总是用G来表示这个图,从而在图论符号中我们常略去字母G。例如,分别用V、E、v和ε代替$V(G)$、$E(G)$、$v(G)$和$\varepsilon(G)$。

　　端点重合为一点的边称为**环**(loop)。

　　如果一个图既没有环,也没有两条边连接同一对顶点,则称该图为简单图(simple graph)。

2. 有向图

定义 一个有向图(directed graph 或 digraph)G 是由一个非空有限集合 V 和 V 中某些元素的有序对集合 A 构成的二元组,记为 $G=(V,A)$。其中 $V=\{v_1,v_2,\cdots,v_n\}$ 称为图 G 的顶点集或节点集,V 中的每一个元素 $v_i(i=1,2,\cdots,n)$ 称为该图的一个顶点或节点;$A=\{a_1,a_2,\cdots,a_m\}$ 称为图 G 的弧集(arc set),A 中的每一个元素 a_k(即 V 中某两个元素 v_i、v_j 的有序对)记为 $a_k=(v_i,v_j)$ 或 $a_k=v_iv_j(k=1,2,\cdots,n)$,被称为该图的一条从 v_i 至 v_j 的弧(arc)。

当弧 $a_k=v_iv_j$ 时,称 v_i 为 a_k 的尾(tail)、v_j 为 a_k 的头(head),并称弧 a_k 为 v_i 的出弧(outgoing arc)、为 v_j 的入弧(incoming arc)。

对应于每个有向图 D,可以在相同顶点集上作一个图 G,使得对于 D 的每条弧,G 有一条有相同端点的边与之相对应。这个图称为 D 的基础图。反之,给定任意图 G,对于它的每个边,给其端点指定一个顺序,从而确定一条弧,由此得到一个有向图,这样的有向图称为 G 的一个定向图。

以下若未指明"有向图"三字,"图"字皆指无向图。

3. 完全图、二分图

每一对不同的顶点都有一条边相连的简单图称为完全图(complete graph)。n 个顶点的完全图记为 K_n。

若 $V(G)=X\cup Y,X\cap Y=\varnothing,|X||Y|\neq0$(这里 $|X|$ 表示集合 X 中的元素个数),X 中无相邻顶点对,Y 中亦然,则称 G 为二分图(bipartite graph);特别地,若 $\forall x\in X,\forall y\in Y$,则 $xy\in E(G)$,则称 G 为完全二分图,记成 $K_{X,Y}$。

4. 子图

图 H 叫作图 G 的**子图**(subgraph),记作 $H\subset G$。如果 $V(H)\subset V(G),E(H)\subset E(G)$,则称 H 是 G 的子图、G 称为 H 的**母图**。

G 的支撑子图(spanning subgraph,生成子图)是指满足 $V(H)=V(G)$ 的子图 H。

5. 顶点的度

设 $v\in V(G)$,G 中与 v 关联的边数(每个环算作两条边)称为 v 的度(degree),记作 $d(v)$。若 $d(v)$ 是奇数,则称 v 是奇顶点(odd point);若 $d(v)$ 是偶数,则称 v 是偶顶点(even point)。关于顶点的度,我们有如下结果:

(1) $\sum_{v\in V}d(v)=2\varepsilon$;

(2) 任意一个图的奇顶点的个数是偶数。

6. 图与网络的数据结构

网络优化研究的是网络上的各种优化模型与算法。为了在计算机上实现网络优化的算法,首先我们必须有一种方法(即数据结构)在计算机上来描述图与网络。一般来说,算法的好坏与网络的具体表示方法,以及中间结果的操作方案是有关系的。这里我们介绍计算机上用来描述图与网络的5种常用表示方法:邻接矩阵表示法、关联矩阵表示法、弧表示法、邻接表表示法和星形表示法。在下面数据结构的讨论中,我们首先假设 $G=$

$V(A)$ 是一个简单有向图,$|V|=n$,$|A|=m$,并假设 V 中的顶点用自然数 1、2、$\cdots$、n 表示或编号,A 中的弧用自然数 1、2、$\cdots$、m 表示或编号。对于有多重边或无向网络的情况,我们只是在讨论完简单有向图的表示方法之后,给出一些说明。

（1）邻接矩阵表示法

邻接矩阵表示法是将图以邻接矩阵(adjacency matrix)的形式存储在计算机中。图 $G=(V,A)$ 的邻接矩阵是如下定义的:C 是一个 $n\times n$ 的 $0-1$ 矩阵,即

$$C=(c_{ij})_{n\times n}\in\{0,1\}^{n\times n}$$

$$c_{ij}=\begin{cases}1,(i,j)\in A\\0,(i,j)\notin A\end{cases}$$

也就是说,如果两节点之间有一条弧,则邻接矩阵中对应的元素为 1;否则为 0。可以看出,这种表示法非常简单、直接。但是,在邻接矩阵的所有 n^2 个元素中,只有 m 个为非零元。如果网络比较稀疏,这种表示法浪费大量的存储空间,从而增加了在网络中查找弧的时间。

例 1　对于图 $6-4$ 所示的有向图,可以用邻接矩阵表示为

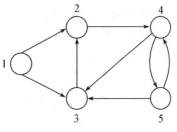

图 $6-4$　有向图

$$\begin{bmatrix}0&1&1&0&0\\0&0&0&1&0\\0&1&0&0&0\\0&0&1&0&-1\\0&0&1&1&0\end{bmatrix}$$

同样,对于网络中的权,也可以用类似邻接矩阵的 $n\times n$ 矩阵表示。只是此时一条弧所对应的元素不再是 1,而是相应的权而已。如果网络中每条弧赋有多种权,则可以用多个矩阵表示这些权。

（2）关联矩阵表示法

关联矩阵表示法是将图以关联矩阵(incidence matrix)的形式存储在计算机中。图 $G=(V,A)$ 的关联矩阵 $\boldsymbol{B}$ 是如下定义的:B 是一个 $n\times m$ 的矩阵,即

$$\boldsymbol{B}=(b_{ik})_{n\times m}\in\{-1,0,1\}^{n\times m}$$

$$b_{ik}=\begin{cases}1,\exists j\in V,\quad k=(i,j)\in A\\-1,\exists j\in V,k=(j,i)\in A\\0,\qquad\qquad 其他\end{cases}$$

也就是说,在关联矩阵中,每行对应于图的一个节点,每列对应于图的一条弧。如果一个节点是一条弧的起点,则关联矩阵中对应的元素为 1;如果一个节点是一条弧的终点,则关联矩阵中对应的元素为 -1;如果一个节点与一条弧不关联,则关联矩阵中对应的元素为 0。对于简单图,关联矩阵每列只含有两个非零元(一个 $+1$,一个 -1)。可以看出,这种表示法也非常简单、直接。但是,在关联矩阵的所有 nm 个元素中,只有 $2m$ 个为非零元。如果网络比较稀疏,这种表示法也会浪费大量的存储空间。但由于关联矩阵有许多特别重要的理论性质,因此它在网络优化中是非常重要的概念。

例 2　对于例 1 所示的图,如果关联矩阵中每列对应弧的顺序为 $(1,2)$、$(1,3)$、

$(2,4)$、$(3,2)$、$(4,3)$、$(4,5)$、$(5,3)$和$(5,4)$,则关联矩阵表示为

$$\begin{bmatrix} 1 & 1 & 0 & 0 & 0 & 0 & 0 & 0 \\ -1 & 0 & 1 & -1 & 0 & 0 & 0 & 0 \\ 0 & -1 & 0 & 1 & -1 & 0 & -1 & 0 \\ 0 & 0 & -1 & 0 & 1 & 1 & 0 & -1 \\ 0 & 0 & 0 & 0 & 0 & -1 & 1 & 1 \end{bmatrix}$$

同样,对于网络中的权,也可以通过对关联矩阵的扩展来表示。例如,如果网络中每条弧有一个权,我们可以把关联矩阵增加一行,把每一条弧所对应的权存储在增加的行中。如果网络中每条弧赋有多个权,我们可以把关联矩阵增加相应的行数,把每一条弧所对应的权存储在增加的行中。

（3）弧表表示法

弧表表示法将图以弧表(arc list)的形式存储在计算机中。所谓图的弧表,也就是图的弧集合中的所有有序对。弧表表示法直接列出所有弧的起点和终点,共需$2n$个存储单元,因此当网络比较稀疏时较为方便。此外,对于网络图中每条弧上的权,也要对应地用额外的存储单元表示。例如,例1所示的图,假设弧$(1,2)$、$(1,3)$、$(2,4)$、$(3,2)$、$(4,3)$、$(4,5)$、$(5,3)$和$(5,4)$上的权分别为8、9、6、4、0、3、6和7,则弧表表示如表6-10所示。

表6-10　弧表法

起点	1	1	2	3	4	4	5	5
终点	2	3	4	2	3	5	3	4
权	8	9	6	4	0	3	6	7

为了便于检索,一般按照起点、终点的字典序顺序存储弧表,如上面的弧表就是按照这样的顺序存储的。

（4）邻接表表示法

邻接表表示法将图以邻接表(adjacency lists)的形式存储在计算机中。所谓图的邻接表,也就是图的所有节点的邻接表的集合;而对每个节点,它的邻接表就是它的所有出弧。邻接表表示法就是对图的每个节点,用一个单向链表列出从该节点出发的所有弧,链表中每个单元对应于一条出弧。为了记录弧上的权,链表中每个单元除列出弧的另一个端点外,还可以包含弧上的权等作为数据域。图的整个邻接表可以用一个指针数组表示。例如,例1所示的图,邻接表表示为

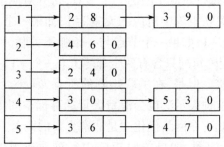

这是一个五维指针数组,每一维(上面表示法中的每一行)对应于一个节点的邻接表,如第 1 行对应于第 1 个节点的邻接表(即第 1 个节点的所有出弧)。每个指针单元的第 1 个数据域表示弧的另一个端点(弧的头),后面的数据域表示对应弧上的权。如第 1 行中的"2"表示弧的另一个端点为 2[即弧为(1,2)],"8"表示对应弧(1,2)上的权为 8;"3"表示弧的另一个端点为 3[即弧为(1,3)],"9"表示对应弧(1,3)上的权为 9。又如,第 5 行说明节点 5 出发的弧有(5,3)、(5,4),他们对应的权分别为 6 和 7。

对于有向图 $G = (V,A)$,一般用 $A(i)$ 表示节点 i 的邻接表,即节点 i 的所有出弧构成的集合或链表(实际上只需要列出弧的另一个端点,即弧的头)。例如上面例子,$A(1) = [2,3]$,$A(5) = [3,4]$ 等。

(5) 星形表示法

星形(star)表示法的思想与邻接表表示法的思想有一定的相似之处。对每个节点,它也是记录从该节点出发的所有弧,但它不是采用单向链表而是采用一个单一的数组表示,也就是说,在该数组中首先存放从节点 1 出发的所有弧,然后接着存放从节点 2 出发的所有弧,依次类推,最后存放从节点 n 出发的所有弧。对每条弧,要依次存放其起点、终点、权的数值等有关信息。这实际上相当于对所有弧给出了一个顺序和编号,只是从同一节点出发的弧的顺序可以任意排列。此外,为了能够快速检索从每个节点出发的所有弧,我们一般还用一个数组记录每个节点出发的弧的起始地址(即弧的编号)。在这种表示法中,可以快速检索从每个节点出发的所有弧,这种星形表示法称为前向星形(forward star)表示法。

例如,在例 1 所示的图中,仍然假设弧(1,2)、(1,3)、(2,4)、(3,2)、(4,3)、(4,5)、(5,3)和(5,4)上的权分别为 8、9、6、4、0、3、6 和 7,此时该网络图可以用前向星形表示法表示为如表 6-11 和表 6-12 所示。

表 6-11　节点对应的出弧的起始地址编号数组

节点号 i	1	2	3	4	5	6
起始地址 point(i)	1	3	4	5	7	9

表 6-12　记录弧信息的数组

弧编号	1	2	3	4	5	6	7	8
起点	1	1	2	3	4	4	5	5
终点	2	3	4	2	3	5	3	4
权	8	9	6	4	0	3	6	7

在数组 point 中,其元素个数比图的节点数多 1(即 $n+1$),且一定有 point(1) = 1,point($n+1$) = $m+1$。对于节点 i,其对应的出弧存放在弧信息数组的位置区间为 [point(i),point($i+1$) - 1]。

如果 point(i) = point($i+1$),则节点 i 没有出弧。这种表示法与弧表表示法也非常相似,"记录弧信息的数组"实际上相当于有序存放的"弧表",只是在前向星形表示法中,弧被编号后有序存放,并增加一个数组(point)记录每个节点出发的弧的起始编号。

前向星形表示法有利于快速检索每个节点的所有出弧,但不能快速检索每个节点的所有入弧。为了能够快速检索每个节点的所有入弧,可以采用反向星形(reverse star)表示法:首先存放进入节点1的所有弧,然后接着存放进入节点2的所有弧,依次类推,最后存放进入节点 n 的所有弧。对每条弧,仍然依次存其起点、终点、权的数值等有关信息。同样,为了能够快速检索从每个节点的所有入弧,我们一般还用一个数组记录每个节点的入弧的起始地址(即弧的编号)。例如,例1所示的图,可以用反向星形表示法表示为如表 6–13 和表 6–14 所示。

表 6–13　节点对应的入弧的起始地址编号数组

节点号 i	1	2	3	4	5	6
起始地址 rpoint(i)	1	1	3	6	8	9

表 6–14　记录弧信息的数组

弧编号	1	2	3	4	5	6	7	8
终点	2	2	3	3	3	4	4	5
起点	3	1	1	4	5	5	2	4
权	4	8	9	0	6	7	6	3

如果既希望快速检索每个节点的所有出弧,也希望快速检索每个节点的所有入弧,则可以综合采用前向和反向星形表示法。当然,将弧信息存放两次是没有必要的,可以只用一个数组(trace)记录一条弧在两种表示法中的对应关系即可。例如,可以在采用前向星形表示法的基础上,加上上面介绍的 rpoint 数组和如下的 trace 数组即可,这相当于一种紧凑的双向星形表示法,如表 6–15 所示。

表 6–15　两种表示法中的弧的对应关系

反向法中弧编号 j	1	2	3	4	5	6	7	8
正向法中弧编号 trace(j)	4	1	2	5	7	8	3	6

对于网络图的表示法,我们做如下说明:

(1)星形表示法和邻接表表示法在实际算法实现中都是经常采用的。星形表示法的优点是占用的存储空间较少,并且对那些不提供指针类型的语言(如 FORTRAN 语言等)也容易实现。邻接表表示法对那些提供指针类型的语言(如 C 语言等)是方便的,且增加或删除一条弧所需的计算工作量很少,而这一操作在星形表示法中所需的计算工作量较大(需要花费 $O(m)$ 的计算时间)。有关"计算时间"的观念是网络优化中需要考虑的一个关键因素。

(2)当网络不是简单图而是具有平行弧(即多重弧)时,显然此时邻接矩阵表示法是不能采用的。其他方法则可以很方便地推广到可以处理平行弧的情形。

(3)上述方法可以很方便地推广到可以处理无向图的情形,但由于无向图中边没有方向,因此可能需要做一些自然的修改。例如,可以在计算机中只存储邻接矩阵的一半信息(如上三角部分),因为此时邻接矩阵是对称矩阵。无向图的关联矩阵只含有元素 0 和 $+1$,而不含有 -1,因为此时不区分边的起点和终点。又如,在邻接表和星形表示法中,每条边会被存储两次,而且反向星形表示显然是没有必要的,等等。

7. 轨与连通

$W = v_0 e_1 v_1 e_2 \cdots e_i v_i \cdots e_k v_k$,其中 $e_1 \in E(G)$,$1 \leqslant i \leqslant k$;$v_j \in V(G)$,$0 \leqslant j \leqslant k$,$e_i$ 与 $v_{i-1} v_i$ 关联,称 W 是图 G 的一条道路(walk),k 为路长,顶点 v_0 和 v_k 分别称为 W 的起点和终点,而 v_1、v_2、$\cdots$、v_{k-1} 称为它的内部顶点。

若道路 W 的边互不相同,则 W 称为迹(trail)。若道路 W 的顶点互不相同,则 W 称为轨(path)。

如果一条道路有正的长且起点和终点相同,则称该条道路是闭的。起点和终点重合的轨叫作圈(cycle)。

若图 G 的两个顶点 u 和 v 间存在道路,则称 u 和 v 连通(connected)。u、v 间的最短轨的长叫作 u、v 间的距离,记作 $d(u,v)$。若图 G 的任二顶点均连通,则称 G 是连通图。显然,有

(1) 图 P 是一条轨的充要条件是 P 是连通的,且有两个 1 度的顶点,其余顶点的度为 2;

(2) 图 C 是一个圈的充要条件是 C 是各顶点的度均为 2 的连通图。

三、应用——最短路问题

1. 两个指定顶点之间的最短路径

问题如下:给出了一个连接若干个城镇的铁路网络,在这个网络的两个指定城镇间,找一条最短铁路线。

以各城镇为图 G 的顶点,两城镇间的直通铁路为图 G 相应两顶点间的边,得图 G。对 G 的每一边 e,赋以一个实数 $w(e)$——直通铁路的长度,称为 e 的权,得到赋权图 G。G 的子图的权是指子图的各边的权和。问题就是求赋权图 G 中指定的两个顶点 u_0、v_0 间的具最小权的轨。这条轨叫作 u_0、v_0 间的最短路,它的权叫作 u_0、v_0 间的距离,亦记作 $d(u_0, v_0)$。

求最短路已有成熟的算法:迪克斯特拉(Dijkstra)算法,其基本思想是按距 u_0 从近到远为顺序,依次求得 u_0 到 G 的各顶点的最短路和距离,直至 v_0(或直至 G 的所有顶点),算法结束。为避免重复并保留每一步的计算信息,采用了标号算法。具体算法步骤如下:

(1) 令 $l(u_0) = 0$,$v \neq u_0$;令 $l(v) = \infty$,$S_0 = \{u_0\}$,$i = 0$。

(2) 对每个 $v \in \bar{S}_i (\bar{S}_i = V \backslash S_i)$ 用

$$\min_{u \in S_i} \{l(v), l(u) + w(uv)\}$$

代替 $l(v)$。计算 $\min_{v \in \bar{S}_i} \{l(v)\}$,把达到这个最小值的一个顶点记为 u_{i+1}。令 $S_{i+1} = S_i \cup \{u_{i+1}\}$。

（3）若 $i = |V| - 1$，停止；若 $i < |V| - 1$，用 $i + 1$ 代替 i，转步骤（2）。

算法结束时，从 u_0 到各顶点 v 的距离由 v 的最后一次的标号 $l(v)$ 给出。在 v 进入 S_i 之前的标号 $l(v)$ 叫 T 标号，v 进入 S_i 时的标号 $l(v)$ 叫 P 标号。算法就是不断修改各顶点的 T 标号，直至获得 P 标号。若在算法运行过程中，将每一顶点获得 P 标号所由来的边在图上标明，则算法结束时，u_0 至各顶点的最短路也在图上标示出来了。

例 3 某公司在六个城市 c_1、c_2、$\cdots$、c_6 中有分公司，从 c_i 到 c_j 的直接航程票价记在下述矩阵的 (i,j) 位置上（∞ 表示无直接航路）。请帮助该公司设计一张城市 c_1 到其他城市间的票价最便宜的路线图。

$$\begin{bmatrix} 0 & 50 & \infty & 40 & 25 & 10 \\ 50 & 0 & 15 & 20 & \infty & 25 \\ \infty & 15 & 0 & 10 & 20 & \infty \\ 40 & 20 & 10 & 0 & 10 & 25 \\ 25 & \infty & 20 & 10 & 0 & 55 \\ 10 & 25 & \infty & 25 & 55 & 0 \end{bmatrix}$$

用矩阵 $a_{m \times n}$（n 为顶点个数）存放各边权的邻接矩阵，行向量 pb、$index_1$、$index_2$、d 分别用来存放 P 标号信息、标号顶点顺序、标号顶点索引、最短通路的值。其中分量

$$pb(i) = \begin{cases} 1, & \text{当第 } i \text{ 顶点已标号} \\ 0, & \text{当第 } i \text{ 顶点未标号} \end{cases}$$

存放始点到第 i 点最短通路中第 i 顶点前一顶点的序号；$d(i)$ 存放由始点到第 i 点最短通路的值。

求第一个城市到其他城市的最短路径的 MATLAB 程序如下：

```
clc,clear
a = zeros(6);
a(1,2) = 50;a(1,4) = 40;a(1,5) = 25;a(1,6) = 10;
a(2,3) = 15;a(2,4) = 20;a(2,6) = 25;
a(3,4) = 10;a(3,5) = 20;
a(4,5) = 10;a(4,6) = 25;
a(5,6) = 55;
a = a + a';
a(find(a = = 0)) = inf;
pb(1:length(a)) = 0;pb(1) = 1;index1 = 1;index2 = ones(1,length(a));
d(1:length(a)) = inf;d(1) = 0;temp = 1;
while sum(pb) < length(a)
    tb = find(pb = = 0);
    d(tb) = min(d(tb),d(temp) + a(temp,tb));
    tmpb = find(d(tb) = = min(d(tb)));
    temp = tb(tmpb(1));
    pb(temp) = 1;
```

```
index1 = [index1,temp];
temp2 = find(d(index1) = = d(temp)-a(temp,index1));
index2(temp) = index1(temp2(1));
end
d, index1, index2
```

我们编写的从起点 *sb* 到终点 *db* 通用的 Dijkstra 标号算法程序如下:

```
function [mydistance,mypath] = mydijkstra(a,sb,db);
% 输入:a—邻接矩阵(aij)是指 i 到 j 之间的距离,可以是有向的
% sb—起点的标号,db—终点的标号
% 输出:mydistance—最短路的距离,mypath—最短路的路径
n = size(a,1); visited(1:n) = 0;
distance(1:n) = inf;% 保存起点到各顶点的最短距离
distance(sb) = 0; parent(1:n) = 0;
for i = 1: n-1
    temp = distance;
    id1 = find(visited = =1);% 查找已经标号的点
    temp(id1) = inf;% 已标号点的距离换成无穷
    [t, u] = min(temp);% 找标号值最小的顶点
    visited(u) = 1;% 标记已经标号的顶点
    id2 = find(visited = =0); % 查找未标号的顶点
    for v = id2
      if a(u, v) + distance(u) < distance(v)
      distance(v) = distance(u) + a(u, v);% 修改标号值
      parent(v) = u;
      end
    end
end
mypath = [];
    if parent(db) ~ = 0% 如果存在路!
    t = db; mypath = [db];
    while t ~ = sb
    p = parent(t);
    mypath = [p mypath];
    t = p;
    end
    end
    mydistance = distance(db);
    return
```

2. 两指定顶点之间最短路问题的数学表达式

假设有向图有 n 个顶点,现需要求从顶点 1 到顶点 n 的最短路。设 $W = (w_{ij})_{n \times n}$ 为赋权邻接矩阵,其分量为

$$w_{ij} = \begin{cases} w(v_i v_j), & v_i v_j \in E \\ \infty, & 其他 \end{cases}$$

决策变量为 x_{ij},当 $x_{ij} = 1$,说明弧 $v_i v_j$ 位于顶点 1 至顶点 n 的路上;否则 $x_{ij} = 0$。其数学规划表达式为

$$\min \sum_{\substack{v_i v_j \in E}} w_{ij} x_{ij}$$

$$\text{s. t.} \sum_{\substack{j=1 \\ v_i v_j \in E}}^{n} x_{ij} - \sum_{\substack{j=1 \\ v_i v_j \in E}}^{n} x_{ji} = \begin{cases} 1, & i = 1 \\ -1, & i = n \\ 0, & i \neq 1, n \end{cases}$$

$$x_{ij} = 0 \ 或 \ 1$$

例 4 在图 6-5 中,用点表示城市,现有 A、B_1、B_2、C_1、C_2、C_3、D 共 7 个城市。点与点之间的连线表示城市间有道路相连。连线旁的数字表示道路的长度。现计划从城市 A 到城市 D 铺设一条天然气管道,请设计出最小价格管道铺设方案。

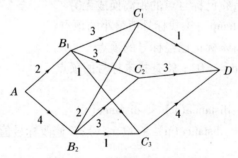

图 6-5 7 个城市间的连线图

编写 LINGO 程序如下:

```
model:
sets:
cities/A,B1,B2,C1,C2,C3,D/;
roads(cities,cities)/A B1,A B2,B1 C1,B1 C2,B1 C3,B2 C1,
B2 C2,B2 C3,C1 D,C2 D,C3 D/:w,x;
endsets
data:
w = 2 4 3 3 1 2 3 1 1 3 4;
enddata
n = @size(cities); ! 城市的个数;
min = @sum(roads:w*x);
@for(cities(i)|i #ne#1 #and# i #ne#n:
```

@ sum(roads(i,j) : x(i,j)) ; @ sum(roads(j,i) : x(j,i))) ;

@ sum(roads(i,j) | i #eq#1 : x(i,j)) = 1 ;

@ sum(roads(i,j) | j #eq#n : x(i,j)) = 1 ;

end

例 5　(无向图的最短路问题) 求图 6 - 6 中 v_1 到 v_{11} 的最短路。分析例 4 处理的问题属于有向图的最短路问题,本例是处理无向图的最短路问题,在处理方式上与有向图的最短路问题有一些差别,这里选择赋权邻接矩阵的方法编写 LINGO 程序。

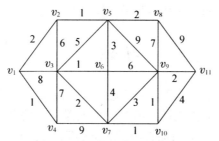

图 6 - 6　无向图的最短路问题

编写 LINGO 程序如下:

model:

sets:

cities/1. . 11/ ;

roads(cities,cities) : w,x ;

endsets

data:

w = 0 ;

enddata calc:

w(1,2) = 2 ; w(1,3) = 8 ; w(1,4) = 1 ;

w(2,3) = 6 ; w(2,5) = 1 ;

w(3,4) = 7 ; w(3,5) = 5 ; w(3,6) = 1 ; w(3,7) = 2 ;

w(4,7) = 9 ; w(5,6) = 3 ; w(5,8) = 2 ; w(5,9) = 9 ;

w(6,7) = 4 ; w(6,9) = 6 ;

w(7,9) = 3 ; w(7,10) = 1 ;

w(8,9) = 7 ; w(8,11) = 9 ; w(9,10) = 1 ; w(9,11) = 2 ; w(10,11) = 4 ;

@ for(roads(i,j) : w(i,j) = w(i,j) + w(j,i)) ;

@ for(roads(i,j) : w(i,j) = @ if(w(i,j) #eq# 0, 1000,w(i,j))) ;

endcalc

n = @ size(cities) ; ! 城市的个数 ;

min = @ sum(roads : w * x) ;

@ for(cities(i) | i #ne#1 #and# i #ne#

n : @ sum(cities(j) : x(i,j))

@ sum(cities(j) :x(j,i))) ; @ sum(cities(j) :x(1,j)) =1;

@ sum(cities(j) :x(j,1)) =0; ! 不能回到顶点1;

@ sum(cities(j) :x(j,n)) =1;

@ for(roads:@ bin(x)) ;

end

与有向图相比较,在程序中只增加了一个语句@ sum(cities(j) :x(j,1)) =0,即从顶点 1 离开后,再不能回到该顶点。

求得的最短路径为 $1\to2\to5\to6\to3\to7\to10\to9\to11$,最短路径长度为 13。

习 题 六

1. 在英国,工党成员的第二代加入工党的概率为 0.5、加入保守党的概率为 0.4、加入自由党的概率为 0.1;保守党成员的第二代加入保守党的概率为 0.7、加入工党的概率为 0.2、加入自由党的概率为 0.1;而自由党成员的第二代加入保守党的概率为 0.2、加入工党的概率为 0.4、加入自由党的概率为 0.4。问:自由党成员的第三代加入工党的概率是多少? 在经过较长的时间后,各党成员的后代加入各党派的概率分布是否具有稳定性?

2. 社会学的某些调查结果指出:儿童受教育的水平依赖于他们父母受教育的水平。调查过程是将人们划分为 3 类:E 类,这类人具有初中或初中以下的文化程度;S 类,这类人具有高中文化程度;C 类,这类人受过高等教育。当父或母(指文化程度较高者)是这 3 类人中某一类型时,其子女将属于这 3 种类型中的任一种的概率由下面给出:

$$
\begin{array}{c}
\text{子女} \\
\begin{array}{ccc}
 & E & S & C
\end{array} \\
\begin{array}{c}
\text{父 E} \\
\text{或 S} \\
\text{母 C}
\end{array}
\begin{bmatrix}
0.7 & 0.2 & 0.1 \\
0.4 & 0.4 & 0.2 \\
0.1 & 0.2 & 0.7
\end{bmatrix}
\end{array}
$$

问:(1) 属于 S 类的人们中,其第三代将接受高等教育的概率是多少?

(2) 假设不同的调查结果表明,如果父母之一受过高等教育,那么他们的子女总可以进入大学,修改上面的转移矩阵。

(3) 根据(2)的解,每一类型人的后代平均要经过多少代,最终才都可以接受高等教育?

3. 色盲是 X -链遗传,由两种基因 A 和 a 决定。男性只有一个基因 A 或 a,女性有两个基因 AA、Aa 或 aa,当基因为 a 或 aa 时呈现色盲。基因遗传规律为:男性等概率地取母亲的两个基因之一,女性取父亲的基因外又等概率地取母亲的两个基因之一。由此可知,母亲色盲则儿子必色盲但女儿不一定。试用马氏链研究:

(1) 若近亲结婚,其后代的发展趋势如何? 若父亲非色盲而母亲色盲,问:平均经多少代,其后代就会变为全色盲或全不色盲,两者的概率各为多少?

(2) 若不允许双方均色盲的人结婚,情况会怎样?

第7章 概率模型

现实世界的变化受众多因素的影响,这些因素根据其本身的特性及人们对它们的了解程度,可分为确定的和随机的。虽然我们研究的对象往往包含随机的因素,但是如果从建模的背景、目的和手段看,主要因素是确定的,而随机因素可以忽略,或者随机因素的影响可以简单地以平均值的作用出现,那么就能够建立确定性的数学模型。如果随机因素对研究对象的影响必须考虑,就应该建立随机性的数学模型,简称随机模型。下面用几个实例讨论如何用随机变量和概率分布描述随机因素的影响,建立比较简单的随机模型——概率模型,其中要用到概率的运算及概率的分布、期望、方差等基本知识。

7.1 传送系统的效率

在机械化生产车间里你可以看到这样的情景:排列整齐的工作台旁工人们紧张地生产同一种产品,工作台上方一条传递带在运转,带上设置着若干钩子,工人们将产品挂在经过他上方的钩子上带走,如图7-1所示。当生产进入稳定状态后,每个工人生产出一件产品所需时间是不变的,而他要挂产品的时刻却是随机的。衡量这种传递带的效率可以看它能否及时地把工人们生产的产品带走。显然,在工人数目不变的情况下传送带速度越快,带上钩子越多,效率会越高。我们要构造一个衡量传送带效率的指标,并且在一些简化假设下建立一个模型来描述这个指标与工人数目、钩子数量等参数的关系。

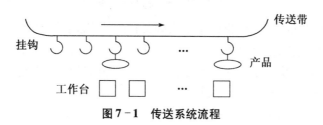

图7-1 传送系统流程

模型分析和假设

为了用传送带及时带走的产品数量来表示传送带的效率,在产品生产周期(即生产一件产品的时间)相同的情况下,需要假设工人们在生产出一件产品后,要么恰好有空钩子经过他的工作台,使他可以将产品挂上带走;要么没有空钩子经过,迫使他将产品放下并立即投入下一件产品的生产,以保持整个系统周期性地运转。

工人们的生产周期虽然相同,但是由于各种随机因素的干扰,经过相当长时间后,他们生产完一件产品的时刻就不会一致,可以认为是随机的,并且在一个生产周期内任一个时刻的可能性是一样的。

传送带运转的效率如何表示？由上分析,传送带长期运转的效率等价于一周期的效率。而一周期的效率可以用它在一周期内能带走的产品与一周期内生产的全部产品数之比来描述。为叙述方便,我们进行下列假设:

（1）n 个工人,他们的生产是相互独立的,生产周期是常数,n 个工作台均匀排列。

（2）生产已进入稳定,即每个工人生产出一件产品的时刻在一周期内是等可能的。

（3）在一周期内有 m 个钩子通过每一工作台上方,钩子均匀排列,到达第一个工作台上方个钩子都是空的。

（4）每个工人在任何时刻都能触到一只钩子,也只能触到一只钩子。于是在他生产出一件产品的瞬间,如果他能触到的那只钩子是空的,则可将产品挂上带走;如果那只钩子非空(已被他前面的工人挂上产品),则他只能将这件产品放在地上,而产品一旦放在地上,就永远退出这个传送系统。

我们将传送带效率定义为一个周期内推走的产品数与生产的全部产品数之比,记作 D。设带走的产品数为 s,生产的全部产品数显然为 n。于是 $D = s/n$。问题就是:求出 s。

模型建立

我们可以选择用求独立事件的概率方法来建模。

事件 A 的概率 P 与其对立事件 A 的概率 $P(\overline{A})$ 的关系为 $P(\overline{A}) = 1 - P$,n 次独立重复试验事件 A 恰好发生 k 次的概率公式为

$$P_n(k) = C_n^k P^k (1-P)^{n-k}$$

特殊地

$$P_n(0) = C_n^0 P^0 (1-P)^n$$

下面还要用到二项式展开定理:

$$(a+b)^n = \sum_{r=0}^{n} C_n^r a^{n-r} b^r$$

如果从工人的角度考虑,分析每个工人能将自己的产品挂上钩子的效率,那么这概率显然与工人所在的位置有关(如第一个工人一定可以挂上),这样就使问题复杂化。我们从钩子的角度考虑,在稳态下钩子没有次序,处于同等的地位。若能对一周期内的 m 只钩子求出每只钩子非空(即挂上产品)的概率 P,则 $s = mP$。

得到 P 的步骤如下(均对一周期内而言):

任一只钩子被任一名工人触到的概率是 $1/m$。

任一只钩子不被任一名工人触到的概率是 $1 - 1/m$。

由工人生产的独立性,任一只钩子不被所有 n 个工人触到的概率,即任一只钩子为空钩的概率是 $\left(\frac{1-1}{m}\right)^n$。

任一只钩子非空的概率是

$$P = 1 - (1 - 1/m)^n$$

这样,传送带效率指标为

$$D = mP/n = m[1 - (1-1/m)^n]/n \tag{1}$$

模型求解

为了得到比较简单的结果,在钩子数 m 相对于工人数 n 较大,即在 n/m 较小的情况下,将多项式 $\left(1-\dfrac{1}{m}\right)^{n}$ 展开后只取前三项,则有

$$D=\frac{m}{n}\left\{1-\left[1-\frac{n}{m}+\frac{n(n-1)}{2m^{2}}\right]\right\}=1-\frac{n-1}{2m}\approx 1-\frac{n}{2m},n\geqslant 1 \tag{2}$$

如果将一周期内未带走的产品数与全部产品数之比记作 E,再假定 $n\gg l$。则

$$D=1-E \tag{3}$$

其中

$$E\approx\frac{n}{2m}$$

结论与讨论

当 $n=10$、$m=40$ 时,式(3)给出的结果为 $D=87.5\%$。式(1)得到的精确结果为 $D=89.4\%$。

这个模型是在理想情况下得到的,它的一些假设,如生产周期不变,挂不上钩子的产品退出传送系统等可能是不现实的。但是模型的意义在于,一方面,利用基本合理的假设将问题简化到能够建模的程度,并用很简单的方法得到结果;另一方面,所得的简化结果式(3)具有非常简明的意义:指标 $E=1-D$(可理解为相反意义的"效率")与 n 成正比,与 m 成反比。通常工人数目 n 是固定的,一周期内通过的钩子数 m 增加 1 倍,可使"效率"E(未被带走的产品数与全部产品数之比)降低 1 倍。

如何改进模型使"效率"降低? 考虑通过增加钩子数来使效率降低的方法:

在原来放置一只钩子处放两只钩子成为一个钩对。一周期内通过 m 个钩子,任一钩子被任意工人触到的概率 $P=l/m$,不被触到的概率 $q=l-P$。于是任一钩子为空的概率是 q^{n}。钩子上只挂一件产品的概率是 nPq^{n}。一周期内通过的 $2m$ 个钩子中,空钩的平均数是 $m(2q^{n}+nPq^{n})$,带走产品的平均数是 $2m-m(2q^{n}+nPq^{n})$,未带走的平均数是 $n-\left[2m-m(2q^{n}+nPq^{n})\right]$。按照上一模型的定义,有 $E=1-D=1-\dfrac{m}{n}\left[2-2\left(1-\dfrac{1}{m}\right)^{n}-\dfrac{n}{m}\left(1-\dfrac{1}{m}\right)^{n-1}\right]$。利用 $\left(1-\dfrac{1}{m}\right)^{n}$ 和 $\left(1-\dfrac{1}{m}\right)^{n-1}$ 的近似展开,可得

$$E\approx\frac{(n-1)(n-2)}{6m^{2}}\approx\frac{n^{2}}{6m^{2}}$$

注意 $\left(1-\dfrac{1}{m}\right)^{n}$,展开取 4 项,$\left(1-\dfrac{1}{m}\right)^{n-1}$ 展开取 3 项。而根据上一模型中的方法有 $E_{1}=\dfrac{n}{4m}$,则有 $E=\beta E_{1},\beta=\dfrac{2n}{3m}$。当 $m>\dfrac{2n}{3}$ 时,$\beta<1$,所以该模型提供的方法比上一个模型好。

7.2　广告中的学问

书店要订购一批新书出售,打算印制介绍图书内容的精美广告分发给广大读者,以招

揽顾客。读者对这种图书的需求量是随机的,但这种需求量的大小与书店投入的广告费用有关。由经验可知,广告费的增加会导致潜在购买量的上升,且这种购买量有一个上限。所谓潜在买主,是指那些对于得到这种图书确实有兴趣,但不一定花钱从这家书店购买的人,书店掌握了若干潜在买主的名单,将广告首先分发给他们。我们的问题是,在对需求量随广告费增加而变化的随机规律做出合理假设的基础上,根据图书的购进价和售出价确定广告费和订购量的最优值,使书店的利润在平均意义上达到最大。

模型分析

对上述问题可做一个简要的分析,建立模型的关键在于分析广告费、潜在购买量与随机需求量之间的关系,并做出合理而又简单的假设。若记广告费为 c,潜在购买量为 $s(c)$,$s(c)$ 应是 c 的不减函数,且有一个上界。不妨设 $s(0)=0$,记实际需求量为随机变量 r,其概率密度为 $p(r)$,于是对于给定的广告费 c,需求量在 0 到 $s(c)$ 之间随机取值,若无进一步的信息,可假设 $p(r)$ 在区间 $[0,s(c)]$ 内服从均匀分布。

为了确定 $s(c)$ 的形式,不妨首先假设印刷广告需要一笔固定的费用 c_0,它并不产生潜在购买量;然后,因为广告将优先分发给那些确定的潜在买主,如果每份广告的印刷费和邮寄费是固定的,于是,在这一过程中 $s(c)$ 将随着 c 线性地增加;最后,随着广告的普遍分发,潜在购买量 $s(c)$ 随着 c 的增加而逐渐趋于某一上界 s,如图 7-2 所示,其中 $c_0 \leqslant c \leqslant c_1$ 是 $s(c)$ 的线性增加阶段。

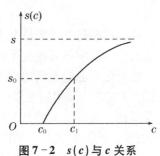

图 7-2 $s(c)$ 与 c 关系

模型假设

(1)每本图书的购进价为 a,售出价为 b,忽略储存费用,需求量 r 是随机的,其概率密度记作 $p(r)$;

(2)广告费为 c,潜在购买量是 c 的函数,记作 $s(c)$,需求量 r 在 $[s(0),s(c)]$ 内服从均匀分布;

(3)广告费中固定费用为 c_0,$s(0)=s(c_0)=0$,每份广告的印刷和邮寄费用为 k,广告将首先分发给 s_0 个确定的潜在买主,$s(c)$ 是 c 的非降函数,且上界为 s。

模型建立与求解

设图书的购进量为 u,建模的目的是确定广告费用 c 和购进量 u 的最优值,使商店的平均利润(即利润的期望值)最大。

分 3 步建立模型。先在给定的广告费用 c 下根据假设(1)和(2),确定使平均利润达到最大的购进量,再利用假设(3)构造函数 $s(c)$ 的具体形式,最后根据前两步的结果确定广告费的最优值。下面是具体步骤。

当广告费 c 给定时,记购进量为 u 时的平均利润为 $J(u)$,因为利润是从售出书的收入中减去购进书和广告费的支出,注意到需求量 r 的概率密度 $p(r)$,于是可写出 $J(u)$ 的表达式为

$$J(u) = b\left[\int_0^u rp(r)\,\mathrm{d}r + \int_u^\infty up(r)\,\mathrm{d}r\right] - au - c \qquad (1)$$

利用 $\int_0^\infty p(r)\mathrm{d}r = 1$，则式（1）可化为

$$J(u) = (b-a)u - c - b\int_0^u (u-r)p(r)\mathrm{d}r \tag{2}$$

式中：$(b-a)u-c$ 是购进的书全部售出时的利润；$b\int_0^u (u-r)p(r)\mathrm{d}r$ 当部分图书未能出售时的损失。

计算 $\dfrac{\mathrm{d}J}{\mathrm{d}u}$ 并令其为零，容易求出使 $J(u)$ 达到最大的 u 的最优值 u^*，u^* 满足

$$\int_0^{u^*} p(r)\mathrm{d}r = \frac{b-a}{b} \tag{3}$$

由于假设 r 在 $[s(0),s(c)]$ 内服从均匀分布，且 $s(0)=0$，因此有

$$p(r) = \begin{cases} \dfrac{1}{s(c)}, & 0 \leqslant r \leqslant s(c) \\ 0, & \text{其他} \end{cases} \tag{4}$$

将式（4）代入式（3），得

$$u^*(c) = \frac{b-a}{b}s(c) \tag{5}$$

即购进量的最优值 u^* 等于广告费 c 所确定的潜在购买量 $s(c)$ 乘以比例系数 $\dfrac{b-a}{b}$，这个系数与进出差价 $b-a$ 成正比、与销售价 b 成反比。

将式（4）和（5）代入式（2），可得最大平均利润为

$$J(u^*(c)) = \frac{(b-a)^2}{2b}s(c) - c \tag{6}$$

由假设（2）和图 7-2，首先设

$$s(c) = 0, 0 \leqslant c \leqslant c_0 \tag{7}$$

记

$$c_1 = c_0 + ks_0 \tag{8}$$

因为 $s(c_1) = s_0$，所以

$$s(c) = \frac{c-c_0}{k}, c_0 \leqslant c \leqslant c_1 \tag{9}$$

是图 7-2 上的直线部分。对于 $c > c_1$，应有

$$\lim_{c\to\infty} s(c) = s, \lim_{c\to\infty} s'(c) = 0 \tag{10}$$

满足关系式（10）的最简单的函数形式之一是 $s(c) = s\dfrac{c+\alpha}{c+\beta}$，$\alpha$ 和 β 可以由 $s(c)$ 在 c_1 处函数和导数的连续性确定。最后将所得结果与式（7）和（9）合在一起，得到

$$s(c) = \begin{cases} 0, & 0 \leqslant c \leqslant c_0 \\ \dfrac{c-c_0}{k}, & c_0 < c \leqslant c_1 \\ \dfrac{s(c-c_1)+s_0 k(s-s_0)}{c-c_1+k(s-s_0)}, & c > c_1 \end{cases} \tag{11}$$

将式(11)代入式(6),并记

$$\lambda = \frac{(b-a)^2}{2b} \tag{12}$$

可得

$$J(u^*(c)) = \begin{cases} -c, & 0 \leqslant c \leqslant c_0 \\ \left(\dfrac{\lambda}{k}-1\right)c - \dfrac{\lambda c_0}{k}, & c_0 < c \leqslant c_1 \\ \lambda \dfrac{s(c-c_1)+s_0 k(s-s_0)}{c-c_1+k(s-s_0)} - c, & c > c_1 \end{cases} \tag{13}$$

其示意图见图 7-3。

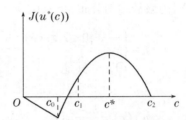

图 7-3 $J(u^*(c_1))$ 与 c 的关系

为了求出使 $J(u^*(c_1))$ 达到最大的广告费 c^*,先设当 s_0 个潜在买主实际上前来购书时,商店的利润应为正值,即

$$J(u^*(c_1)) > 0$$

代入式(13),相当于要求

$$k < \lambda - \frac{c_0}{s_0} \tag{14}$$

即每份广告的费用 k 必须充分小,且由式(12)可以看出,式(14)右边第一项 λ 取决于图书的进出差价,而第二项 $\dfrac{c_0}{s_0}$ 是每个潜在买主分担的固定广告费用。事实上,式(14)的假设是合理的,因为如果连那些确定的潜在买主来买书时,商店都赔本的话,那么这笔生意就根本不必做了。

这样,为确定 c^*,只需对式(13)右边的第三式求解极值问题。用微分法可以求得

$$c^* = c_1 + k(s-s_0)\left(\sqrt{\frac{\lambda}{k}}-1\right) \tag{15}$$

这就是使商店利润达到最大的广告费的最优值。将式(15)代入式(11)的第三式可得

$$s(c^*) = s - \sqrt{\frac{\lambda}{k}}(s-s_0) \tag{16}$$

即在最优值 c^* 下的潜在购买量是从上界 s 中减去一部分,这部分与 $s-s_0$ 成正比,且随着广告费用 k(单价)的增加而增加,随着 λ(见式(12))的增加而减少。

最后,将式(16)代入式(5),得到购进量 u 的最优值为

$$u^*(c^*) = \frac{b-a}{b}\left[s - \sqrt{\frac{k}{\lambda}}(s-s_0)\right] \tag{17}$$

这个模型将潜在购买量作为广告费的函数,将随机需求量的概率分布与广告费联系起来,从而确定了平均利润和购进量、广告费之间的关系。一个值得商榷的地方是需求量呈均匀分布的假设,但这并非是本质的,如果代之以由实际情况得到的其他概率分布,可类似地求解关于潜在购买量的函数 $s(c)$,也可根据具体问题选用其他形式。另外,这个模型没有考虑储存费,读者可以把这项费用加上,看看结果有什么变化。

7.3　电话接线人员数量设计

携程网是国内知名的网络服务商,其业务涵盖酒店预订、国内机票预订、国际机票预订、度假预订等。近年来,携程网以其迅速的发展而受到业界的关注。在携程网的业务模式中,呼叫中心(call-center)是其核心部门之一,呼叫中心的职责之一是接听客户的电话、接受客户的电话预约。因此,呼叫中心的存效动作是保证携程网业务模式成功的重要前提。呼叫中心的有效动作涉及许多问题,其中之一是有效设计电话接线人员的数量。

设计电话接线人员的数量问题涉及两个方面:第一,接线人员不应过多,否则会造成人力和财力的浪费。第二,接线人员也不应过少,否则可能使客户的要求不能得到及时的满足,从而引起客户满意度下降。因此,如何有效、合理地设计接线人员的数量是呼叫中心成功的前提。

假设在任一相等时间 Δt 内,呼叫中心接到的呼叫次数 X 为一随机变量,如果知道随机变量 X 的分布函数,则呼叫中心合理安排接线员数量的问题即可迎刃而解。因此,问题关键是确定随机变量 X 的分布函数。

模型建立

我们可以选择随机变量的泊松概率分布函数来建模。随机变量 X 服从泊松分布,其概率函数为

$$P_\lambda(m) = P(X=m) = \frac{\lambda^m}{m!}e^{-\lambda}, m=0,1,\cdots$$

它有如下性质和公式:

利用级数 $\sum_{m=0}^{\infty} \frac{\lambda^m}{m!} = e^\lambda$,易知 $\sum_{m=0}^{\infty} P_\lambda(m) = 1$;

数学期望 $E(X) = \sum_{m=0}^{\infty} m\frac{\lambda^m}{m!}e^{-\lambda} = \sum_{m=1}^{\infty} \frac{\lambda\lambda^{m-1}}{(m-1)!}e^{-\lambda} = \lambda$;

λ 的点估计 $\lambda = \frac{1}{N}\sum_{i=1}^{N} X_i$。

为了确定随机变量 X 的分布函数,携程网呼叫中心对数据进行了统计,即统计出 K 某季节每10分钟内电话的呼入次数 X_i,如表7-1所示。

表 7 - 1　电话的呼入次数 X

呼入次数 X	频数	呼入次数 X	频数
<9	73	14	340
9	282	15	188
10	547	16	91
11	704	17	39
12	682	>17	23
13	527		

　　在统计学中,确定变量服从何种分布的方法很多,其中最为常用的是直方图方法。因此,我们利用表 7 - 1 的数据,以呼入频率(呼入频数与总频数的比值)为纵坐标、以呼入频数为横坐标,可得如图 7 - 4 所示直方图。

　　由图 7 - 4 的分布规律可以看出,随机变量 X 近似服从泊松(Poisson)分布,即随机变量 X 的概率分布函数为

$$P(X=m) = \frac{\lambda^m}{m!} e^{-\lambda} \qquad (1)$$

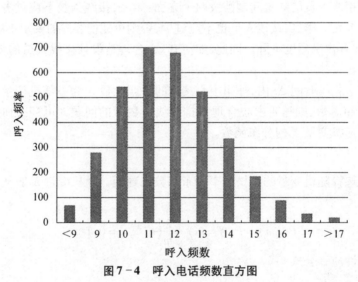

图 7 - 4　呼入电话频数直方图

模型求解

　　在泊松分布中,最重要的参数是 λ,如果参数 λ 的数值确定,则泊松分布的规律就完全确定了。

　　由概率论的基本知识可知:如果 X 服从泊松分布,则 X 的数学期望 $E(X)=\lambda$,而 λ 可以用

$$\lambda = \frac{1}{N} \sum_{i=1}^{N} X_i \qquad (2)$$

进行估计,其中 N 为样本数。

　　考虑到 $X_i < 9$ 及 $X_i > 17$ 时的具体取值未知,先剔除这两组数据,即用 $9 \leq x_i \leq 17$ 的统计数据代入式(2)进行参数估计,得到

$$\lambda \approx 11.91$$

即在 10 分钟内呼入次数平均为 11.91 次。

下面考虑 $X_i < 9$ 及 $X_i > 17$ 的数据对参数估计的影响。

$X_i < 9$ 的呼入频数为 73 次。若设这 73 次的呼叫次数均为 0 次,那么

$$\lambda_1 \approx 11.6$$

若设这 73 次的呼叫次数均为 8 次,那么

$$\lambda_2 \approx 11.83$$

显然,在考虑 $X_i < 9$ 的情形下,$\lambda_1 \leqslant \lambda \leqslant \lambda_2$。

再看 $X_i > 17$ 情形,其呼入频数只有 23 次。从图 7-3 可以看出,X_i 的取值不应太大。不妨设 X_i 的最大取值为 50 次,类似地可以看到,当 23 次呼入频数均为 18 次时,得到

$$\lambda_1 \approx 11.95$$

当 23 次呼入频数均为 50 次时,得到

$$\lambda_2 \approx 12.16$$

同样地,在 $X_i > 17$ 情形下,$\lambda_1 \leqslant \lambda \leqslant \lambda_2$。

最后,我们同时考虑 $X_i < 9$ 及 $X_i > 17$ 的情形。最少的可能为 73 次呼叫中的呼入频数为 0.23 次呼叫中的呼入次数为 18,此时

$$\lambda_i \approx 11.70$$

最多的可能为 73 次呼叫中的呼入频数为 8.23 次呼叫中的呼入频数为 50,此时

$$\lambda_i \approx 12.08$$

因此,10 分钟内电话呼入频数在 12 次左右。故取 $\lambda \approx 12$ 也就是说呼叫中心的电话呼入频数服从参数 12 的泊松分布,即

$$P(X = m) = \frac{12^m}{m!} e^{-12} \tag{3}$$

如果携程网呼叫中心设定的服务标准为"呼入的电话保证接通的概率为 95%",则该项服务标准用数学语言可以表示为

$$P(X > n) < 1 - 95\%$$

其中 n 为呼叫中心接线员的数量,其图形如图 7-5 所示。

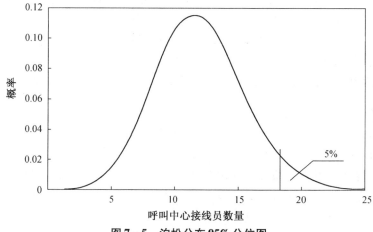

图 7-5　泊松分布 95% 分位图

可以看出, n 为泊松分布的 95% 的分位点。由泊松分布统计表可以查得 n 的取值为 18,也就是说,呼叫中心只要配备 18 个接线员就可以保证呼入电话被接通的概率为 95%。

7.4 快餐店里的学问

排队是人们在日常生活中经常遇到的现象,如顾客到商店买东西、病人到医院看病、人们上下汽车、故障机器停机待修等常常都要排队。排队的人或事物统称为顾客,为顾客服务的人或事物叫作服务机构(服务员或服务台等)。顾客排队要求服务的过程或现象称为排队系统或服务系统。由于顾客到来的时刻与进行服务的时间一般来说都是随机的,所以服务系统又称随机服务系统。由于排队模型较为复杂,这里仅对其中最简单的模型——M/M/1 排队模型给予说明。先简单介绍这个模型的有关概念和结论。

M/M/1 是指这个排队系统中的顾客是按参数为人的泊松分布规律到达系统,服务时间服从参数为 A 的指数分布,服务机构为单服务台(所谓单窗口)。由此我们不加证明地指出其几个重要的指标值如下:

顾客平均到达率为 $\lambda = 1/c$, c 为平均到达间隔,平均服务率 $\mu = 1/d$ 为平均服务时间,顾客等待时间 y 服从参数为 $\mu - \lambda$ 的指数分布,即

$$P(y > t) = e^{-(\mu - \lambda)} = e^{-(\frac{1}{d} - \frac{1}{c})}$$

如何吸引更多的顾客以获取更高的利润是每一位快餐店老板最关心的问题。除了增加花色、提高品味、保证营养、降低成本之外,快餐店应在其基本特点"快"字上下功夫。有人向老板建议,公开向顾客宣布:如果让哪位顾客等待超过一定时间(譬如 3 分钟),那么他可以免费享用所订的饭菜,建议者认为这必将招揽更多的顾客,由此带来的利润一定大于免费奉送造成的损失。但是老板希望对于利弊有一个定量的分析,告诉他在什么条件下做这种承诺才不会亏本,也希望知道应该具体地做几分钟的承诺,利润能增加多少。

模型分析

根据实际情况,不妨考虑顾客进入快餐店后的服务过程是这样的:首先他在订餐处订餐,服务员将订单立即送往厨房,同时收款、开收据,收据上标明订餐的时刻,这个时刻就是这位顾客等待时间的起始时刻。接着,服务在厨房进行,厨房只有一位厨师,按订单到达的顺序配餐,配好一份立即送往取餐处。最后,服务员将饭菜交给顾客,并核对收据,若发现顾客等待时间超过店方的承诺则将所收款项如数退还。

显然,顾客在快餐店的服务服从 MM1 模型。

模型假设

(1)顾客平均到达率为 $\lambda = 1/c$, c 为平均到达间隔,在未宣布承诺时 $c = c_0$;快餐店平均服务率为 $\mu = 1/d$, d 为平均服务时间; $d < c$。

(2)店方承诺等待时间超过 u 的顾客免费享用订餐, u 越小则顾客越多, c 越小,在一定范围内设 c 与 u 成正比,同时又存在 u 的最大值 u_0。当 $u \geq u_0$ 时快餐店的承诺对顾客无吸引力,相当于不做承诺,不妨设此时 $c = c_0$。

（3）每位顾客的订餐收费为 p，成本为 q。

模型建立

根据本节对 M/M/1 模型的分析，顾客等待时间（记作随机变量 y）服从参数 $\mu-\lambda$ 的指数分布，即

$$P(y>t)=\mathrm{e}^{-(\mu-\lambda)}=\mathrm{e}^{-\left(\frac{1}{d}-\frac{1}{c}\right)} \tag{1}$$

对于等待时间为 y 的顾客，设店方获得的利润为 $Q(y)$，则在宣布承诺时间为 u 的情况下，有

$$Q(y)=\begin{cases}p-q, & y\leqslant u\\ -q, & y>u\end{cases} \tag{2}$$

利润 Q 的期望值为

$$EQ=(p-q)P(y<u)-qP(y>u) \tag{3}$$

将式（1）代入式（3）得

$$EQ=p-q-p\mathrm{e}^{-\left(\frac{1}{d}-\frac{1}{c}\right)u} \tag{4}$$

因为顾客到达的平均间隔为 c，所以单位时间利润的期望值为

$$J(u)=\frac{1}{c}EQ=\frac{1}{c}\left[p-q-p\mathrm{e}^{-\left(\frac{1}{d}-\frac{1}{c}\right)u}\right] \tag{5}$$

建模的目的是确定承诺时间 u 使利润 $J(u)$ 最大。

下面我们根据对于 c 和 u 关系的假设确定函数 $c(u)$。因为可以假定 $c(0)=0$（理解为 $u\to0$ 时顾客将无穷多），当 $u\geqslant u(0)$ 时，$c(u)=c_0$，因为这时相当于不做承诺），所以若假设在 $0\leqslant u\leqslant u_0$ 时 c 与 u 成正比，函数 $c(u)$ 的图形就如图 7-6 所示，并且由于 $d<c$ 的基本要求，必须 $u>\dfrac{du}{c_0}$。于是 $c(u)$ 可表示为

$$c(u)=\begin{cases}\dfrac{c_0}{u_0}u, & \dfrac{du_0}{c_0}<u<u_0\\ c_0, & u\geqslant u_0\end{cases} \tag{6}$$

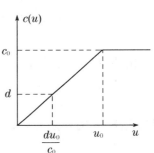

图 7-6　函数 $c(u)$ 的图像

将式（6）代入式（5）得

$$J(u)=\begin{cases}\dfrac{u_0(p-q)}{c_0 u}\left(1-\alpha\mathrm{e}^{-\frac{u}{d}}\right), & \dfrac{du_0}{c_0}<u<u_0\\[2mm] \dfrac{p-q}{c_0}\left[1-\dfrac{p}{p-q}\mathrm{e}^{-\left(\frac{1}{d}-\frac{1}{c_0}\right)u}\right], & u\geqslant u_0\end{cases} \tag{7}$$

其中

$$\alpha=\frac{p}{p-q}\mathrm{e}^{-\frac{u_0}{c_0}} \tag{8}$$

$J(u)$ 中除 u 外均为已知常数，问题化为求 u，使 $J(u)$ 最大。

模型求解

对于式（7）中的 $J(u)$ 应按 u 的不同范围分别求解。当 $\dfrac{du_0}{c_0}<u<u_0$ 时，用微分法求出

u 的最优值 u^* 应满足

$$e^{\frac{u^*}{d}} = \alpha\left(1 + \frac{u^*}{d}\right) \tag{9}$$

且算出 J 的最大值为

$$J(u^*) = \frac{u_0(p-q)}{c_0(u^*+d)} \tag{10}$$

当 $u \geq u_0$，显然当 $u \to \infty$ 时 $J(u)$ 最大，且

$$J(\infty) = \frac{p-q}{c_0} \tag{11}$$

比较 $J(u^*)$ 和 $J(\infty)$ 可知，当且仅当 $u^* + d < u_0$ 时 $J(u^*) > J(\infty)$，所以 $J(u)$ 最大值问题的解应为

$$u = \begin{cases} u^*, & u^* + d < u_0 \\ \infty, & u^* + d \geq u_0 \end{cases} \tag{12}$$

其中 u^* 由式(9)确定，也就是说，对于给定 p、q、c_0、u_0 和 d 以及按式(8)和式(9)算出的 u^*，仅当 $u^* + d < u_0$ 时，才可承诺服务慢了免费供餐，并且承诺时间为 u^* 时利润最大。

进一步分析可以做承诺的条件

$$\frac{u^*}{d} + 1 < \frac{u_0}{d} \tag{13}$$

根据式(9)，如果用方程

$$e^f = \alpha(1+f) \tag{14}$$

条件(13)可表示为

$$d < \frac{u_0}{1 + f(\alpha)} \tag{15}$$

因为式(8)中的 α 是 p/q、u_0、c_0 的函数，即

$$\alpha = \frac{p/q}{p/q - 1}e^{\frac{u_0}{c_0}} = \alpha(p/q, u_0, c_0) \tag{16}$$

若记

$$d_c = \frac{u_0}{1 + f(\alpha)} = d_c(p/q, u_0, c_0) \tag{17}$$

则当 p/q、u_0、c_0 给定是快餐店可以做承诺的条件(5)，应该表示为平均服务时间 d 满足

$$d < d_c(p/q, u_0, c_0) \tag{18}$$

在这个条件下最优承诺时间 u^* 由式(13)确定。与不做承诺时的利润 $J(\infty)$ 相比，此时的利润 $J(u^*)$ 为

$$J(u^*) = \frac{u_0}{u^* + d}J(\infty) > J(\infty) \tag{19}$$

对于快餐店在"快"字上下功夫的问题，本例应用 M/M/1 模型，通过对承诺时间和顾客多少的关系做了相当简化及一定程度合理性的假设，同时，为能够对问题进行数学模型化，对问题进行了简化即模型假设条件(2)及式(6)。但在实际应用中，如果比这个假设再复杂一点，就难以得到容易分析的结果了。当然，这个简化假设可能与实际情况有相当

大的距离,致使所得结果不一定能直接应用。因此,本模型所提供的方法在实际应用中只作为理论借鉴。

7.5　轧钢中的浪费

在轧钢厂内,把粗大的钢坯变成合格的钢材通常要经过两道工序,第一道是粗轧(热轧),形成钢材的雏形;第二道是精轧(冷轧),得到规定长度的成品材。粗轧时由于受设备、环境等方面的众多因素的影响,得到的钢材的长度是随机的,大体上呈正态分布,其均值可以在轧制过程中由轧机调整,而均方差则由设备的精度决定,不能随意改变。如果粗轧后的钢材长度大于规定的长度,精轧时把多出的部分切掉,造成浪费;如果粗轧后的钢材已经比规定长度短,则整根报废,造成浪费。显然,应该综合考虑这两种情况,使得总浪费最小。

30 根在同一热轧机 A 上得到的粗轧后的钢材长度如表 7-2 所示(单位:米,热轧过程中没对轧机进行调整)。热轧后的钢材再经过冷轧,得到规定长度的成品钢材。

(1)为了得到规定长度为 l 的成品钢材,在热轧前应如何调整轧机轧制过程中的均值 m,使得到成品材时浪费最小?

(2)表 7-2 中数据是为了得到 2.0 m 成品材时得到的,请分析此时轧机轧制过程中均值是否已调整到了最佳。

(3)评估热轧机 A 为获得一根规定长度 2.0 m 成品材时产生的平均浪费。为减少这一相当可观的浪费,应设法提高粗轧设备的精度。请给出平均浪费与设备精度之间的关系。

表 7-2　粗轧后的钢材长度

2.36	2.57	2.08	2.3	2.2	2.3	2.13	2.59	2.63	2.12
2.35	2.44	2.37	2.44	2.39	2.3	2.53	2.37	2.37	2.42
2.12	1.81	2.52	2.64	2.57	2.44	2.17	2.27	2.84	2.23

模型假设

假设热轧过程中得到钢材的长度 ξ 是随机地服从正态分布。画出样本分布的直方图如图 7-7 所示,直观上看 ξ 服从正态分布分。

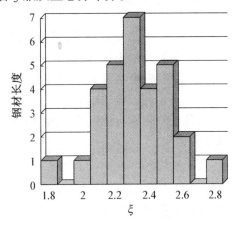

图 7-7　样本分布直方图

为了说明假设的正确性,我们根据上面的假设对表 7－2 中的样本在 MATLAB 中进行 lillietest 假设检验,假设 ξ 服从方差和均值都未知的正态分布。

$$>> X = [2.36 \quad 2.57 \quad 2.08 \quad 2.3 \quad 2.2 \quad 2.3 \quad 2.13 \quad 2.59 \quad 2.63$$
$$2.12 \quad 2.35 \quad 2.44 \quad 2.37 \quad 2.44 \quad 2.39 \quad 2.3 \quad 2.53 \quad 2.37 \quad 2.37$$
$$2.42 \quad 2.12 \quad 1.81 \quad 2.52 \quad 2.64 \quad 2.57 \quad 2.44 \quad 2.17 \quad 2.27$$
$$2.84 \quad 2.23];$$

$$>> h = lillietest(X)$$

$$ans = 0$$

根据上述分析我们可以认为样本服从正态分布,说明我们的假设是正确的。因为热轧过程的精度是由轧机的精度决定的,所以我们假设热轧后得到钢材的均方差为 σ 不变。

模型分析

设热轧后钢材的长度为 ξ,ξ 的期望为 μ,方差为 σ,$\xi \sim N(\mu,\sigma)$,ξ 的概率密度记作 $P(\xi)$,其中 σ 已知,μ 待定。当成品材的长度 L 确定后,当 $\xi \geqslant L$ 时的概率为 P,即 $P = P(\xi \geqslant L)$ 图 7－8 中 $\xi \geqslant L$ 右面的面积。

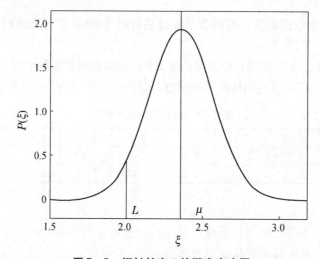

图 7－8　钢材长度 ξ 的概率密度图

轧制过程中的浪费来自两个部分:一是当 $\xi > L$ 时,精轧时要切掉 $\xi - L$ 的钢材;二是当 $\xi \leqslant L$ 时,长度为 ξ 的钢材整根报废。由图 7－8 可知,当均值 μ 增大时曲线右移,P 增大,第一部分浪费增大,第二部分浪费减少;当 μ 减小时曲线左移,第二部分浪费增大,第一部分浪费减少。所以,必然存在一个比较合适的 μ 使得两部分浪费综合起来最小。然而,在实际生产中我们不是以每热轧一根钢材的浪费量最小为目标,而应该以每生产一根成品钢材浪费的平均长度最小为目标。

模型建立与求解

问题一:

根据问题,分析我们以生产一根成品钢材平均浪费钢材长度最小为目标。设热轧一

根钢材的总浪费为 W,热轧一根成品钢材的平均浪费为 J,则:

$$W = \int_{L}^{\infty} (\xi - L) P(\xi) \, \mathrm{d}\xi + \int_{-\infty}^{L} \xi P(\xi) \, \mathrm{d}\xi \tag{1}$$

$$J = W/P \tag{2}$$

利用 $\int_{-\infty}^{+\infty} P(\xi) \, \mathrm{d}\xi = 1$,$\int_{-\infty}^{+\infty} \xi P(\xi) \, \mathrm{d}\xi = \mu$ 和 $\int_{L}^{+\infty} P(\xi) \, \mathrm{d}\xi = P$,可将式(1)和式(2)简化为

$$W = \mu - LP \tag{3}$$

$$J = \mu/P - L \tag{4}$$

设 $\mu = \mu^*$ 时 J 取得最小值,那么热轧使得均值应该调节在 μ^* 最佳。

问题二:

由表 7 - 2 计算出样本的标准差 sita。为了简便起见,我们用 sita 代替 σ。

>> std(X)

ans

= 0.2074

然后把 $\sigma = 0.2074$,$L = 2.0$ m 代入式(4)中,求解 μ^*。为了求出 μ^*,我们用图解法,作出式(4)图形求解。规定长度 $L = 2.0$ m 一定在均值附近,我们作出 μ 在(0,3)之间的图形(7 - 9)。

>> miu = 0 : 0.001 : 3;

>> sita = 0.2074;

>> L = 2;

>> P = 1 - normcdf(2, miu, sita);

>> J = miu. /P - L;

>> plot(miu, J)

Jmin = 0.4615

I = 2367

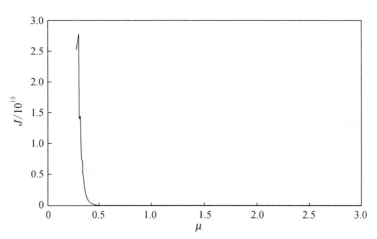

图 7 - 9 $\mu = 0$:0.001:3 时 J 随 μ 的变化曲线

>> miu(2367)

ans =

　　2.3660

根据上面的求解,虽然得到 μ 在 2.366 附近时 J 取得的最小值,但是从图形上看并不明显。为了清楚地看到结果,我们取 $\mu = (2.36, 2.37)$ 重新计算作图,得到图 7 – 10。

>> miu = 2.36 : 0.0001 : 2.37;

>> P = 1 – normcdf(2, miu, sita);

>> J = miu. /P – L;

>> plot(miu, J)

>> [Jmin, I] = min(J)

Jmin = 0.4615

I = 58

>> miu(I)

ans =

　　2.3657

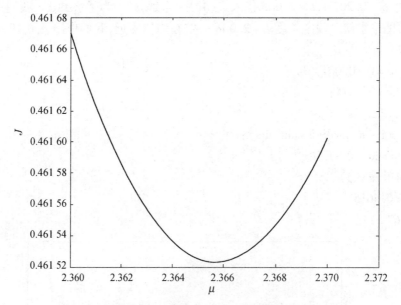

图 7 – 10　$\mu = 2.36 : 0.0001 : 2.37$ 时 J 随 μ 的变化曲线

根据作图的结果我们可以确定,当 $\mu^* = 2.3657$ 时 J 取得最小值 0.4615,当 μ 减小或者增大时 J 均增大。

要判断均值是否调整到最佳,就是看 m 有没有设定到 μ^*,只需要对样本进行 Z 检验。

>> [h, sig] = ztest(X, μ^*, σ)

　　h = 0

sig = 0.9439

$h = 0$, sig $= 0.943\,9$, 所以我们接受假设,认为设备已经调整到了最佳均值状态。

问题三:

平均浪费与平均精度的关系就是要求 $J_{\min}$ 与 σ 之间的关系,实际上当精度提高时最小浪费必然降低,当 $\sigma = 0$ 时我们只要设 $m = \mu^*$ 可以减小到 0。

根据上面的分析,令 $\dfrac{\mathrm{d}J}{\mathrm{d}\mu} = 0$,解出 $\mu^* = f(\sigma)$。将 μ^* 代入式(4),可以得到 $J_{\min} = g(\sigma)$,但是这个符号方程非常难解,MATLAB 下无法直接用。为此,我们仍然使用上面的方法进行数值求解。我们取 $\sigma = 0 : 0.000\,1 : 0.8$,计算出 $J_{\min} = g(\sigma)$,并作出图形如图 7-11 所示。由图可知,随着精度的提高(σ 逐渐减小),最小浪费也逐渐减小,当精度达到极限值即 $\sigma = 0$ 时,最小浪费也变为 0。

```
>> sita = 0 : 0.0001 : 0.8;
>> i = 1;
>> for s = sita;
u = 2 : 0.0001 : 3;
P = 1 - normcdf(2, u, s);
J = u./P - 2;
[Jm, I] = min(J);
Jmin(i) = Jm;
i = i + 1;
end
>> plot(sita, Jmin)
```

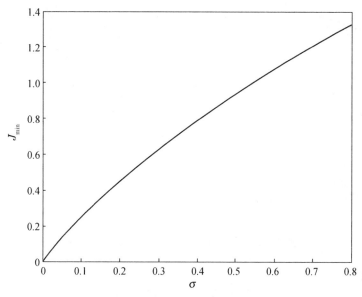

图 7-11 最小浪费随设备精度的变化曲线

如果要更清楚、更直观地描述 $J_{\min}$ 与精度 σ 之间的关系,我们可以对 $J_{\min}$ 和 σ 曲线进行拟合。根据曲线的趋势,我们选择 $J_{\min}(\sigma) = ae^{b\sigma} + ce^{d\sigma}$,用 MATLAB 的 cftool 工具箱进行拟合,得到如下结果:

General model Exp2:

$$f(x) = a * \exp(b * x) + c * \exp(d * x)$$

Coefficients (with 95% confidence bounds):

$a = 0.9011$ $(0.8975, 0.9047)$,

$b = 0.6271$ $(0.6236, 0.6306)$

$c = -0.8855$ $(-0.889, -0.882)$

$d = -2.169$ $(-2.18, -2.159)$

Goodness of fit:

SSE: 0.04133

R-square: 1

Adjusted R-square: 1

RMSE: 0.002274

拟合后的曲线图如图 7-12 所示。由上面的分析我们求出 $J_{\min}$ 与精度 σ 的函数关系为:$J_{\min}(\sigma) = 0.9011e^{0.6271\sigma} - 0.8855e^{-2.169\sigma}$。

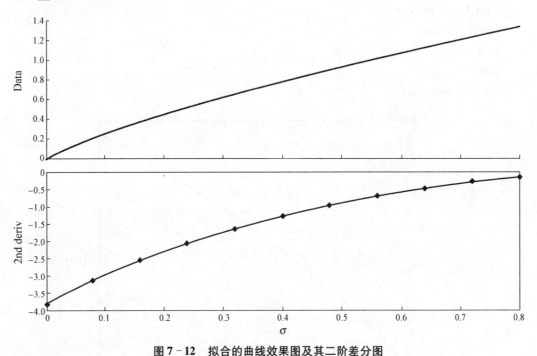

图 7-12　拟合的曲线效果图及其二阶差分图

结果分析

在这个模型中,我们较好地分析了钢材的平均浪费与钢材的期望值之间的关系式,并可以通过对样本进行 Z 检验来判断均值是否调整到最佳值,也就是看样本的均值有没有设定到 μ^*。最后通过曲线拟合所得到的函数与画出的曲线也很吻合,达到了预期的效果。

7.6 航空公司的预订票策略

在激烈的市场竞争中,航空公司为争取更多的客源而开展的一个优质服务项目是预订票业务。公司承诺,预先订购机票的乘客如果未能按时前来登机,可以乘坐下一班机或退票,无须附加任何费用。

设飞机容量为 N,若公司限制只预订 m 张机票,那么由于总会有一些订了机票的乘客不按时前来登机,致使飞机因不满员飞行而利润降低,甚至亏本。如果不限制订票数量,则当持票按时前来登机的乘客超过飞机容量时,将会引起那些不能登机的乘客(以下称被挤掉者)的抱怨,导致公司声誉受损和一定的经济损失(如付给赔偿金)。这样,综合考虑公司的经济利益和社会声誉,必然存在一个恰当的预订票数量的限额。

已知飞行费用(可设与乘客人数无关)、机票价格(一般飞机满员 50% —60% 时不亏本,由飞行费用可确定价格)、飞机容量、每位被挤掉者的赔偿金等数据,以及由统计资料估计的每位乘客不按时前来登机的概率(不妨认为乘客间是相互独立的),建立一个数学模型,综合考虑公司经济利益(飞行费用、赔偿金与机票收入等),确定最佳的预订票数量。

(1)对上述飞机容量、费用、迟到概率等参数给出一些具体数据,按你的模型计算,对结果进行分析。

(2)对模型进行改进,如增设某类旅客(学生、旅游者)的减价票,迟到则机票作废。

模型假设

(1)航班的飞行成本 f 为常数,与乘客人数无关,飞机最大容量为 N。

(2)客源丰富,不考虑订票不满的情况。

(3)尽管不同机舱的票价不同,为了简化模型,设机票价格按照 $g = f/\lambda N$,预订票乘客不按时前来登机概率为 $q(p = 1 - q)$。

符号说明

m:某次航班订票的总数;

k:一次飞行,不按时前来登机的人数;

t:某次航班出售的折价机票数;

r:机票折价率;

S_k:每次航班的利润;

S:航空公司的平均经济利润;

$P_j(m)$:被挤掉的乘客数超过 j 人的概率;

$s(\gamma, m)$:单位费用获得的平均利润,$s(\gamma, m) = s/f$;

γ:赔偿金占机票价格的比例,$\gamma = b/g$。

模型分析

(1)航空公司的经济利润可以用机票收入扣除飞行费用和赔偿金后的利润来衡量,社会声誉可以用持票按时前来登记、但因满员不能飞走的乘客,即被挤掉者限制在一定数量为标准,这个问题的关键因素——预订票的乘客是否按时前来登机是随机的,所以经济利益和社会声誉两个指标都应该在平均意义下衡量,这是一个两目标的规划问题,决策变量是预订票数量的限额。

(2)为了航空公司的经济利益最大化,需要考虑不同的乘客的实际需要,对补偿金模型进行约束条件限制,改进优化后的模型即符合实际要求。

模型建立与求解

模型一——不考虑任何形式补偿

m 个订票者中有 k 个不按时前来登机时利润为

$$s_k = \begin{cases} (m-k)g - f, & m-k \leqslant N \\ Ng - f, & m-k > N \end{cases} \tag{1}$$

平均利润 S 为

$$
\begin{aligned}
S &= \sum_{k=0}^{m} p_k s_k = \sum_{k=0}^{m-N-1} p_k (Ng - f) + k \sum_{k=m-N}^{m} p_k [(m-k)g - f] \\
&= \sum_{k=0}^{m} p_k (Ng - f) + \sum_{k=m-N}^{m} p_k [(m-k)g - f - (Ng - f)] \\
&= (Ng - f) \sum_{k=0}^{m} p_k + \sum_{k=m-N}^{m} p_k (m - N - k)g \\
&= Ng - f - g \sum_{i=0}^{n} p_i (m - N + i)
\end{aligned} \tag{2}
$$

要使 S 最大,p_i 应该尽可能小,因此需要 m 越大越好。这个模型的缺点是没有考虑补偿金。更合理的模型需要将补偿金因素计入模型。以下将考虑补偿金因素,得到如下补偿金模型。

模型二——补偿金模型

每次航班的利润 s_k 为从机票收入中减去飞行费用和可能发生的补偿金。m 个订票者中有 k 个不按时前来登机时利润为

$$s_k = \begin{cases} (m-k)g - f, & m-k \leqslant N \\ Ng - f - (m-k-N)b, & m-k > N \end{cases} \tag{3}$$

平均利润 S 为

$$
\begin{aligned}
S &= \sum_{k=0}^{m} p_k s_k = \sum_{k=0}^{m-N-1} p_k [(Ng - f) - (m-k-N)b] + \sum_{k=m-N}^{m} p_k [(m-k)g - f] \\
&= \sum_{k=0}^{m-N-1} p_k [(N - m + k)g - (m-k-N)b] + (mg - f) \sum_{k=0}^{m} p_k - g \sum_{k=0}^{m} k p_k
\end{aligned}
$$

记 $\sum_{k=0}^{m} k p_k = \bar{k}$ 表示不登机乘客的期望值,则有

$$
\begin{aligned}
S &= mg - f - \bar{k}g - (b + g) \sum_{k=0}^{m-N-1} p_k (m - N - k) \\
&= (m - \bar{k})g - f - (b + g) \sum_{k=0}^{m-N-1} p_k (m - N - k)
\end{aligned} \tag{4}
$$

下面考虑几种特殊情况,验证模型的有效性。

情形一:$p_0 = 1, p_k = 0, k \geqslant 1$;

$$\bar{k} = 0, S = Ng - f - b(m - N)。$$

结果表明,当 $m = N$ 时,公司利润最大,这与实际是相符的。

情形二:预订票者实际登机的概率服从二项分布,因此 m 个预订票者有 k 个不按时前来登机的概率为

$$p_k = C_m^k p^{m-k} (1 - p)^k \tag{5}$$

$$\bar{k} = mq, S = pmg - f - (b + g) \sum_{k=0}^{m-N-1} p_k (m - N - k)$$

航空公司从社会声誉和经济利益两方面加以考虑,应该要求被挤掉的乘客不要太多,而由于被挤掉者的数量是随机的,可以用被挤掉的乘客数超过若干人的概率作为度量指标。记被挤掉的乘客数超过 j 人的概率为 $P_j(m)$,因为被挤掉的乘客数超过 j 人,等价于 m 位乘客中不按时前来登机的不超过 $m - N - j - 1$ 人,所以

$$P_j(m) = \sum_{k=0}^{m-N-j-1} p_k$$

对于给定的 N 和 j,显然,当 $m = N + j$ 时被挤掉的乘客不会超过 j 人,即 $P_j(m) = 0$。而当 m 变大时 $P_j(m)$ 单调增加。

综上,$S(m)$ 和 $P_j(m)$ 是这个优化问题的两个目标,但是可以将 $P_j(m)$ 不超过某给定值作为约束条件,以 $S(m)$ 为单目标函数。

模型二的求解如下

取 $S(m)$ 除以飞行费用 f 为新的目标函数 $s(\gamma, m)$,其含义为单位费用获得的平均利润,记 $\gamma = b/g$,则

$$s(\gamma, m) = \frac{S}{f} = \frac{1}{\lambda N} \left[pm - (1 + \gamma) \sum_{k=0}^{m-N-1} p_k (m - N - k) \right] - 1 \tag{6}$$

其中 $\gamma = b/g$ 是赔偿金占机票价格的比例。问题转化为给定 λ、N、q、γ,求 m 使 $s(\gamma, m)$ 最大,而约束条件为

$$P_j(m) = \sum_{k=0}^{m-N-j-1} p_k \leqslant \partial \tag{7}$$

式中 ∂ 是小于 1 的正数。

(1) $\gamma = 0.2, \lambda = 0.5, N = 200, q$ 分别为 0.02、0.04、0.06、0.08、0.1,横坐标为 $m - 200$,纵坐标为 $s(\gamma, m)$,结果见图 7 - 13。

从图 7 - 13 可以看出,q 对需要超额预定的票数有较大影响,这一点与实际也是相符的,因为 $q(q = 1 - p)$ 越大,平均来说实际不按时登机的人数越多。为了保证航班满座,就必须多预售一些票。

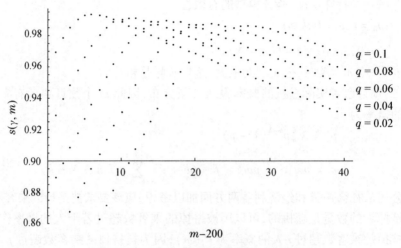

图 7 - 13 不同 q 值的平均利润 $s(\gamma,m)$

（2）$q = 0.04, \lambda = 0.5, N = 200, \gamma$ 分别为 0.1、0.2、0.3、0.4、0.5，横坐标为 $m - 200$，纵坐标为 $s(\gamma,m)$，结果见图 7 - 14。

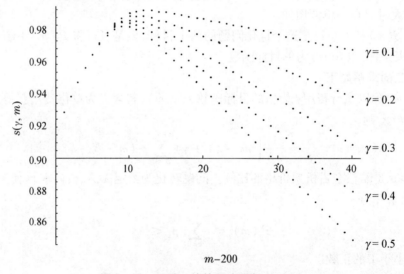

图 7 - 14 不同 γ 值的平均利润 $s(\gamma,m)$

从图 7 - 14 中可以看出，在实际登机率为 96% 的情况下，对于赔付比率为 0.1—0.5，一架 200 座的航班，超额预售的票数约为 11 张时，利润最大。该图也说明了，如果航空公司能准确地知道预订票者的登机概率，只要适当地控制预售票数，从平均意义上来说，即使航空公司制定较高的赔偿金，也不会对其最大利润产生多大影响。

结果分析

（1）对于所取的 N、q、γ，平均利润 $s(\gamma,m)$ 随着 m 的变大都是先增加再减少。不按时前来登机概率为 q 对需要超额预定的票数有较大影响，为了保证航班满座，就必须多预售一些票。

（2）对于给定的 N、q、γ 由 0.1 增加到 0.5 时 $s(\gamma,m)$ 的减少不超过 5%，所以不放付给被挤掉的乘客以较高的赔偿金，也不会对其最大利润产生多大影响，而同时赢得社会声誉。

（3）综合考虑经济效益和社会声誉，给定赔付比率 γ 为 0.2，被挤掉的乘客数超过 j 人的概率为 $P_j(m) \leqslant 0.1$。对于 $N = 200$，若估计 $q = 0.1$，m 取 211。

模型改进

考虑不同的客源的实际需要，如商界人士、文艺界人事更趋向于这种无约束的预订票业务，他们宁愿接受较高的票价，而不按时前来登机的可能性较大；旅游者、学生会愿意以不能前来登机则机票失效为代价，换取较低额的票价。旅游者、学生这类乘客基数较大，航空公司为降低风险，可以把旅游者、学生这类乘客作为基本客源，对他们降低票价，但购票时即付款，不按时前来登机则机票作废。

设订票数量 m 中有 t 张是专门售给第二类乘客的，不考虑这部分人不来登机情况，折价机票为 $rg(r<1)$，当 $m-t$ 位第一类乘客中有 k 位不按时前来登机时每次航班的利润 S 为

$$s_k = \begin{cases} trg + (m-j-k)g - f, & m-k \leqslant N \\ trg + (N-j)g - f - (m-k-N)b, & m-k > N \end{cases} \tag{8}$$

$$p_k = C_{m-t}^k p^{m-k-t}(1-p)^k, \bar{k} = (m-t)q$$

$$\begin{aligned} S &= \sum_{k=0}^m p_k s_k = \sum_{k=0}^{m-N-1} p_k \big[(Ng-f) - t(1-r)g - (m-k+N)b \big] + \\ &\quad \sum_{k=m-N}^m p_k \big[(m-k)g - t(1-r)g - f \big] \\ &= \sum_{k=0}^{m-N-1} p_k \big[(N-n-k)g - (m-k-N)b \big] + \\ &\quad \big[m - t(1-r)g - f \big] \sum_{k=0}^m p_k - g \sum_{k=0}^m k p_k \\ &= pmg - t(1-r)g - f - (b+g) \sum_{k=0}^{n-N-1} p_k(m-N-k) \end{aligned} \tag{9}$$

据此得到

$$s(\gamma,m) = \frac{S}{f} = \frac{1}{\lambda N}\Big[pm - t(1-r) - (1+\gamma) \sum_{k=0}^{m-N-1} p_k(m-N-k) \Big] - 1 \tag{10}$$

约束条件——被挤掉的乘客数超过 j 人的概率为 $P_j(m)$ 不变，为

$$P_j(m) = \sum_{k=0}^{m-N-j-1} p_k \leqslant \partial$$

类似于前面的分析，也可以得到最优的预订票方案。

模型评价

（1）本模型充分运用数学分析、概率论等知识分析求解模型；

（2）模型在考虑经济利益和社会声誉的条件下比较全面、准确地给出了航空预订票

策略,具有一定的实际指导意义;

（3）由于飞机容量、费用、迟到概率等参数没有给出具体数据,在建模时自己给出,具有一定的主观性。

习 题 七

1. 在一个人数很多的团体中普查某种疾病,为此要抽验 N 个人的血,可以用两种方法进行。（1）将每个人的血分别检验,这就需要验 N 次。（2）按 k 个人一组进行分组,把从 k 个人抽来的血混合在一起进行检验,如果这混合血液呈阴性反应,就说明这 k 个人的血都呈阴性反应,这样,这 k 个人的血就只需验一次。若呈阳性,则再对这 k 个人的血分别进行化验。这样,k 个人的血总共要化验 $k+1$ 次。假设每个人的血呈阳性的概率为 p,且这些人的试验反应是相互独立的。试说明当 p 较小时,选取适当的 k,按第二种方法可以减少化验的次数,并说明当 k 取什么值时最适宜。

2. 人群中有健康人和病人两类,病人可以通过与健康人接触将疾病传染给健康人。任何两人之间的接触是随机的,当健康人与病人接触时是否被感染也是随机的。如果通过实际数据或经验掌握了这些随机规律,试估计平均每天有多少健康人被感染。

3. 在传送带效率模型中,设工人数 n 固定不变。若想提高传送带效率 D,一种简单的办法是增加一个周期内通过工作台的钩子数 m,比如增加一倍,其他条件不变。另一种办法是在原来放置一只钩子的地方放置两只钩子,其他条件不变,于是每个工人在任何时刻可以同时触到两只钩子,只要其中有一只是空的,他就可以挂上产品,这种办法用的钩子数量与第一种办法一样。试推导这种情况下传送带效率的公式,从数量关系上说明这种办法比第一种办法好。

4. 某商店要订购一批商品零售,设购进价 c_1,售出价 c_2,订购费 c_0（与数量无关）,随机需求量 r 的概率密度为 $p(r)$,每件商品的储存费为 c_3（与时间无关）。问:如何确定订购量才能使商店的平均利润最大,这个平均利润是多少? 为使这个平均利润为正值,需要对订购费 c_0 加什么限制?

5. 若上题中钢材粗轧后,长度在 l_1 与 l 之间时降级使用（比如经济价值上每一根降级材相当于 α 根成品材）,长度小于 l_1 才整根报废。试选用合适的目标函数建立优化模型,使某种意义下的浪费量最小。

第8章 数理统计模型

当人们对研究对象的内在特性和各因素间的关系有比较充分的认识时,一般用机理分析的方法建立数学模型,本书前面讨论的大多数模型都是如此。如果由于受客观事物内部规律的复杂性及人们认识程度的限制,无法分析实际对象的内在的因果关系,建立合乎机理规律的数学模型,则通常的办法就是搜集大量的数据,基于对数据的统计分析去建立模型。本章主要介绍用途十分广泛的三类随机模型:统计回归模型、因子分析模型和时间序列预测模型。

8.1 软件开发人员的薪金

一家高技术公司人事部门为研究软件开发人员的薪金与他们的资历、管理责任、教育程度等因素之间的关系,要建立一个数学模型,以便分析公司人事策略的合理性,并作为新聘用人员薪金的参考。他们认为目前公司人员的薪金总体上是合理的,可以作为建模的依据,于是调查了46名软件开发人员的档案资料,如表8-1所示,其中资历一列指从事专业工作的年数;管理一列中1表示管理人员,0表示非管理人员;教育一列中1表示中学程度,2表示大学程度,3表示更高程度(研究生)。

表8-1 软件开发人员的薪金与他们的资历、管理责任、教育程度之间的关系

编号	薪金	资历	管理	教育	编号	薪金	资历	管理	教育
1	13 876	1	1	1	13	19 800	3	1	3
2	11 608	1	0	3	14	11 417	4	0	1
3	18 701	1	1	3	15	20 263	4	1	3
4	11 283	1	0	2	16	13 231	4	0	3
5	11 767	1	0	3	17	12 884	4	0	2
6	20 872	2	1	2	18	13 245	5	0	2
7	11 772	2	0	2	19	13 677	5	0	3
8	10 535	2	0	1	20	15 965	5	1	1
9	12 195	2	0	3	21	12 366	6	0	1
10	12 313	3	0	2	22	21 352	6	1	3
11	14 975	3	1	1	23	13 839	6	0	2
12	21 371	3	1	2	24	22 884	6	1	2

编号	薪金	资历	管理	教育	编号	薪金	资历	管理	教育
25	16 978	7	1	1	36	16 882	12	0	2
26	14 803	8	0	2	37	24 170	12	1	3
27	17 404	8	1	1	38	15 990	13	0	1
28	22 184	8	0	3	39	26 330	13	1	2
29	13 548	8	0	1	40	17 949	14	0	2
30	14 467	10	0	1	41	25 685	15	1	3
31	15 942	10	0	2	42	27 837	16	1	2
32	23 174	10	1	3	43	18 838	16	0	2
33	23 780	10	1	2	44	17 483	16	0	1
34	25 410	11	1	2	45	19 207	17	0	2
35	14 861	11	0	1	46	19 346	20	0	1

分析与假设按照常识,薪金自然随着资历(年)的增长而增加,管理人员的薪金应高于非管理人员,教育程度越高薪金也越高。薪金记作 y,资历(年)记作 x_1,为了表示是否管理人员,定义

$$x_2 = \begin{cases} 1, & \text{管理人员} \\ 0, & \text{非管理人员} \end{cases}$$

为了表示 3 种教育程度,定义

$$x_3 = \begin{cases} 1, & \text{中学} \\ 0, & \text{其他} \end{cases} \qquad x_4 = \begin{cases} 1, & \text{大学} \\ 0, & \text{其他} \end{cases}$$

中学用 $x_3 = 1$、$x_4 = 0$ 表示;大学用 $x_3 = 0$、$x_4 = 1$ 表示;研究生则用 $x_3 = 0$、$x_4 = 0$ 表示。

为简单起见,我们假定资历(年)对薪金的作用是线性的,即资历每加一年,薪金的增长是常数;管理责任、教育程度、资历等因素之间没有交互作用,建立线性回归模型。

基本模型薪金 y 与资历 x_1,管理责任 x_2,教育程度 x_3、x_4 之间的多元线性回归模型为

$$y = a_0 + a_1 x_1 + a_2 x_2 + a_3 x_3 + a_4 x_4 + \varepsilon \tag{1}$$

式中:a_0、a_1、$\cdots$、a_4 是待估计的回归系数;ε 是残差。

利用 MATLAB 的统计工具箱可以得到回归系数及其置信区间(置信水平 $\alpha = 0.05$)、检验统计量的 R^2、F、p、s^2 结果见表 8 - 2。

表 8 - 2 模型(1)的计算结果

参数	参数估计值	参数置信区间
a_0	11 032	[10 258,11 807]
a_1	546	[484,608]
a_2	6 883	[6 248,7 517]

（续表）

参数	参数估计值	参数置信区间
a_3	$-2\,994$	$[-3\,826,\ -2\,162]$
a_4	148	$[-636,\ 931]$

$$R^2 = 0.957 \quad F = 226 \quad p < 0.000\,1 \quad s^2 = 1.057 \times 10^6$$

结果分析从表 8-2 知 $R^2 = 0.957$，即因变量（薪金）的 95.7% 可由模型确定，F 值远远超过 F 检验的临界值，p 远小于 α，因而模型（1）从整体来看是可用的。比如，利用模型可以估计（或预测）一个大学毕业、有 2 年资历、非管理人员的薪金为

$$\hat{y} = \hat{a}_0 + \hat{a}_1 \times 2 + \hat{a}_2 \times 0 + \hat{a}_3 \times 0 + \hat{a}_4 \times 1 = 12\,272$$

模型中各个回归系数的含义可初步解释如下：x_1 的系数为 546，说明资历每增加 1 年，薪金增长 546；x_2 的系数为 6 883，说明管理人员的薪金比非管理人员多 6 883；x_3 的系数为 $-2\,994$，说明中学程度的薪金比研究生少 2 994；x_4 的系数为 148，说明大学程度的薪金比研究生多 148，但是应该注意到 a_4 的置信区间包含零点，所以这个系数的解释是不可靠的。

需要指出，以上解释是就平均值来说的，且一个因素改变引起的因变量的变化，都是在其他因素不变的条件下才成立。

进一步讨论 a_4 的置信区间包含零点，说明基本模型（1）存在缺点。为寻找改进的方向，常用残差分析方法（残差 ε 指薪金的实际值 y 与用模型估计的薪金 $\hat{y}$ 之差，是模型（1）中随机误差 ε 的估计值，这里用了同一个符号）。我们将影响因素分成资历与管理-教育组合两类，管理-教育组合的定义如表 8-3 所示。

表 8-3　管理-教育组合

组合	1	2	3	4	5	6
管理	0	1	0	1	0	1
教育	1	1	2	2	3	3

为了对残差进行分析，图 8-1 给出 ε 与资历 x_1 的关系，图 8-2 给出 ε 与管理 $x_2 - x_3$、x_4 组合间的关系。

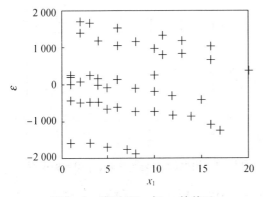

图 8-1　模型（1）ε 与 x_1 的关系

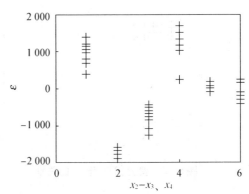

图 8-2　模型（1）ε 与 $x_2 - x_3$、x_4 组合的关系

从图8-1看,残差大概分成3个水平,这是由于6种管理-教育组合混在一起,在模型中未被正确反映的结果;从图8-2看,对于前4个管理-教育组合,残差或者全为正,或者全为负,也表明管理-教育组合在模型中处理不当。

在模型(1)中管理责任和教育程度是分别起作用的,事实上,两者可能起着交互作用,如大学程度的管理人员的薪金会比两者分别的薪金之和高一点。

以上分析提示我们,应在基本模型(1)中增加管理 x_1 与教育 x_3、x_4 的交互项,建立新的回归模型。

更好的模型增加 x_2 与 x_3、x_4 的交互项后,模型记作

$$y = a_0 + a_1 x_1 + a_2 x_2 + a_3 x_3 + a_4 x_4 + a_5 x_2 x_3 + a_6 x_2 x_4 + \varepsilon \tag{2}$$

利用 MATLAB 的统计工具箱得到的结果如表8-4所示。

表8-4 模型(2)的计算结果

参数	参数估计值	参数置信区间
a_0	11 204	[11 044, 11 363]
a_1	497	[486, 508]
a_2	7 048	[6 841, 7 255]
a_3	-1 727	[-1 939, -1 514]
a_4	-348	[-545, -152]
a_5	-3 071	[3 372, -2 769]
a_6	1 836	[1 571, 2 101]

$R^2 = 0.998\ 8$　$F = 5\ 545$　$p < 0.000\ 1$　$s^2 = 3.004\ 7 \times 10^4$

由表8-4可知,模型(2)的 R^2 和 F 值都比模型(1)有所改进,并且所有回归系数的置信区间都不含零点,表明模型(2)是完全可用的。

与模型(1)类似,作模型(2)的两个残差分析图(图8-3,图8-4),可以看出,已经消除了图8-1、图8-2中的不正常现象,这也说明了模型(2)的适用性。

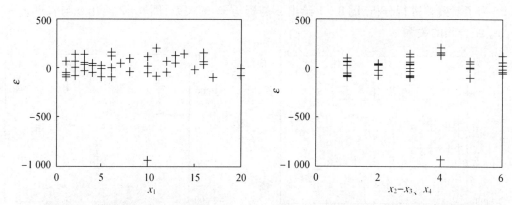

图8-3 模型(2)ε 与 x_1 的关系　　图8-4 模型(2)ε 与 $x_2 - x_3$、x_4 组合的关系

从图8-3、图8-4还可以发现一个异常点:具有10年资历、大学程度的管理人员(从

表 8-1 可以查出是 33 号),他的实际薪金明显低于模型的估计值,也明显低于其他有类似经历的其他人的薪金,这可能是由我们未知的原因造成的。为了使个别的数据不致影响整个模型,应该将这个异常数据去掉,对模型(2)重新估计回归系数,得到的结果如表 8-5 所示,残差分析图见图 8-5 和图 8-6。可以看出,去掉异常数据后结果又有改善。

表 8-5　模型(2)去掉异常数据后的计算结果

参数	参数估计值	参数置信区间
a_0	11 200	$[11\ 139, 11\ 261]$
a_1	498	$[494, 503]$
a_2	7 041	$[6\ 962, 7\ 120]$
a_3	$-1\ 737$	$[-1\ 818, -1\ 656]$
a_4	-356	$[-431, -281]$
a_5	$-3\ 056$	$[-3\ 171, -2\ 942]$
a_6	1 997	$[1\ 894, 2\ 100]$

$R^2 = 0.999\ 8$　$P = 36\ 701$　$p < 0.000\ 1$　$s^2 = 4.347 \times 10^3$

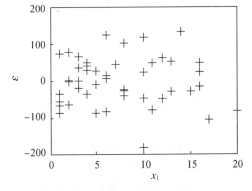

图 8-5　模型(2)去掉异常数据
后 ε 与 x_1 的关系

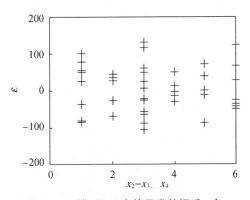

图 8-6　模型(2)去掉异常数据后 ε 与
$x_2 - x_3$、x_4 组合的关系

模型应用对于回归模型(2),用去掉异常数据(33 号)后估计出的系数,得到的结果是满意的。作为这个模型的应用之一,不妨用它来"制订"6 种管理-教育组合人员的"基础"薪金(即资历为零的薪金,当然这也是平均意义上的)。利用模型(2)和表 8-5 容易得到表 8-6。

表 8-6　6 种管理-教育组合人员的"基础"薪金

组合	管理	教育	系数	"基础"薪金
1	0	1	$a_0 + a_3$	9 463
2	1	1	$a_0 + a_2 + a_3 + a_5$	13 448
3	0	2	$a_0 + a_4$	10 844

组合	管理	教育	系数	"基础"薪金
4	1	2	$a_0 + a_2 + a_4 + a_6$	19 882
5	0	3	a_0	11 200
6	1	3	$a_0 + a_2$	18 241

可以看出，大学程度的管理人员的薪金比研究生程度的管理人员的薪金高，而大学程度的非管理人员的薪金比研究生程度的非管理人员的薪金略低。当然，这是根据这家公司实际数据建立的模型得到的结果，并不具普遍性。

评注

从建立回归模型的角度我们通过本例介绍了以下内容：

（1）对于影响因变量的定性因素（管理、教育），可以引入 0-1 变量来处理，0-1 变量的个数可比定性因素的水平少 1（如教育程度有 3 个水平，引入 2 个 0-1 变量）。

（2）用残差分析方法可以发现模型的缺陷，引入交互作用项常常能够给予改善。

（3）若发现异常值应剔除，有助于结果的合理性。

在本例中我们由简到繁，先分别引进管理和教育因素，再进入交互项。实际上，可以直接对 6 种管理-教育组合引入 5 个 0-1 变量。读者不妨试一下，看看结果如何。

8.2 酶促反应

酶是一种具有特异性的高效生物催化剂，绝大多数的酶是活细胞产生的蛋白质。酶的催化条件温和，在常温、常压下即可进行。酶催化的反应称为酶促反应，要比相应的非催化反应快 $10^3—10^{17}$ 倍。酶促反应动力学简称酶动力学，主要研究酶促反应的速度与底物（即反应物）浓度以及其他因素的关系。在底物浓度很低时酶促反应是一级反应；当底物浓度处于中间范围时，是混合级反应；当底物浓度增加时，向零级反应过渡。

某生化系学生为了研究嘌呤霉素在某项酶促反应中对反应速度与底物浓度之间关系的影响，设计了两个实验，一个实验中所使用的酶是经过嘌呤霉素处理的，而另一个实验所用的酶是未经嘌呤霉素处理过的，所得的实验数据见表 8-7。试根据问题的背景和这些数据，建立一个合适的数学模型来反映这项酶促反应的速度与底物浓度以及嘌呤霉素处理与否之间的关系。

表 8-7 嘌呤霉素实验中的反应速度与底物浓度数据

底物浓度/10^{-6}		0.02		0.06		0.11		0.22		0.56		1.10	
反应速度	处理	76	47	97	107	123	139	159	152	191	201	207	200
	未处理	67	51	84	86	98	115	131	124	144	158	160	—

记酶促反应的速度为 y，底物浓度为 x，两者之间的关系写作 $y = f(x, \beta)$，其中 β 为参数。由酶促反应的基本性质可知，当底物浓度较小时，反应速度大致与浓度成正比（即一级反应）；而当底物浓度很大、渐进饱和时，反应速度将趋于一个固定值——最终反应速

度(即零级反应)。下面的两个简单模型具有这种性质:

Michaelis-Menten 模型

$$y = f(x, \beta) = \frac{\beta_1 x}{\beta_2 + x} \tag{1}$$

指数增长模型

$$y = f(x, \beta) = \beta_1(1 - e^{-\beta_2 x}) \tag{2}$$

图 8-7 和图 8-8 分别是表 8-7 给出的经过嘌呤霉素处理和未经处理的反应速度 y 与底物浓度 x 的散点图,可以知道,模型(1)和(2)与实际数据得到的散点图是大致符合的。下面只对模型(1)进行详细的分析,将模型(2)留给有兴趣的读者(习题 4)。

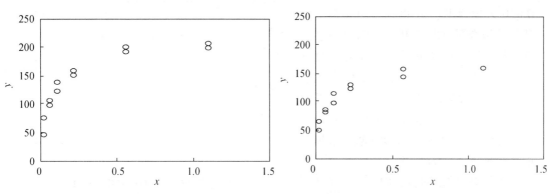

图 8-7 y 对 x(经处理)的散点图   图 8-8 y 对 x(未经处理)的散点图

首先对经过嘌呤霉素处理的实验数据进行分析(未经处理的数据可同样分析),在此基础上,再来讨论是否有更一般的模型来统一刻画处理前后的数据,进而揭示其中的联系。

模型(1)对参数 $\beta = (\beta_1, \beta_2)$ 是非线性的,但是可以通过下面的变量代换化为线性模型:

$$\frac{1}{y} = \frac{1}{\beta_1} + \frac{\beta_2}{\beta_1}\frac{1}{x} = \theta_1 + \theta_2 u \tag{3}$$

模型(3)中的因变量 $1/y$ 对新的参数 $\theta = (\theta_1, \theta_2)$ 是线性的。

对经过嘌呤霉素处理的实验数据,做出反应速度的倒数 $1/y$ 与底物浓度的倒数 $u = 1/x$ 的散点图(图 8-9)。可以发现,在 $1/x$ 较小时有很好的线性趋势,而 $1/x$ 较大时则出现很大的起伏。

如果单从线性回归模型的角度做计算,很容易得到线性化模型(3)的参数 θ_1、θ_2 的估计和其他统计结果(见表 8-8)以及 $1/y$ 与 $1/x$ 的拟合图(图 8-10)。再根据式(3)中 β 与 θ 的关

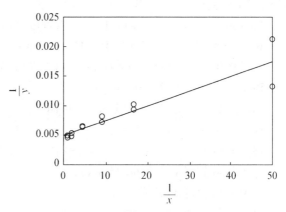

图 8-9 $1/y$ 与 $1/x$ 的散点图和回归线

系得到 $\beta_1 = 1/\theta_1$、$\beta_2 = \theta_2/\theta_1$，从而可以算出 β_1 和 β_2 的估计值分别为 $\hat{\beta_1} = 195.802\ 0$ 和 $\hat{\beta_2} = 0.048\ 40$。

表 8-8　线性化模型(3)参数的估计结果

参数	参数估计值/10^{-3}	参数置信区间/10^{-3}
θ_1	5.107 2	$[3.538\ 6, 6.675\ 8]$
θ_2	0.247 2	$[0.175\ 7, 0.318\ 8]$
$R^2 = 0.855\ 7$　$F = 59.297\ 5$　$p < 0.000\ 1$　$s^2 = 3.580\ 6 \times 10^{-6}$		

将经过线性化变换后最终得到的 β 值代入原模型(1)，得到与原始数据比较的拟合图(图 8-10)。可以发现，在 x 较大时 y 的预测值要比实际数据小，这是因为在对线性化模型作参数估计时，底物浓度 x 较低($1/x$ 很大)的数据在很大程度上控制了回归参数的确定，从而使得对底物浓度 x 较高数据的拟合出现较大的偏差。

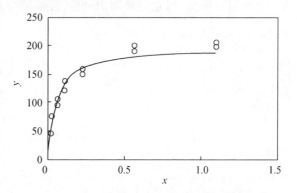

图 8-10　线性化后的原始数据拟合图

为了解决线性化模型中拟合欠佳的问题，我们直接考虑非线性模型(1)。

非线性模型及求解可以用非线性回归的方法直接估计模型(1)中的参数 β_1 和 β_2。模型的求解可利用 MATLAB 统计工具箱中的命令进行，使用格式为

$$[\text{beta}, r, J] = \text{nlinfit}(x, y, '\text{model}', \text{Beta0})$$

其中：输入 x 为自变量数据矩阵，每列一个变量；y 为因变量数据向量；beta 待估计参数；Beta0 为给定的参数初值。输出 beta 为参数的估计值，R 为残差，J 为用于估计预测误差的 Jacobi 矩阵。参数 beta 的置信区间用命令 nlparci(beta,R,J) 得到。

我们用线性化模型(3)得到的 β 作为非线性模型参数估计的初始迭代值，将实际数据 x、y 输入后执行以下程序：

```
huaxue = @(beta,x)(beta(1)*x./(beta(2)+x));
y = [76 47 97 107 123 139 159 152 191 201 207 200]';
x = [0.02 0.02 0.06 0.06 0.11 0.11 0.22 0.22 0.56 0.56 1.10 1.10]';
Beta0 = [212.6818 0.06412];
[beta,R,J] = nlinfit(x,y,huaxue,Beta0);
betaci = nlparci(beta,R,J);
beta,betaci
yy = beta(1)*x./(beta(2)+x);
plot(x,y,'o',x,yy,'+')
nlintool(x,y,huaxue,beta)
```

数学建模基础与应用

192

得到的数值结果见表 8 - 9。

表 8 - 9　模型(1)参数的估计结果

参数	参数估计值	参数置信区间
β_1	212. 681 8	[197. 202 8 , 228. 160 8]
β_2	0. 064 12	[0. 046 7 , 0. 082 57]

拟合的结果直接画在原始数据图
(图 8 - 11)上。程序中的 nlintool 用于给
出一个交互式画面(图 8 - 12),拖动画面
中的十字线可以改变自变量 x 的取值,直
接得到因变量 y 的预测值和预测区间,同
时通过左下方 Export 下拉式菜单,可输出
模型的统计结果,如剩余标准差等,本例
中剩余标准差 $s = 10. 933 7$。

从上面的结果可以知道,对经过嘌呤
霉素处理的实验数据,在用 Michaelis -
Menten 模型(1)进行回归分析时,最终反

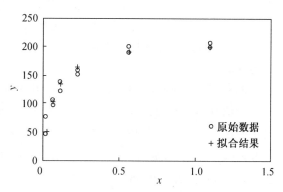

图 8 - 11　模型(1)的预测图

应速度为 $\hat{\beta}_1 = 212. 681 8$,还容易得到,反应的“半速度点”(达到最终反应速度一半时的底
物浓度 x 值)恰为 $\hat{\beta}_2 = 0. 064 12$。以上结果对这样一个经过设计的实验(每个底物浓度做
两次)已经很好地达到要求。

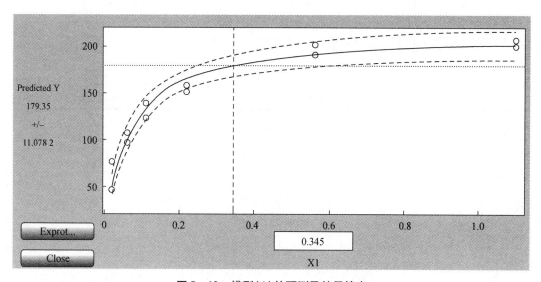

图 8 - 12　模型(1)的预测及结果输出

混合反应模型酶动力学知识告诉我们,酶促反应的速度依赖于底物浓度,并且可以假
定,嘌呤霉素的处理会影响最终反应速度参数 β_1,而基本不影响半速度参数 β_2。表 8 - 7
的数据(图 8 - 7 和图 8 - 8 更为明显)也印证了这种看法。模型(1)的形式可以分别描述

经过嘌呤霉素处理和未经处理的反应速度与底物浓度的关系(两个模型的参数 β 会不同),为了在同一个模型中考虑嘌呤霉素处理的影响,我们采用对未经嘌呤霉素处理的模型附加增量的方法,考察混合反应模型

$$y = f(x,\beta) = \frac{(\beta_1 + \gamma_1 x_2) x_1}{(\beta_2 + \gamma_2 x_2) + x_1} \tag{4}$$

式中:自变量 x_1 为底物浓度(即模型(3)中的 x);x_2 为示性变量(0-1 变量),用来表示是否经嘌呤霉素处理,$x_2 = 1$ 表示经过处理,$x_2 = 0$ 表示未经处理;参数 β_1 为未经处理的最终反应速度;γ_1 为经处理后最终反应速度的增长值;β_2 为未经处理的反应的半速度点;γ_2 为经处理后反应的半速度点的增长值(为具一般性,这里假定嘌呤霉素的处理也会影响半速度点)。

混合模型的求解和分析仍用 MATLAB 统计工具箱中的命令 nlinfit 来计算模型(4)的回归系数 β_1、β_2、γ_1、γ_2。为了给出合适的初始迭代值,从实验数据我们注意到,未经处理的反应速度的最大实验值为 160,经处理的最大实验值为 207,于是可取参数初值 $\beta_1^0 = 170$,$\gamma_1^0 = 60$;又从数据可大致估计未经处理的半速度点约为 0.05,经处理的半速度点约为 0.06,我们取 $\beta_2^0 = 0.05$、$\gamma_2^0 = 0.01$。

与模型(1)的编程计算相似,得到混合模型(4)的回归系数的估计值与其置信区间(表 8-10)、拟合结果(图 8-13)、残差图(图 8-14),以及预测和结果输出图(图 8-15),剩余标准差 $s = 10.400\,0$。

表 8-10 模型(4)参数的估计结果

参数	参数估计值	参数置信区间
β_1	160.280 2	$[145.846\,6, 174.713\,7]$
β_2	0.047 7	$[0.030\,4, 0.065\,0]$
γ_1	52.403 5	$[32.413\,0, 72.394\,1]$
γ_2	0.016 4	$[-0.007\,5, 0.040\,3]$

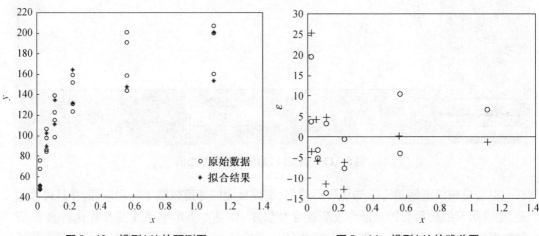

图 8-13 模型(4)的预测图   图 8-14 模型(4)的残差图

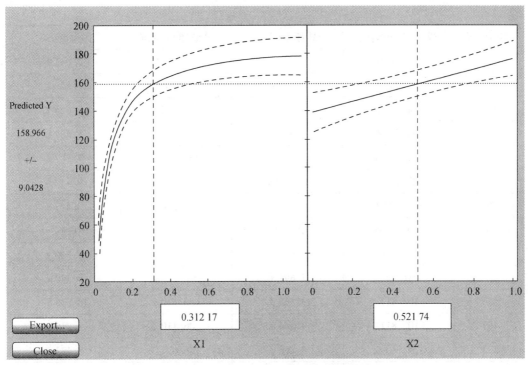

图 8－15　模型(4)的预测及结果输出

　　然而,从表 8－10 可以发现,γ_2 的置信区间包含零点,表明参数 γ_2 对因变量 y 的影响并不显著,这一结果与前面的说法(即嘌呤毒素的作用不影响半速度参数)是一致的。

　　因此,可以考虑简化模型

$$y = f(x, \beta) = \frac{(\beta_1 + \gamma_1 x_2) x_1}{\beta_2 + x_1} \tag{5}$$

　　采用模型的计算和分析方法,模型(5)的结果概括在表 8－11 和表 8－12,以及图 8－16—8－18 中,模型(5)的剩余标准差 $s = 10.585\,1$。

表 8－11　模型(4)参数的估计结果

参数	参数估计值	参数置信区间
β_1	166.602 5	[154.488 6,178.716 4]
β_2	0.058 0	[0.045 6,0.070 3]
γ_1	42.025 2	[28.941 9,55.108 5]

表 8－12　模型(4)与模型(5)预测值与预测区间的比较(预测区间为预测值 ±Δ)

实际数据	模型(4)预测值	Δ[模型(4)]	模型(5)预测值	Δ[模型(5)]
67	47.344 3	9.207 8	42.735 8	5.444 6
51	47.344 3	9.207 8	42.735 8	5.444 6
84	89.285 6	9.571 0	84.735 6	7.047 8

（续表）

实际数据	模型(4)预测值	Δ[模型(4)]	模型(5)预测值	Δ[模型(5)]
86	89. 285 6	9. 571 0	84. 735 6	7. 047 8
98	111. 793 8	7. 754 6	109. 105 3	7. 028 1
115	111. 793 8	7. 754 6	109. 105 3	7. 028 1
131	131. 716 6	7. 500 7	131. 858 6	7. 587 8
124	131. 716 6	7. 500 7	131. 858 6	7. 587 8
144	147. 697 3	10. 372 9	150. 974 3	9. 442 3
158	147. 697 3	10. 372 9	150. 974 3	9. 442 3
160	153. 617 6	12. 119 7	158. 262 3	10. 562 1
76	50. 566	7. 691 4	53. 515 8	6. 740 9
47	50. 566	7. 691 4	53. 515 8	6. 740 9
97	102. 811	9. 564 3	106. 110 1	8. 236 8
107	102. 811	9. 564 3	106. 110 1	8. 236 8
123	134. 361 6	8. 252 2	136. 627 0	7. 422 3
139	134. 361 6	8. 252 2	136. 627 0	7. 422 3
159	164. 684 7	7. 029 4	165. 119 7	7. 059 5
152	164. 684 7	7. 029 4	165. 119 7	7. 059 5
191	190. 832 9	9. 148 4	189. 057 4	8. 843 8
201	190. 832 9	9. 148 4	189. 057 4	8. 843 8
207	200. 968 8	11. 044 7	198. 183 7	10. 181 2
200	200. 968 8	11. 044 7	198. 183 7	10. 181 2

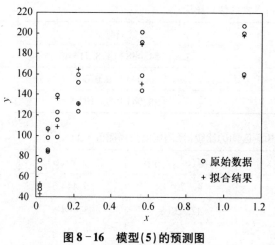

图 8－16　模型(5)的预测图　　　　图 8－17　模型(5)的残差图

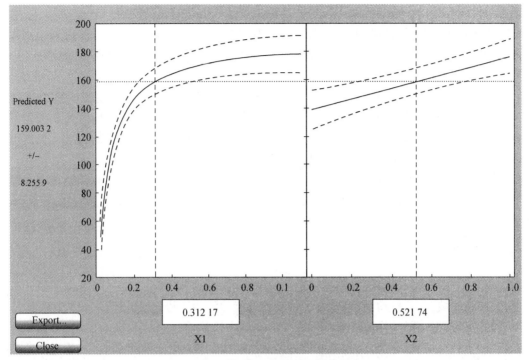

图 8 - 18　模型(5)的预测及结果输出

混合模型(4)和(5)不仅有类似于模型(1)的实际解释,同时把嘌呤霉素处理前后酶促反应的速度之间的变化体现在模型之中,因此它们比单独的模型具有更实际的价值。另外,虽然模型(5)的某些统计指标可能没有模型(4)的好,比如模型(5)的剩余标准差略大于模型(4),但由于它的形式更简单明了,易于实际中的操作和控制,而且从表 8 - 12 中的数据可以发现,虽然两个模型的预测值相差不大,但模型(5)预测区间的长度明显比模型(4)的短。因此,总体来说模型(5)更为优良。

可进一步研究的模型假如在实验中当底物浓度增加到一定程度后,反应速度反而有轻微的下降(在本例中只有一个数据点如此),那么可以考虑模型

$$y = f(x, \beta) = \frac{\beta_1 x}{\beta_2 + x + \beta_3 x^2} \tag{6}$$

或引入混合模型

$$y = f(x, \beta) = \frac{(\beta_1 + \gamma_1 x_2) x_1}{(\beta_2 + \gamma_2 x_2) + x_1 + (\beta_3 + \gamma_3 x_2) x_2^2} \tag{7}$$

有兴趣的读者可以尝试一下,会发现用这些模型可以改善模型(4)和(5)的残差图(图 8 - 14、图 8 - 17)中表现出来的在各个浓度下残差散布不均匀的现象。

评注

无论从机理分析,还是从实验数据看,酶促反应中反应速度与底物浓度及嘌呤霉素的作用之间的关系都是非线性的。本节我们先用线性化模型来简化参数估计,如果这样能得到满意的结果当然很好,但是由于变量的代换已经隐含了误差扰动项的变换,因此,除非变换后的误差项仍具有常数方差,一般情况下我们还需要采用原始数据做非线性回归,

而把线性化模型的参数估计结果作为非线性模型参数估计的迭代初值。

应该指出,在非线性模型参数估计中,用不同的参数初值进行迭代,可能得到差别很大的结果(它们都是拟合误差平方和的局部极小点),也可能出现收敛速度等问题。因此,合适的初值是非常重要的。

另外,评价线性回归模型拟合程度的统计检验无法直接用于非线性模型。例如,F 统计量不能用于非线性模型拟合程度的显著性检验,因为即使误差项服从均值为 0 的正态分布,也无法从回归残差得到误差方差的一个无偏估计。但是 R^2 和剩余标准差 s 仍然可以在通常意义下用于非线性回归模型拟合程度的度量。

从本例还可以看到,通过引入示性变量,能够描述定性上不同的处理水平对模型参数的影响,这是一种直接明了的建模方法。

8.3 区域物流竞争力评价

物流产业是我国国民经济的重要产业,是被列为十大振兴产业之一的复合型服务产业,其涉及领域面广、拉动消费作用大、带动就业能力强的优势,使得其发展成为衡量经济发展的重要指标之一。物流产业在区域经济发展中扮演着越来越积极的作用,不仅体现在区域经济总量的增长上,而且还能促进经济结构的调整优化。因此,对区域物流产业竞争力的科学研究已成为制定区域物流发展规划的关键环节。

根据 GDP 排名先后顺序选取了 15 个省(市)作为样本,明确各省(市)物流发展的现状,深入挖掘优劣势所在,以期提出建设性的对策促进其发展。为此,从以下 10 个指标变量去进行实证研究:地区生产总值 $X1$(亿元)、物流产业总投资 $X2$(亿元)、区域物流总吨位 $X3$(万吨)、交通运输总里程 $X4$(千米)、区域物流生产总值 $X5$(千米)、邮电业务总量 $X6$(亿元)、货物周转量 $X7$(亿吨/千米)、年末金融机构存贷款余额 $X8$(亿元)、区域电子商务交易额 $X9$(亿元)、"十一五"期间区域信息化发展指数 $X10$。选择恰当的方法,对区域物流竞争力进行综合评价,原始数据如表 8-13 所示。

表 8-13 15 个省(市)物流竞争力指标数据

$X1$	$X2$	$X3$	$X4$	$X5$	$X6$	$X7$	$X8$	$X9$	$X10$
57 067.92	1 818.99	270 051	198 344	2 365.46	2 172.58	9 872.82	172 176.6	15 000	0.736
54 058.2	1 383.1	231 295	156 309.1	2 483.9	1 108.8	8 474.6	129 893.8	4 200	0.722
50 013.2	1 520.7	330 000	247 300	2 556.6	849.2	10 991.2	98 286.3	7 200	0.657
34 606	1 343	191 000	116 800	1 277	1 024	9 183	126 188	10 900	0.748
29 810.14	902.07	272 200	253 822	1 059.62	661.36	9 436.42	51 682.31	4 800	0.601
26 575	1 513	243 000	166 754	2 241.1	597.6	10 844.8	54 863.9	5 000	0.634
24 801.3	1 041.4	204 382.1	109 757	1 284.9	514.1	11 560	61 610	3 000	0.692
23 849.8	2 305.8	181 665.9	286 514	707.19	693.4	2 130.3	66 691.2	5 300	0.613
22 250.16	1 302.75	126 200	222 392.3	922.7	491.44	4 693.61	47 290.09	5 100	0.638

（续表）

X1	X2	X3	X4	X5	X6	X7	X8	X9	X10
22 154.2	1 251.89	191 382	237 000	700	477.9	4 007.1	38 796.7	600	0.618
20 101.33	570.37	94 376.25	12 851.3	895.31	500.01	21 818.1	104 537.7	7 800	0.852
19 701.78	1 668.25	84 416.57	97 277	1 097.46	594.9	3 877.73	47 485.21	1 000	0.707
17 801	735.1	28 649.5	22 690.4	778.5	547.3	638.3	128 026.8	5 500	0.911
12 948.5	695.21	127 017.9	373 900	467.7	309.7	3 716.9	27 919.2	200	0.606
11 459	878.17	110 135.9	122 080	515.15	277.26	3 138.2	35 018.08	1 500	0.645

一、模型分析及假设

模型评价的对象是 15 个省（市），目的是对其物流竞争力进行综合评价，评价的指标体系为选定 10 个指标变量，假设各个指标具有代表性、确定性、独立性和灵敏性。综合评价模型较多，由于原始数据皆为客观存在，因此，选择因子分析模型对区域物流竞争力进行评价。

二、评价模型展示

1. 因子分析法的检验

根据因子分析法基本步骤，在进行统计分析之前，需要对标准化后的数据采取特定方法检验，根据检验结果判断其是否适合进行因子分析。本书拟采用 KMO 和 Bartlett 球度检验，检验结果如表 8 - 14 所示，KMO 的值为 0.680，表示所搜集数据适合进行因子分析；Bartlett 球度检验近似卡方值为 134.018，自由度为 45，检验的显著性概率为 0.000，表明适合进行因子分析。

表 8 - 14　KMO and Bartlett's Test

Kaiser – Meyer – Olkin Measure of Sampling Adequacy.		0.680
Bartlett's Test of Sphericity	Approx. Chi – Square	134.018
	df	45
	Sig.	0.000

2. 公共因子的确定

由于指标变量众多且多数具有相关性，为了排除主观上的误差以及变量间的线性相关性，本书通过统计分析得出几个具有代表性的公共因子，使分析既具有科学性，又具有便捷性。

（1）公因子方差表

表 8 - 15 为公因子方差表，表示提取出来的公共因子对每个变量的解释程度。由表可见，大部分变量共同度分布于 0.7—0.9 间，表明公共因子能较高程度解释每个变量的

信息,也表明所选择的指标和所搜集到的数据能很好地反映 15 个省(市)的物流基本现状,从而为后面进行公因子提取提供了基础性支撑。

表 8 - 15 公因子方差

物流产业总投资($X2$)	1.000	0.733
区域物流总吨位($X3$)	1.000	0.942
交通运输总里程($X4$)	1.000	0.785
区域物流生产总值($X5$)	11.000	0.795
邮电业务总量($X6$)	1.000	0.902
货物周转量($X7$)	1.000	0.877
年末金融机构存贷款余额($X8$)	1.000	0.952
区域电子商务交易额($X9$)	1.000	0.783
"十一五"期间区域信息化发展指数($X10$)	1.000	0.960

提取方法:主成分分析。

(2)解释的总方差表

表 8 - 16 为解释的总方差表,是数据矩阵计算出来的结果,特征值、方差贡献率、累积方差贡献率这几个值都能够得到。由表可知,提取出来的 3 个公共因子特征值分别为 4.747、2.750、1.154,均大于 1。这 3 个公共因子累积方差贡献率为 86.505%,能够比较全面地反映所有的信息。

表 8 - 16 解释的总方差

成分	初始特征值			提取平方和载入	
	合计	方差贡献率/%	累积方差贡献率/%	合计	方差贡献率/%
1	4.747	47.469	47.469	4.747	47.469
2	2.750	27.500	74.969	2.750	27.500
3	1.154	11.537	86.505	1.154	11.537
4	0.536	5.358	91.863		
5	0.444	4.436	96.299		
6	0.134	1.339	97.638		
7	0.112	1.123	98.761		
8	0.085	0.851	99.613		
9	0.030	0.300	99.912		
10	0.009	0.088	100.000		

(3)公共因子碎石图

图 8 - 19 是公共因子碎石图。其中,纵坐标表示特征值计算结果,横坐标表示指标变

量个数。由图可见,前 3 个公共因子的碎石图较为陡峭,之后逐渐平缓,所以只需要提取前 3 个公共因子就能够反映大部分信息。

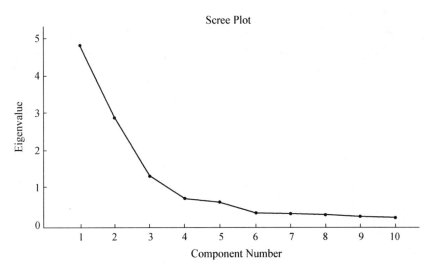

图 8-19 公共因子碎石

(4)成分矩阵

表 8-17 成分矩阵

物流竞争力指标	Component		
	$C1$	$C2$	$C3$
$X1$	0.940	0.198	0.030
$X2$	0.451	0.531	-0.497
$X3$	0.656	0.614	0.367
$X4$	-0.077	0.883	-0.019
$X5$	0.851	0.176	0.199
$X6$	0.911	0.043	-0.263
$X7$	0.443	-0.320	0.760
$X8$	0.838	-0.448	-0.221
$X9$	0.844	-0.243	-0.106
$X10$	0.242	-0.936	-0.155

由表 8-17 可以写出因子分析模型,如下所示:

$X1 = 0.940C1 + 0.198C2 + 0.030C3$

$X2 = 0.451C1 + 0.531C2 - 0.497C3$

$X10 = 0.242C1 - 0.936C2 - 0.155C3$

其中 $C1$、$C2$、$C3$ 为 3 个公共因子。从成分矩阵表中可以看到,第一个公共因子 $C1$ 主要由变量 $X1$、$X3$、$X5$、$X6$、$X8$、$X9$ 决定,它们的因子载荷分别为 0.940、0.656、0.851、

0.911、0.838、0.844；第二个公共因子 $C2$ 主要由变量 $X2$、$X4$、$X10$ 决定,它们的因子载荷分别为0.531、0.883、-0.936；第三个公共因子 $C3$ 主要由变量 $X7$ 决定,因子载荷为0.760。

（5）旋转成分矩阵

从成分矩阵中可以观测到,某些指标变量所代表的公共因子没有明显的区分性,此时,需要对成分矩阵进行旋转处理,以期得到比较鲜明的公共因子成分。对成分矩阵进行旋转,生成结果如表8-18所示。

表8-18 旋转成分矩阵

物流竞争力指标	Component		
	$C1$	$C2$	$C3$
$X1$	0.931	0.149	0.187
$X2$	0.589	0.383	-0.489
$X3$	0.629	0.644	0.363
$X4$	0.015	0.859	-0.216
$X5$	0.809	0.169	0.334
$X6$	0.945	-0.065	-0.067
$X7$	0.253	-0.167	0.886
$X8$	0.817	-0.530	0.058
$X9$	0.820	-0.306	0.127
$X10$	0.174	-0.959	0.096

表8-18是用最大方差法对矩阵进行处理后的结果。对比成分矩阵和旋转成分矩阵可以得出以下结论：

从旋转成分矩阵表中可以看到,第一个公共因子 $C1$ 主要由变量 $X1$、$X2$、$X3$、$X5$、$X6$、$X8$、$X9$ 决定,它们的因子载荷分别为0.931、0.589、0.629、0.809、0.945、0.817、0.820；第二个公共因子 $C2$ 主要由变量 $X4$、$X10$ 决定,它们的因子载荷分别为0.859、-0.959；第三个公共因子 $C3$ 主要由变量 $X7$ 决定,因子载荷为0.886。

公共因子 $C1$ 主要包括地区生产总值 $X1$、物流产业总投资 $X2$、区域物流总吨位 $X3$、区域物流生产总值 $X5$、邮电业务总量 $X6$、年末金融机构存贷款余额 $X8$、区域电子商务交易额 $X9$。这些指标主要反映了影响区域物流竞争力的物流经济环境与社会发展因素,本书将这个公共因子命名为物流经济社会发展环境因子。公共因子 $C2$ 主要包括交通运输总里程 $X4$、"十一五"期间区域信息化发展指数 $X10$。这些指标主要反映了影响区域物流竞争力的物流基础设施的投资行为因素,本书将这个公共因子命名为物流软硬件基础支撑因子。

公共因子 $C3$ 只有货物周转量 $X7$ 这个指标变量。主要反映了影响区域物流竞争力的物流产业规模因素,本书将这个公共因子命名为物流产业规模因子。

3. 因子得分的计算

做完以上因子分析基本步骤以后,数据导入 SPSS 中计算得到以下结果(表8-19)。

表 8 - 19　成分得分系数矩阵

物流竞争力指标	Component		
	*C*1	*C*2	*C*3
*X*1	0.195	0.065	0.052
*X*2	0.196	0.088	− 0.431
*X*3	0.095	0.280	0.287
*X*4	0.019	0.310	− 0.085
*X*5	0.148	0.091	0.190
*X*6	0.233	− 0.045	− 0.180
*X*7	− 0.049	0.027	0.673
*X*8	0.194	− 0.211	− 0.113
*X*9	0.183	− 0.116	− 0.032
*X*10	0.042	− 0.364	− 0.047

根据因子得分系数矩阵可以写出以下的因子得分函数：

$C1 = 0.195X1 + 0.196X2 + 0.095X3 + 0.042X10$

$C2 = 0.065X1 + 0.088X2 + 0.280X3 - 0.364X10$

$C3 = 0.052X1 - 0.431X2 + 0.287X3 - 0.047X10$

将所搜集数据代入上述所列函数中计算得到 15 个样本对象各自对应的 3 个公共因子的得分及排名；根据 3 个公共因子权重（各自特征值占特征值之和的比例）加权求和获得 15 个样本对象综合得分及排名。由此可得 15 省（市）因子得分及排名情况，如表 8 - 20 所示。

表 8 - 20　15 省（市）各因子得分及排名

样本地区	*C*1		*C*2		*C*3		综合得分排名	
	得分	排名	得分	排名	得分	排名	得分	排名
广东	2.535 64	1	− 0.293 52	11	− 0.460 02	11	1.236 69	1
江苏	1.073 72	2	0.033 86	8	0.301 85	6	0.640 199	3
山东	1.034 07	3	1.030 65	1	0.951 37	3	1.021 941	2
浙江	0.751 96	4	− 0.738 11	13	− 0.081 46	7	0.167 119	6
河南	− 0.282 42	7	0.993 57	2	0.900 94	4	0.281 043	5
河北	0.105 56	6	0.726 08	6	0.782 84	5	0.393 152	4
辽宁	− 0.442 95	9	0.010 79	9	0.969 98	2	− 0.110 24	8
四川	0.228 67	5	0.806 37	4	− 1.815 79	15	0.139 596	7
湖北	− 0.450 06	10	0.282 84	7	− 0.546 36	12	− 0.229 93	10
湖南	− 0.693 08	13	0.760 86	5	− 0.357 05	10	− 0.186 07	9
上海	− 0.540 64	12	− 1.750 71	14	2.052 39	1	− 0.579 41	13
福建	− 0.465 47	11	− 0.343 83	12	− 1.027 22	13	− 0.501 73	12
北京	− 0.357 15	8	− 2.329 85	15	− 1.129 98	14	− 1.087 32	15
江西	− 1.296 58	15	0.925 96	3	− 0.215 69	8	− 0.445 89	11
重庆	− 1.201 25	14	− 0.114 96	10	− 0.325 8	9	− 0.739 15	14

三、区域物流竞争力的综合得分分析

逐次分析了各省(市)在公共因子上的得分排名之后,我们有必要再对基于公共因子加权平均的得分综合排名进行分析。由表 8 - 20 可以看到,区域物流竞争力很大程度上受到区域经济发展水平的影响,经济总量大的省(市)一般区域物流竞争力都很强劲,且都集中在 2012 年 GDP 统计靠前的省(市),如湖南、湖北、江西在加快自身经济发展的同时,努力提高区域物流产业质量竞争力水平,尤其是信息化水平。北京、上海、重庆等直辖市排名偏后主要还是受自身规模的影响,实际上它们的区域物流产业质量水平都是处于中上游,从 $X8$、$X9$、$X10$ 反映质量水平的指标的实际数值也可以观察到。

8.4　折扣券与消费行为

每当节假日,各大商场都进行打折促销。有的会直接进行降价,有的会发放一些折扣券,有的举行买一送一的活动,各种各样的促销活动都会展开,吸引消费者的注意,促进商品的销售。在一项降价折扣券对顾客消费行为影响的调查中,商家对 1 000 个顾客发放了商品折扣券和宣传资料,折扣券的折扣比例分别为 5%、10%、15%、20%、30%,每种比例的折扣券均发放了 200 人。

(1) 建立折扣比例与使用折扣券人数比例之间的 Logit 模型。

(2) 估计若想要使用折扣券人数比例为 25% 时,则折扣券的折扣比例应该多大?

(3) 分析折扣券的折扣比例每增加 5%,使用折扣人数比例的变化情况。

模型假设

(1) 假设这 1 000 个顾客是相互独立的;

(2) 折扣券的折扣比例是固定的。

符号说明

x:折扣券的折扣比例;

y:使用折扣券人数比例;

Y:使用折扣券人数;

n_i:持折扣券人数;

m_i:使用折扣券人数;

π_i:第 i 组使用折扣券人数比例;

x_i:第 i 组折扣比例;

$\pi(x)$:折扣比例为 x 时使用折扣券人数比例的概率;

β_0:回归模型的常数项;

β_1:回归模型的系数。

模型分析

为了分析使用折扣券人数的比例与折扣券折扣比例的关系,建立模型。根据表 8 - 21 作使用折扣券人数比例与折扣比例的散点图,如图 8 - 20 所示,先粗略地进行判断。

表 8 – 21　一个月使用购物券购物的人数

折扣比例/%	持折扣券人数	使用折扣券人数	使用折扣券人数比例
5	200	32	0.16
10	200	51	0.255
15	200	70	0.35
20	200	103	0.515
30	200	148	0.74

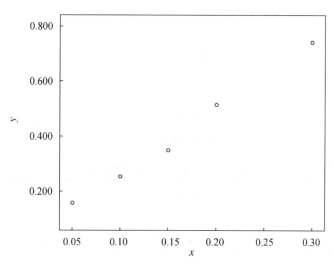

图 8 – 20　使用折扣券人数比例与折扣比例的散点图

由图 8 – 20 可以看出,使用折扣券人数比例随着折扣券折扣比例的增大而递增,大致介于 0 与 1 之间的曲线。分析这条曲线应该建立怎么样的回归方程。

模型建立

由于使用折扣券人数比例实际上是折扣比例 x 时 Y 的平均值,用期望表示为 $y = E(Y|x)$,使用折扣券人数比例 y 是折扣比例 x 的函数,其取值在区间 $[0,1]$ 上,如果用普通的方法建立回归方程,那么很容易求得其线性模型或更接近的非线性曲线,其回归模型为

$$y = \beta_0 + \beta_1 x + \beta_2 x^2 + \beta_3 x^3 + \varepsilon \tag{1}$$

其中随机误差 ε 服从均值为 0 的正态分布,特别地当 $\beta_2 = \beta_3 = 0$ 时为线性回归模型。然而式(1)回归方程中 y 的取值不一定在 $[0,1]$ 中,即使 y 在该范围内取值,由于给定 x 时,误差项 ε 也只能取 0 和 1 两个值,显然 ε 不具有正态性,而且 ε 的方差依赖于 x,具有异方差性,这些都违反了普通回归分析的前提条件。因此,应建立一种 Logit 回归模型。

$$\ln[\pi(x)/(1 - \pi(x))] = \beta_0 + \beta_1 x$$

其中条件期望 $\pi(x) = P(Y|x)$,方差 $D(Y|x) = \pi(x)(1 - \pi(x))$,$\pi(x)$ 在 $[0,1]$ 上取值,$\text{Logit}(\pi(x))$ 取值为 $(-\infty, +\infty)$。

模型求解

首先由问题重述的表中的数据,用最大似然法估计模型参数,其模型为 $\mathrm{Logit}(\pi_i) = \ln[\pi_i/(1 - \pi_i)] = \beta_0 + \beta_1 x$,其中 $\pi_i = m_i/n_i$。

利用 MATLAB 统计工具箱中的命令 glmfit 求解,用表 8 - 21 中的数据运行以下程序:

T = [0.05 0.10 0.15 0.20 0.30]';

Chd = [32 51 70 103 148]';

Total = [200 200 200 200 200]';

Proport = Chd. /Total;

[b,dev,stats] = glmfit(T,[Chd Total],'binomial','logit');

logitFit = glmval(b,T,'logit');

plot(T,Proport,'o',T,logitFit,'r - ');

xlabel('T');ylabel('Proportion of CHD')

b,bi = stats. se,dev

得到 Logit 模型中的参数 β_0、β_1 的最大似然估计值与它的标准差(表 8 - 22),拟合偏差为 0.510 2,并得出 Logit 回归曲线与散点图(图 8 - 21)。

表 8 - 22　最大似然估计值和标准差

参数	参数估计值	标准差
β_0	- 2.185 5	0.164 7
β_1	10.871 9	0.884 3

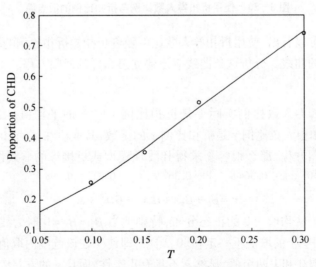

图 8 - 21　Logit 回归曲线与散点图

再利用命令[yhat,dylo,dyhi] = glmval(b,T,'logit',stats)得到因变量的预测值及置信度为 95% 的置信区间,结果如表 8 - 23 所示。

表 8－23　使用折扣券人数比例的预测值与预测区间

折扣比例/%	使用折扣券比例	预测值	置信区间
5	0. 160	0. 162 2	[0. 131 3,0. 198 7]
10	0. 255	0. 250 1	[0. 217 5,0. 285 8]
15	0. 350	0. 364 8	[0. 332 5,0. 398 4]
20	0. 515	0. 497 2	[0. 459 9,0. 534 5]
30	0. 740	0. 7457	[0. 691 7,0. 793]

模型评价与结果分析

（一）用另一种广义线性模型 Probit 模型处理这类问题,并与 Logit 模型比较,得出优缺点。Probit 模型的形式为

$$\pi(x) = \Phi(\beta_0 + \beta_1 x)$$

$$\text{Probit}(\pi(x)) = \Phi^{-1}(\pi(x)) = \beta_0 + \beta_1 x$$

其中 Φ 是正态概率分布函数,它也是 S 形曲线。

（1）利用 MATLAB 求解该模型的参数估计值、标准差（表 8－24）和拟合偏差 0. 552 7。

表 8－24　模型的参数估计值、标准差

参数	参数估计值	标准差
β_0	－1. 329 9	0. 095 0
β_1	6. 616 1	0. 514 1

（2）作出 Probit 模型的预测值和置信区间,与 Logit 模型相互比较（表 8－25）。

表 8－25　Probit 模型与 Logit 模型的比较

折扣比例/%	使用折扣券人数比例	预测值（Logit）	预测值（Probit）	置信区间（Logit）	置信区（Probit）
5	0. 160	0. 162 2	0. 158 9	[0. 131 3,0. 198 7]	[0. 126 7,0. 196 0]
10	0. 255	0. 250 1	0. 252 0	[0. 217 5,0. 285 8]	[0. 219 4,0. 287 0]
15	0. 350	0. 364 8	0. 367 9	[0. 332 5,0. 398 4]	[0. 336 5,0. 400 2]
20	0. 515	0. 497 2	0. 497 3	[0. 459 9,0. 534 5]	[0. 461 3,0. 533 3]
30	0. 740	0. 745 7	0. 743 8	[0. 691 7,0. 793]	[0. 690 0,0. 792 3]

（3）作出 Probit 模型的拟合曲线，如图 8-22 所示。

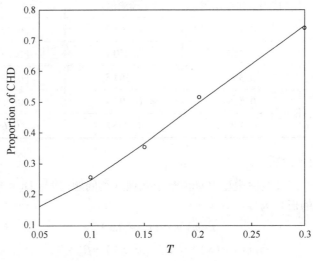

图 8-22　**Probit 模型的拟合曲线**

通过对 Probit 模型与 Logit 模型的预测值及预测区间的相互比较，还有对拟合偏差和拟合曲线的比较发现这两个模型不相上下。

（二）通过对模型预测与进一步分析，得出 Probit 模型与 Logit 模型的优劣

通过上述分析可知，Logit 模型和 Probit 模型都是合适的模型，下面要分析问题（2）和问题（3）。对于这两个问题，可以用 Logit 模型进行解决，而 Probit 模型是无法实现的，因此运用 Logit 模型比较好。

在 Logit 模型中回归系数 β_1 有很直观的解释，Logit 模型与统计中的 odds（发生比或优势）的概念有密切的联系，odds 表示折扣比例为 x 时，使用折扣券人数与不使用折扣券人数的概率比，即 $odds(x) = \pi(x)/[1 - \pi(x)]$。因此，Logit 模型可以表示为 $odds(x) = e^{\beta_0 + \beta_1 x}$。

对于问题（2），当使用折扣券人数比例为 25% 时，$\pi(x)/[1 - \pi(x)] = e^{\beta_0 + \beta_1 x} = 1/3$，也就是 $\beta_0 + \beta_1 x = -1.098\ 6$。将 $\beta_0 = -2.185\ 5$，$\beta_1 = 10.871\ 9$ 代入方程，解得 $x = 9.997\ 3\%$。因此，当折扣比例为 9.997 3% 时，使用折扣券人数比例为 25%。说明，当折扣比例高于 9.997 3% 时，使用折扣券人数比例大于 25%。

对于问题（3），当折扣比例升高 5% 时，odds 比为

$$odds(x)/odds(x+5) = e^{\beta_0 + \beta_1(x+5)}/e^{\beta_0 + \beta_1 x} = e^{5\beta_1}$$

于是 $\beta_1 = \ln[odds(x+5)/odds(x)]/5$，即 β_1 为自变量增加 5 个单位时 odds 比的对数的 1/5 倍。$\beta_1 > 0$ 时，$e^{5\beta_1} > 1$，所以 x 每增加 5 个单位，odds 比会相应地增加，即折扣比例每增加 5%，使用折扣券人数与不使用折扣券人数的比相应的增加，也就是随着折扣比例的增加，使用折扣券人数比例也增加，且对任意的正整数 k，有 $odds(x+k) = e^{k\beta_1}odds(x)$。

模型推广与扩展

因变量是定性变量的回归分析作为一种有效的数据处理方法已被广泛应用，尤其在

医学、社会调查、生物信息处理等领域,这类回归模型属于广义线性模型的研究范畴。本题目只涉及因变量是 0 - 1 变量且只有一个变量的情形,可以推广到多个自变量 $x_1, \cdots, x_m$ 的情形,建立多元 Logit 模型和 Probit 模型,选择合适的模型。

8.5　产品需求预测

A 公司是一家中小型家电制造企业,主要产品是 H 产品。A 公司目前面临的一个严重问题就是库存问题。目前公司还没有安装 ERP 系统,需求预测以及采购策略还是依靠手工操作。H 产品的保质期较长,容易存储,其单位库存成本为 $h = 1$,单位缺货成本为 $b = 25$;A 公司 H 产品 2006 年至 2014 年各季度的销售量如表 8 - 26 所示。

表 8 - 26　2006—2014 年各季度 A 公司 H 产品销售量(单位:件)

时间	销售量	时间	销售量	时间	销售量
2006 年第一季度	808	2009 年第一季度	1 209	2012 年第一季度	1 980
2006 年第二季度	2 158	2009 年第二季度	3 000	2012 年第二季度	4 110
2006 年第三季度	3 318	2009 年第三季度	4 703	2012 年第三季度	6 410
2006 年第四季度	4 139	2009 年第四季度	5 998	2012 年第四季度	8 355
2007 年第一季度	911	2010 年第一季度	1 583	2013 年第一季度	2 060
2007 年第二季度	2 349	2010 年第二季度	3 847	2013 年第二季度	4 808
2007 年第三季度	3 609	2010 年第三季度	6 005	2013 年第三季度	7 132
2007 年第四季度	4 466	2010 年第四季度	7 434	2013 年第四季度	9 136
2008 年第一季度	1 032	2011 年第一季度	1 795	2014 年第一季度	2 094
2008 年第二季度	2 531	2011 年第二季度	4 424	2014 年第二季度	4 900
2008 年第三季度	3 743	2011 年第三季度	6 747	2014 年第三季度	7 292
2008 年第四季度	4 764	2011 年第四季度	8 601	2014 年第四季度	9 226

H 产品未来需求预测

下文将分别通过 Winters 模型和 ARIMA 模型来对 A 公司 H 产品 2015 年 1—4 季度的销售量进行预测,并通过比较实际销售量来衡量各个模型的预测准确性,从而选择最佳预测模型。

通过 IBM SPSSS Tatistics19 统计分析软件作图,如图 8 - 23 所示(图中 Q_1 表示第一季度,Q_3 表示第三季度)。可见,数据具有明显的上升趋势和季节周期性。

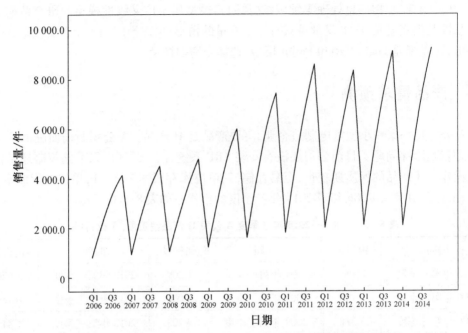

图 8-23　2006—2014 年各季度 A 公司 H 产品销售量时间序列图

1. Winters 模型预测

通过 SPSS 建模,进行多次试验,得到最佳模型参数如表 8-27 所示,其中 $\alpha = 0.794$,$\beta = 0$,$\gamma = 1$。

表 8-27　Winters 乘法模型参数

模型			估计	SE	t	Sig.
销售量——模型	无转换	Alpha(水平)	0.794	0.106	7.529	0.000
		Gaimna(趋势)	1.384E-5	0.011	0.001	0.999
		Delta(季刂)	1.000	0.607	1.647	0.109

观察模型统计量表 8-28 知 R 方为 0.995,平稳的 R 方为 0.811。可见,该模型的拟合效果很好。

表 8-28　模型统计量

模型	预测变量数	模型拟合统计量				Ljiuig-BoxQ(18)			离群值数
		平稳的 R 方	R 方	MAPE	正态化的 BIC	统计量	DF	Sig.	
销售量——模型 1	0	0.811	0.995	3.129	10.754	16.171	15	0.371	0

再观察残差的自回归函数图像和偏自回归函数图像(图 8-24),残差 ACF 和残差 PACF 均在置信区间内。可见,该模型是可行的。

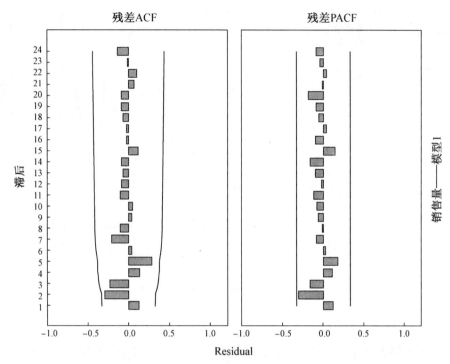

图 8－24　Winters 乘法模型残差的自回归函数图和偏自回归函数图

通过此模型,预测的 2015 年四季度的销售量如表 8－29 所示。

表 8－29　2015 年四季度的销售量预测值

模型		Q1	Q2	Q3	Q4
销售量——模型 1	预测	2 170. 6	5 075. 1	7 769. 7	9 924. 6
	UCL	2 549. 8	5 863. 7	8 965. 4	11 444. 9
	LCL	1 791. 5	4 286. 5	6 574. 1	8 404. 2

预测值与实际值的比较如图 8－25 所示。从图中不难看出,拟合得效果较好,预测比较可信。

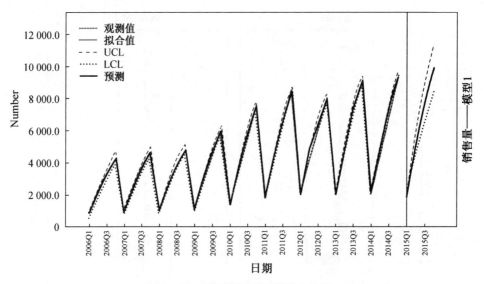

图 8-25　预测值与实际值的比较图

2. ARIMA 模型预测

由于 ARIMA 模型预测要求序列是平稳的,而给出的序列存在明显的上升趋势和季节趋势,因此首先需要对原数据序列进行预处理。对原序列进行一阶逐期差分和一阶季节差分(一阶差分$\nabla Z_t = Z_t - Z_{t-1}$),结果如图 8-26 所示。

图 8-26　2006—2014 年各季度 A 公司 H 产品各季度销售量一阶差分时间序列图

分析差分后的序列自相关(ACF)图和偏自相关(PACF)图,如图 8-27 所示,残差 ACF 和残差 PACF 均在置信区间内,可见数据已经稳定。

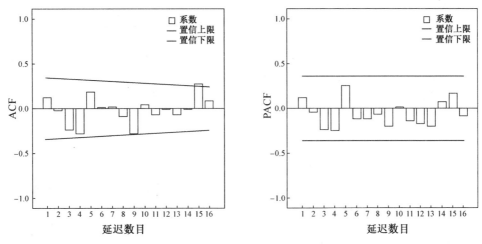

图 8-27 一阶差分后的自相关图与偏自相关图

通过 SPSS 建模,经多次测试得到最优预测模型为 ARIMA(0,1,1),模型统计量如表 8-30 所示。

表 8-30 模型统计量

模型	预测变量数	模型拟合统计量				Ljiuig-BoxQ(18)			离群值数
		平稳的 R 方	R 方	MAPE	MAE	统计量	DF	Sig.	
销售量——模型1	0	0.122	0.994	3.809	139.083	13.787	17	0.682	0

ARIMA(0,1,1)模型残差的自回归函数图像和偏自回归函数图像如图 8-28 所示。观察可知,ARIMA(0,1,1)模型的残差 ACF 和残差 PACF 均在置信区间内。说明,该预测模型符合预测要求。

通过以上步骤的分析,得出最优预测模型为 ARIMA(0,1,1)模型,该模型对原序列的预测效果如图 8-29 所示,可以看出,预测的趋势与实际趋势基本保持一致。用模型预测 2015 年 A 公司 H 产品各季度销售量进行预测,预测结果如表 8-31 所示。

表 8-31 2015 年 A 公司 H 产品各季度销售量 ARIMA(0,1,1)模型预测结果

模型		Q1	Q2	Q3	Q4
销售量——模型1	预测	2 100.3	4 986.5	7 362.9	93 417
	UCL	2 408.6	5 833.6	9 040.7	11 840.0
	LCL	1 951.0	4 330.4	6 276.3	7 768.4

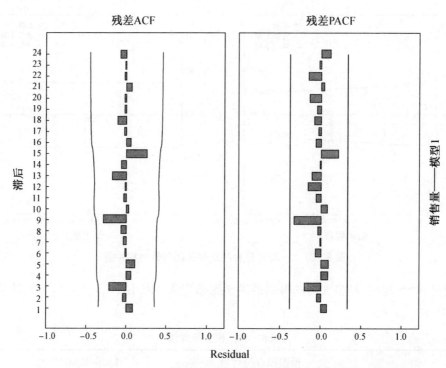

图 8 - 28   ARIMA(0,1,1)模型残差的自回归函数图像和偏自回归函数图像

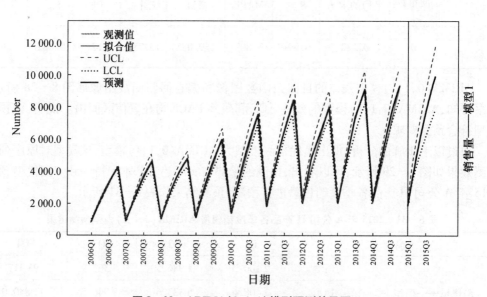

图 8 - 29   ARIMA(0,1,1)模型预测效果图

3. 预测结果比较

表 8-32　Winters 乘法与 ARIMA 模型预测结果对比分析

预测时期	实际值	Winters 乘法			ARIMA(0,1,1)		
		预测值	MAD	MAPE	预测值	MAD	MAPE
2015 年第一季度	2 075	2 171			2 100		
2015 年第二季度	4 865	5 075	452	7%	4 987	164	3%
2015 年第三季度	7 133	7 770			7 363		
2015 年第四季度	9 060	9 925			9 342		

表 8-32 为 Winters 乘法与 ARTMA 模型预测结果对比。从表中可以看出，ARIMA 模型的 MAD 和 MAPE 都比 Winters 模型更小，可见 ARIMA 模型的预测效果更佳，更符合 A 企业的需求预测。因此，A 企业应该采用 ARIMA(0,1,1)模型对 H 产品进行需求预测。

习　题　八

1. 在超市购物时你注意到大包装商品比小包装商品便宜这种现象了吗。比如洁银牙膏 50 g 装的每支 1.5 元，120 g 装的每支 3.00 元，两者单位质量的价格比是 1.2:1。试用比例方法构造模型，解释这种现象。

（1）分析商品价格 C 与商品重量 w 的关系。价格由生产成本、包装成本和其他成本等决定，这些成本中有的与重量 w 成正比，有的与表面积成正比，还有与 w 无关的因素。

（2）给出单位重量价格 c 与 w 的关系，画出它的简图，说明 w 越大 c 越小，但是随着 w 的增加 c 减小的程度变小，解释实际意义是什么。

2. 表 1 列出了某城市 18 位 35—44 岁经理的年平均收入 x_1（千元），风险偏好度 x_2 和人寿保险额 y（千元）的数据，其中风险偏好度是根据发给每个经理的问卷调查表综合评估得到的，它的数值越大就越偏爱高风险。研究人员想研究此年龄段中的经理所投保的人寿保险额与年均收入及风险偏好度之间的关系。研究者预计，经理的年均收入和人寿保险额之间存在着二次关系，并有把握地认为风险偏好度对人寿保险额有线性效应，但对于风险偏好度对人寿保险额是否有二次效应以及两个自变量是否对人寿保险额有交互效应，心中没底。

请你通过表中的数据建立一个合适的回归模型，验证上面的看法，并给出进一步的分析。

表 1

序号	1	2	3	4	5	6	7	8	9
y	196	63	252	84	126	14	49	49	266
x_1	66.29	40.96	72.996	45.01	57.204	26.852	38.122	35.84	75.796
x_2	7	5	10	6	4	5	4	6	9

（续表）

序号	10	11	12	13	14	15	16	17	18
y	49	105	98	77	14	56	245	133	133
x_1	37.41	54.38	46.186	46.13	30.366	39.06	79.38	52.766	55.916
x_2	5	2	7	4	3	5	1	8	6

3. 在一项调查降价折扣券对顾客的消费行为影响的研究中，商家对 1 000 个顾客发放了商品折扣券和宣传资料，折扣券的折扣比例分别为 5%、10%、15%、20%、30%，每种比例的折扣券均发放了 200 人。现记录他们在一个月内使用折扣券购物的人数和比例数据，如表 2 所示。

表 2

折扣比例/%	持折扣券人数	使用折扣券人数	使用折扣券人数比例
5	200	32	0.16
10	200	51	0.255
15	200	70	0.35
20	200	103	0.515
30	200	148	0.74

（1）对使用折扣券人数比例先做 Logit 变换，再对使用折扣券人数比例与折扣比例，建立普通的一元线性回归模型。

（2）直接利用 MATLAB 统计工具箱中的 glmfit 命令，建立使用折扣券人数比例与折扣比例的 Logit 模型。与问题（1）作比较，并估计若想要使用折扣券人数比例为 25%，则折扣券的折扣比例应该为多大？

4. 一个医药公司的新药研究部门为了掌握一种新止痛剂的疗效，设计了一个药物试验，给患有同种疾病的病人使用这种新止痛剂的以下 4 个剂量中的某一个：2 g、5 g、7 g 和 10 g，并记录每个病人病痛明显减轻的时间（以分钟计）。为了解新药的疗效与病人性别和血压有什么关系，试验过程中研究人员把病人按性别及血压的低、中、高三档平均分配来进行测试。通过比较每个病人血压的历史数据，从低到高分成 3 组，分别记作 0.25、0.5 和 0.75。实验结束后，公司的记录结果见表 3（性别以 0 表示女，1 表示男）。

请你为该公司建立一个数学模型，根据病人用药的剂量、性别和血压组别，预测出服药后病痛明显减轻的时间。

表 3

病人序号	病痛减轻时间/min	用药剂量/g	性别	血压组别
1	35	2	0	0.25
2	43	2	0	0.5
3	55	2	0	0.75

病人序号	病痛减轻时间/min	用药剂量/g	性别	血压组别
4	47	2	1	0.25
5	43	2	1	0.5
6	57	2	1	0.75
7	26	5	0	0.25
8	27	5	0	0.5
9	28	5	0	0.75
10	29	5	1	0.25
11	22	5	1	0.5
12	29	5	1	0.75
13	19	7	0	0.25
14	11	7	0	0.5
15	14	7	0	0.75
16	23	7	1	0.25
17	20	7	1	0.5
18	22	7	1	0.75
19	13	10	0	0.25
20	8	10	0	0.5
21	3	10	0	0.75
22	27	10	1	0.25
23	26	10	1	0.5
24	5	10	1	0.75

5. 现今教师薪金报酬受到了相关部门与广大群众的关注,合理的工资分配制度,才有助于教育的管理和发展。某地人事部门为研究中学教师的薪金与他们的资历、性别、教育程度及培训情况等因素之间的关系,要建立一个数学模型,分析人事策略的合理性,考察是否存在不合理、不公正的待遇,以及婚姻状况是否会影响收入。为此,从当地教师中随机选了3 414位进行观察,然后从中保留了90位观察对象,得到了下列因素变量与相关数据表(表4)。

z:月薪(元);x_1:工作时间(月);x_2:性别(1 男,0 女);x_3:(1 男性或单身女性,0 已婚女性);x_4:学历(数值越大学历越高);x_5:受聘单位(1 重点,0 其他);x_6:(0 未受过培训的毕业生或肄业生,1 受过培训的毕业生);x_7:(1 已两年以上未从事教学工作,0 其他)。

(1)薪金与他们的资历、性别、教育程度及培训情况等因素之间是否有关系,有则建立关系数学模型,通过你的模型分析人事策略的合理性,考察是否存在不合理、不公正的待遇，以及婚姻状况是否会影响收入等；

（2）表中没有给出教师的职称信息，能否用数学建模方法给出他们的大致职称信息；

（3）如果要进行工资调整，设计一个相对公正、合理的工资体系，并用数据表中相关数据验证说明。

表 4

编号	z	x_1	x_2	x_3	x_4	x_5	x_6	x_7
1	998	7	0	0	0	0	0	0
2	1 015	14	1	1	0	0	0	0
3	1 028	18	1	1	0	1	0	0
4	1 250	19	1	1	0	0	0	0
5	1 028	19	0	1	0	1	0	0
6	1 028	19	0	0	0	0	0	0
7	1 018	27	0	0	0	0	0	1
8	1 072	30	0	0	0	0	0	0
9	1 290	30	1	1	0	0	0	0
10	1 204	30	0	1	0	0	0	0
11	1 352	31	0	1	2	0	1	0
12	1 204	31	0	0	0	1	0	0
13	1 104	38	0	0	0	0	0	0
14	1 118	41	1	1	0	0	0	0
15	1 127	42	0	0	0	0	0	0
16	1 259	42	1	1	0	1	0	0
17	1 127	42	1	1	0	0	0	0
18	1 127	42	0	0	0	1	0	0
19	1 095	47	0	0	0	0	0	1
20	1 113	52	0	0	0	0	0	1
21	1 462	52	0	1	2	0	1	0
22	1 182	54	1	1	0	0	0	0
23	1 404	54	0	0	0	1	0	0
24	1 182	54	0	0	0	0	0	0
25	1 594	55	1	1	2	1	1	0
26	1 459	66	0	0	0	1	0	0
27	1 237	67	1	1	0	1	0	0

编号	z	x_1	x_2	x_3	x_4	x_5	x_6	x_7
28	1 237	67	0	1	0	1	0	0
29	1 496	75	0	1	0	0	0	0
30	1 424	78	1	1	0	1	0	0
31	1 424	79	0	1	0	0	0	0
32	1 347	91	1	1	0	1	0	0
33	1 343	92	0	0	0	0	0	1
34	1 310	94	0	0	0	1	0	0
35	1 814	103	0	0	2	1	1	0
36	1 534	103	0	0	0	0	0	0
37	1 430	103	1	1	0	0	0	0
38	1 439	111	1	1	0	1	0	0
39	1 946	114	1	1	3	1	1	0
40	2 216	114	1	1	4	1	1	0
41	1 834	114	1	1	4	1	1	1
42	1 416	117	0	0	0	0	0	1
43	2 052	139	1	1	0	1	0	0
44	2 087	140	0	0	2	1	1	1
45	2 264	154	0	0	2	1	1	1
46	2 201	158	1	1	4	0	1	1
47	2 992	159	1	1	5	1	1	1
48	1 695	162	0	1	0	0	0	0
49	1 792	167	1	1	0	1	0	0
50	1 690	173	0	0	0	0	0	1
51	1 827	174	0	0	0	0	0	1
52	2 604	175	1	1	2	1	1	0
53	1 720	199	0	1	0	0	0	0
54	1 720	209	0	0	0	0	0	0
55	2 159	209	0	1	4	1	0	0
56	1 852	210	0	1	0	0	0	0
57	2 104	213	1	1	0	1	0	0
58	1 852	220	0	0	0	0	0	1

编号	z	x_1	x_2	x_3	x_4	x_5	x_6	x_7
59	1 852	222	0	0	0	0	0	0
60	2 210	222	1	1	0	0	0	0
61	2 266	223	0	1	0	0	0	0
62	2 027	223	1	1	0	0	0	0
63	1 852	227	0	0	0	1	0	0
64	1 852	232	0	0	0	0	0	1
65	1 995	235	0	0	0	0	0	1
66	2 616	245	1	1	3	1	1	0
67	2 324	253	1	1	0	1	0	0
68	1 852	257	0	1	0	0	0	1
69	2 054	260	0	0	0	0	0	0
70	2 617	284	1	1	3	1	1	0
71	1 948	287	1	1	0	0	0	0
72	1 720	290	0	1	0	0	0	1
73	2 604	308	1	1	2	1	1	0
74	1 852	309	1	1	0	1	0	1
75	1 942	319	0	0	0	1	0	0
76	2 027	325	1	1	0	0	0	0
77	1 942	326	1	1	0	1	0	0
78	1 720	329	1	1	0	1	0	0
79	2 048	337	0	0	0	0	0	0
80	2 334	346	1	1	2	1	1	1
81	1 720	355	0	0	0	0	0	1
82	1 942	357	1	1	0	0	0	0
83	2 117	380	1	1	0	0	0	1
84	2 742	387	1	1	2	1	1	1
85	2 740	403	1	1	2	1	1	1
86	1 942	406	1	1	0	1	0	0
87	2 266	437	0	1	0	0	0	0
88	2 436	453	0	1	0	0	0	0
89	2 067	458	0	1	0	0	0	0
90	2 000	464	1	1	2	1	1	0

6. 某公司想用全行业的销售额作为自变量来预测公司的销售额,表 5 给出了 1977—1981 年公司销售额和行业销售额的分季度数据(单位:百万元)。

(1)画出数据的散点图,观察用线性回归模型拟合是否合适。

(2)建立公司销售额对全行业销售额的回归模型,并用 DW 检验诊断随机误差项的自相关性。

(3)建立消除随机误差自相关性后的回归。

表 5

年	季	t	公司销售额 y	行业销售额 x	年	季	t	公司销售额 y	行业销售额 x
1977	1	1	20.96	127.3		3	11	24.54	148.3
	2	2	21.40	130.0		4	12	24.30	146.4
	3	3	21.96	132.7	1980	1	13	25.00	150.2
	4	4	21.52	129.4		2	14	25.64	153.1
1978	1	5	22.39	135.0		3	15	26.36	157.3
	2	6	22.76	137.1		4	16	26.95	160.7
	3	7	23.48	141.2	1981	1	17	27.52	164.2
	4	8	23.66	142.8		2	18	27.78	165.6
1979	1	9	24.10	145.5		3	19	28.24	168.7
	2	10	24.01	145.3		4	20	28.78	171.7

参考文献

［1］姜启源.数学模型［M］.4 版.北京:高等教育出版社,2015.

［2］叶其孝.大学生数学建模竞赛辅导教材(一)［M］.长沙:湖南教育出版社,1993.

［3］Lucas W F.微分方程模型［M］.朱煜民,周宇虹,译.长沙:国防科技大学出版社,
1988.

［4］汪晓银.数学软件与数学实验［M］.北京:科学出版社,2008.

［5］冯杰.数学建模原理与方法［M］.北京:科学出版社,2007.

［6］陈兰荪.数学生态学模型与研究方法［M］.北京:科学出版社,1991.

［7］吴孟达.数学建模教程［M］.北京:高等教育出版社,2011.

［8］李尚志.数学建模竞赛教程［M］.南京:江苏教育出版社,1996.

［9］叶其孝.数学建模教育与国际数学建模竞赛［M］.合肥:《工科数学》杂志社,1994.

［10］魏国华,傅家良,周仲良.实用运筹学［M］.上海:复旦大学出版社,1987.

［11］Lucas W F.离散与系统模型［M］.成礼智,王炎生,何袁平,等译.长沙:国防科技大
学出版社,1996.

［12］Lucas W F.生命科学模型［M］.翟晓燕,黄振高,许若宁,译.长沙:国防科技大学出
版社,1996.

［13］叶其孝.大学生数学建模竞赛辅导教材(二)［M］.长沙:湖南教育出版社,1997.

［14］魏权龄,王日爽,徐兵,等.数学规划与优化设计［M］.北京:国防工业出版社,1984.

［15］王树禾.图论及其算法［M］.合肥:中国科学技术大学出版社,1990.

［16］陈森发.网络模型及其优化［M］.南京:东南大学出版社,1992.

［17］希梅尔布劳.实用非线性规划［M］.张义桑,译.北京:科学出版社,1981.

［18］陈希孺,倪国熙.数理统计学教程［M］.上海:上海科学技术出版社,1988.

［19］张尧庭,方开泰.多元统计分析引论［M］.北京:科学出版社,1982.

［20］徐钟济.蒙特卡罗方法［M］.上海:上海科学技术出版社,1985.

［21］白凤山.数学建模［M］.哈尔滨:哈尔滨工业大学出版社,2003.

［22］郭培俊.高职数学建模［M］.杭州:浙江大学出版社,2010.

［23］沈继红,高振滨,张晓威.数学建模［M］.北京:清华大学出版社,2011.

［24］施政,杨辉,曹翰.会议分组的优化［J］.数学的实践与认识,1998,27(4):335－347.

［25］薛毅,陈立萍.统计建模与 R 软件［M］.北京:清华大学出版社,2007.

［26］严祥,张歆华,黄亮.车灯光源优化问题的探讨［J］.工程数学学报,2003,20(5):
41－47.

［27］王伟叶,姜文华,吴家麒.车灯线光源的优化设计［J］.工程数学学报,2003,20(5):
29－40.

［28］吴孟达,李兵,汪文浩.高等工程数学［M］.北京:科学出版社,2004.

［29］朱道元,吴诚鸥,秦伟良.多元统计分析与软件 SAS［M］.南京:东南大学出版社,2003.

［30］高惠璇.应用多元统计分析［M］.北京:北京大学出版社,2005.

［31］王学仁,王松桂.实用多元统计分析［M］.上海:上海科学技术出版社,1990.

［32］李静萍,谢邦昌.多元统计分析方法与应用［M］.北京:中国人民大学出版社,2008.

［33］谢小庆,王丽.因素分析［M］.北京:中国社会科学出版社,1989.

［34］孙文爽,陈兰祥.多元统计分析［M］.北京:高等教育出版社,1994.

［35］陈笑缘.数学建模［M］.杭州:中国财政经济出版社,2014.